电网企业员工安全技能实训教材

# 变电检修

国网泰州供电公司　组编

## 内 容 提 要

《电网企业员工安全技能实训教材》丛书按照国家电网有限公司生产技能人员标准化培训课程体系的要求，结合安全生产实际编写而成。本丛书共包括《通用安全基础》《变电运维》《变电检修》《输电运检》《配电运检》《不停电作业》《电力调度与自动化》《信息通信》《营销计量》《农电》10 个分册。

本书为《电网企业员工安全技能实训教材　变电检修》分册，全书共 7 章，主要内容包括变电检修作业基本安全要求、生产作业安全管控标准化、一次检修作业安全要求、二次检修作业安全要求、典型安全措施及风险防范、故障及异常处理、典型违章及事故案例分析等。

本书可作为电网企业变电检修及相关专业作业人员和管理人员的安全技能指导书、培训教材及学习资料，也可作为高等院校、职业技术学校电力相关专业师生的自学用书与阅读参考书。

**图书在版编目（CIP）数据**

变电检修/国网泰州供电公司组编．—北京：中国电力出版社，2022.11
电网企业员工安全技能实训教材
ISBN 978-7-5198-7255-7

Ⅰ．①变…　Ⅱ．①国…　Ⅲ．①变电所－检修－技术培训－教材　Ⅳ．①TM63

中国版本图书馆 CIP 数据核字（2022）第 218391 号

出版发行：中国电力出版社
地　　址：北京市东城区北京站西街 19 号（邮政编码 100005）
网　　址：http://www.cepp.sgcc.com.cn
责任编辑：周秋慧　邓慧都
责任校对：黄　蓓　常燕昆
装帧设计：张俊霞
责任印制：石　雷

印　　刷：三河市万龙印装有限公司
版　　次：2022 年 11 月第一版
印　　次：2022 年 11 月北京第一次印刷
开　　本：710 毫米×1000 毫米　16 开本
印　　张：18
字　　数：264 千字
印　　数：0001—1500 册
定　　价：85.00 元

# 编写委员会




**主　编**　卜　荣　徐国栋

**副主编**　杨庆华　徐进东　印吉景

**参　编**　吴笑天　蔡乙立　刘　钰　孙　俣　袁　乐<br>
杨　溢　季克松　朱天仪　王　维　王健伟<br>
毕建勋　马　越　顾鸿莺　孙　志　周　骁

# 序

无危则安，无损则全，安全生产事关人民福祉，事关经济社会发展大局，是广大人民群众最朴素的愿望，也是企业生产正常进行的最基本条件。电网企业守护万家灯火，保障安全是企业履行政治责任、经济责任和社会责任的根本要求。安全生产，以人为本，“人”是安全生产最关键的因素，也是最大的变量。作业人员安全意识淡薄、安全技能不足等问题，是导致各类安全事故发生的一个重要原因。百年大计，教育为本，提升作业人员安全素养，是保障电网安全发展的长久之策，一套面向基层一线的安全技能实训教材显得尤为迫切和重要。

当前，国家和政府安全监管日趋严格，安全生产法制化对电网企业安全管理提出了更高的要求。近年来，新能源大规模应用为主体的新型电力系统加快建设，电网形态不断发生着深刻的变化，也给电网企业安全管理带来了新的课题。为更好地支撑和指导电网企业员工和利益相关方安全教育培训工作，促进作业人员快速全面掌握核心安全技能理论知识，国网泰州供电公司组织修编了这套《电网企业员工安全技能实训教材》系列丛书。应老友邀请，我仔细品读，深感丛书理论性、创造性与实用性并具，是不可多得的安全培训工具书。

本丛书系统性强，专业特色鲜明，共包括《通用安全基础》通用教材及《变电运维》《变电检修》《输电运检》《配电运检》《不停电作业》《电力调度与自动化》《信息通信》《营销计量》《农电》9 本专业教材。《通用安全基础》涵盖安全理论、公共安全、应急技能等内容，9 本专业教材根据专业特点量身打造，囊括了安全组织措施和技术措施、两票的填写和使用、专业施工机具及安全工器具、现场安全标准化作业等内容。通用教材是专业教材的基础，专业教材是通用教材的延伸，两类教材互为补充，成为一个有机的整体，给电网企业员工提供了更系统的概念和更丰富的选择。

本丛书实用性强，内容生动翔实，国网泰州供电公司组建的编写团队，由注册安全工程师、安全管理专家、专业技术骨干、作业层精英等人员组成，具备本专业长期现场工作经历。他们从自身工作角度出发，紧密贴合现场管理实际，精准把握一线员工安全培训需求，全面总结了安全管理的概念和要点、标准和流程，提出了满足现场需要的安全管理方法和手段，针对高处作业、动火作业、有限空间作业等典型场景，专题强化安全注意事项，并选用大量的典型违章和事故案例进行分析说明，内容全面丰富、重点突出，使本套教材更易被一线员工接受，使安全培训取得应有的成效。

本丛书指导性强，理论结构严谨，编写团队对标先进、学习经验，经过广泛的调研和深入的讨论，针对电力行业特点，创新构建了包含安全理论、公共安全、通用安全、专业安全、应急技能的“五维安全能力”模型，提出了员工岗位安全培训需求矩阵，描绘了不同岗位员工系统性业务技能和安全培训需求。本丛书还参照院校学分制绘制了安全技能知识图谱，结构化设置知识点，为其在各类安全技能培训班中有效应用提供了指导。

本丛书在编写过程中坚持试点先行，《通用安全基础》和《配电运检》两本教材于 2020 年底先期成稿，试用于国网泰州供电公司 2021 年配电专业安全轮训班，累计培训 3000 余人次，取得了良好的成效，得到了参培人员的一致好评。在此基础上，编写组历时两年编制完成了其余 8 本专业教材。

本丛书的出版，是电网企业在自主安全教育培训方面的一次全新的探索和尝试，具有重要的意义。“知安全才能重安全，懂安全才能保安全”，相信本丛书必将对电网企业安全技能培训工作的开展和员工安全素养的提升做出长远的贡献，也可以作为高校教师及学生了解电力检修施工现场安全管理的参考资料。

与书本为友，享安全同行。

东南大学电气工程学院院长、教授 赵剑锋

2022 年 7 月

# 前 言

安全生产是企业的生命线，安全教育培训是电网企业安全发展的重要保障。随着电网技术快速发展、新业务新业态不断革新、作业管理方式持续转变，传统的电力安全培训教材系统性、针对性不强，内容亟须更新。为总结电网企业在安全生产方面取得的新成果，进一步提高电网企业生产技能人员的安全技术水平和安全素养，为电网企业安全生产提供坚强保障，国网泰州供电公司按照国家电网有限公司生产技能人员标准化培训课程体系的要求，结合安全生产实际，组织编写了《电网企业员工安全技能实训教材》丛书，包括《通用安全基础》《变电运维》《变电检修》《输电运检》《配电运检》《不停电作业》《电力调度与自动化》《信息通信》《营销计量》《农电》10 个分册。

本丛书以国家有关的法律、法规和电力部门的规程、规范为基础，着重阐述了电力安全生产的基本理论、基本知识和基本技能，从公共安全、通用安全、专业安全、应急技能等方面，全面、系统地构建电力安全技能培训体系。本丛书精准把握现场一线员工安全培训需求，结构化设置知识点，可作为电网企业生产作业人员和管理人员的安全技能培训教材。

本书为《电网企业员工安全技能实训教材　变电检修》分册，全书共 7 章：

第 1 章为基本安全要求。介绍变电检修专业的基础安全知识，包括人员的安全职责、检修作业的安全要求、安全工器具的使用、检修现场的作业范围及安全措施布置要求。

第 2 章为生产作业安全管控标准化。系统介绍了变电检修专业的标准化作业流程，着重于作业计划的管控、作业准备阶段需要完成的工作、计划现场及抢修作业的安全注意事项、作业结束后的检查。

第 3 章为一次检修作业安全要求。从变电检修、电气试验及动火工作三个方面系统阐述了一次检修作业现场的安全管控具体要求。

第 4 章为二次检修作业安全要求。从继电保护及其二次回路上的工作、厂站自动化检修工作及智能变电站的工作三个方面阐述了二次检修作业现场的安全管控具体要求。

第 5 章为典型安全措施及风险防范。介绍了变电一、二次检修工作的安全措施设置原则及典型范例，对变电检修工作中常见的风险进行分析，并针对性地提出了风险预控措施。

第 6 章为故障及异常处理。系统介绍了低压触电等七个典型的应急处置方案，阐述了一次、二次异常处理规范及故障处理流程，同时也对变电专业的典型故障进行了分析。

第 7 章为典型违章及事故案例分析。系统介绍了违章分类及界定，列出变电检修专业常见的各类违章现象，选取擅自移动围栏导致触电、无人监护误入带电间隔等五个典型的事故案例开展具体分析。

本丛书由国网泰州供电公司组织编写，卜荣、徐国栋担任主编，统筹负责整套丛书的策划组织、方案制定、编写指导和审核定稿。公司各专业部门和单位具体承担编写任务，本书的统筹策划由副主编杨庆华、徐进东、印吉景负责，本书第 1、2 章由吴笑天、孙俣编写，第 3 章由孙俣、季克松编写，第 4 章由蔡乙立、刘钰编写，第 5 章由袁乐、刘钰编写，第 6 章由吴笑天、袁乐编写，第 7 章由袁乐、蔡乙立编写，季克松、朱天仪、王维、王健伟补充编写 500kV 电压等级变电检修安全技能相关内容，杨溢、毕建勋、马越、顾鸿莺、孙志、周骁负责审核统稿。本书编写过程中，有关专家、学者通过线上、线下等方式提出了宝贵修改建议与意见，在此表示由衷感谢。

由于编写人员水平有限，书中难免存在不妥或疏漏之处，恳请广大读者批评指正。

编　者

2022 年 7 月

# 目录

# 第1章　基本安全要求

## 1.1　安全责任清单

### 1.1.1　一次检修班班长安全职责

1．熟悉本专业的安全生产方针、政策、规程、制度，并自觉遵守、执行

（1）组织落实本专业相关的安全生产法律法规、制度标准和工作要求，制定本专业工作措施、方案并监督执行。

（2）严格执行本专业安全规程制度。

2．落实本专业安全生产目标及安全责任制

（1）编制本班组安全目标和保证具体措施，并组织实施。

（2）制定本班组各岗位安全责任制，签订安全生产责任书。

（3）落实本专业安全管理工作要求。

3．参与专业范围内安全风险辨识与分析、预警与管控、安全性评价、隐患排查和治理及各项安全大检查活动

（1）组织参与专业范围内安全风险辨识与分析、预警与管控活动。

（2）组织参与本专业安全性评价工作。

（3）组织参与本专业春季、秋季安全大检查和专项检查等活动。

（4）组织参与本专业隐患排查治理工作。

（5）执行相关风险预警通知单。

4．开展或参加安全例行工作

（1）开展班组安全活动，及时了解上级安全工作新精神，掌握有关安全生产规程、规定的新要求。

（2）参加本部门月度安全生产分析会，总结本专业安全生产与管理上存在的薄弱环节，研究制定相应的对策、措施，并组织落实。

（3）组织参加“安康杯”“安全月”“消防月”等安全专题活动。

（4）组织参加人身、治安、消防、网络信息等安全专项活动。

5．开展本班组日常安全生产及管理工作

（1）组织开展变电检修试验作业“两交底”工作。

（2）参与变电作业项目现场勘察和安全技术措施审核。

（3）督促“工作票”和“检修施工作业方案”的执行，定期开展工作票分析、评价和考核。

（4）组织参加新、改、扩建变电工程的验收工作。

（5）组织落实变电检修试验标准化作业流程。

6．开展本班组安全规程规定和技术标准培训工作

（1）组织编制并落实本班组年度安全教育培训计划。

（2）开展本班组新进人员、新上岗及在岗员工岗位技能培训。

（3）组织参加紧急救护和消防培训。

7．参与本专业应急能力建设工作

（1）组织参与滚动修订本专业应急预案、应急处置方案和应急处置卡。

（2）组织参与本专业相关应急培训与演练。

8．参与专业范围内安全事故（事件）调查处理

（1）参与本专业安全事故（事件）统计、分析工作。

（2）参与本专业安全事故（事件）的调查、分析和处理。

### 1.1.2 一次检修班班组成员安全职责

1．熟悉本专业的安全生产方针、政策、规程、制度，并自觉遵守、执行

（1）协助落实本专业相关的安全生产法律法规、制度标准和工作要求，制

定本专业工作措施、方案并监督执行。

（2）严格执行本专业安全规程制度。

2．落实本岗位安全生产目标及安全责任制

（1）制定本岗位安全责任制，签订安全生产责任书。

（2）落实本专业安全管理工作要求。

3．参与专业范围内安全风险辨识与分析、预警与管控、安全性评价、隐患排查和治理及各项安全大检查活动

（1）参与专业范围内安全风险辨识与分析、预警与管控活动。

（2）参与本专业安全性评价工作。

（3）参与本专业春季、秋季安全大检查和专项检查等活动。

（4）参与本专业隐患排查治理工作。

（5）执行相关风险预警通知单。

4．参加安全例行工作

（1）参加班组安全活动，及时了解上级安全工作新精神，掌握有关安全生产规程、规定的新要求。

（2）参加“安康杯”“安全月”“消防月”等安全专题活动。

（3）参加人身、治安、消防、网络信息等安全专项活动。

5．参与本班组日常安全生产工作

（1）严格执行“工作票”和“检修施工作业方案”。

（2）参加新、改、扩建变电工程的验收工作。

（3）严格执行变电检修试验标准化作业流程。

6．参加本班组安全规程规定和技术标准培训工作

（1）参加本班组新进人员、新上岗及在岗员工岗位技能培训。

（2）参加紧急救护和消防培训。

7．参与本专业应急能力建设工作

（1）参与滚动修订本专业应急预案、应急处置方案和应急处置卡。

（2）参与本专业相关应急培训与演练。

### 1.1.3 二次检修班班长安全职责

1．组织实施本班组安全目标、计划、责任制

（1）作为本班组安全第一责任人，应落实本单位安全工作要求，组织实施涉及本班组的任务措施。

（2）落实反事故措施和安全技术劳动保护措施计划。

（3）组织编制本班组的安全责任清单，组织本班班员签订年度安全承诺书，负责落实、考核每位班员的安全责任。

2．落实“现场”安全管理要求

（1）现场作业组织。

1）根据周作业计划，结合临时性工作，合理安排工作任务，落实电网、作业等安全风险管控措施。

2）根据作业风险情况，按要求提前组织开展现场勘察，明确实际工作量，辨识危险点，制定防控措施。

3）组织班组人员召开班前会，布置安全风险预控措施，交代工作任务、作业风险和安全措施，检查个人安全工器具、劳动防护用品和人员精神状况。

4）工作结束后，组织班组人员召开班后会，对作业现场安全管控措施落实及“两票三制”执行情况进行总结评价，分析不足，表扬遵章守纪行为，批评忽视安全、违章作业等不良现象。

5）本班组外来工作人员从事有危险的工作时，应安排有经验的员工带领和监护，并督促其做好安全措施。

（2）担任变电工作票签发人。

1）确认工作必要性和安全性。

2）确认工作票上所填安全措施是否正确完备。

3）确认所派工作负责人和工作班人员是否适当和充足。

（3）担任变电工作负责人时，履行作业现场安全第一责任人职责。

1）正确安全地组织工作。

2）检查工作票所列安全措施是否正确完备，是否符合现场实际条件，必

要时予以补充，合理安排专责监护人。

3）严格落实开、收工会制度，工作前，告知工作班成员危险因素，交代安全措施、技术措施、防范措施及事故应急措施，并确认每一个工作班成员都已知晓。

4）严格执行工作票所列安全措施。

5）督促、监护工作班成员遵守电力安全工作规程，正确佩戴和使用劳动防护用品，严格落实现场安全措施。

6）关注工作班成员精神状态是否良好，变动是否合适。

（4）现场反违章工作。组织开展违章自查自纠，对违章行为进行分析，对违章人员进行教育，制定并落实整改措施。

（5）组织开展应急工作。

1）组织或参与应急预案、现场处置方案的编制和演练。

2）配合开展保电工作。

3）发生事故时，按照应急预案要求，在规定时间内组织开展应急抢修工作，保证响应速度和抢修安全，快速隔离故障、修复设备，第一时间恢复设备正常运行。

3．落实项目安全管理要求

（1）组织参与变电基建、技改工程项目的验收，发现问题及时上报。

（2）参与变电修理项目“三措一案”的编制并落实。

（3）对现场外包作业人员进行安全管控。

4．落实设备安全管理要求

（1）履行本班组设备第一责任人安全职责。

1）负责管辖范围内变电站的二次检修工作，分解落实每位班员的设备主人职责，保障设备健康运行。

2）负责定期开展二次检修专业巡视，组织对管辖设备开展状态评价、安全性评价等工作，提出项目计划建议。

3）负责备品备件的申报和日常管理，保证充足齐全。

（2）组织开展二次变电设备消缺、隐患排查治理和反事故措施落实工作。

1）组织开展变电二次设备缺陷消除、隐患排查治理和反事故措施落实工作。

2）负责二次设备缺陷和隐患的上报、管控和消除治理工作，在每周安全日活动上通报本班组缺陷消除、隐患排查治理和反事故措施落实工作开展情况。

（3）组织开展安全检查。

1）组织开展春季、秋季等季节性安全检查和其他专项安全检查，针对发现问题制订整改计划并组织落实。

2）组织开展安全设施设备、消防器材及劳动保护用品等检查，并督促正确使用。

3）组织开展变电二次检修专业管理范围内的网络信息安全防护工作。

（4）组织做好施工机具、仪器仪表和安全工器具管理。

1）建立施工机具、仪器仪表和安全工器具管理台账，做到账、卡、物相符。

2）组织开展班组施工机具、仪器仪表和安全工器具培训，确保班组人员正确使用安全工器具。

3）组织做好班组施工机具、仪器仪表和安全工器具日常维护、保养及送检工作。每月对施工机具、仪器仪表和安全工器具进行全面检查，对发现不合格或超试验周期的应隔离存放，做出禁用标识，停止使用。

5. 组织开展班组人员安全教育培训

（1）组织编制并实施班组安全教育培训计划，组织做好岗位安全技术和安全责任清单培训及新入职人员、调换岗位人员、外来人员的安全培训考试。

（2）每周组织开展一次班组安全日活动，活动内容应联系实际且有针对性。

（3）组织班组人员进行有针对性的现场培训和警示教育活动，每年组织班组人员至少参加一次安全规章制度、规程规范和安全责任清单考试。

（4）每年组织班组人员参加紧急救护方法的培训，做到全员正确掌握紧急救护方法。

（5）组织建立安全培训档案管理，如实记录安全生产教育和培训的时间、内容、参加人员及考核结果等情况。

（6）积极提高人员安全技能，组织班组人员参加安全等级评价，根据人员安全等级安排相关工作。

6．及时报告安全事故（事件），配合开展安全事故（事件）调查工作

（1）发生安全事故（事件）后，立即向上级报告。

（2）配合有关安全事故（事件）调查，落实安全事故（事件）防范措施，协助做好安全事故（事件）善后工作。

### 1.1.4 二次检修班班组成员安全职责

1．落实本岗位安全目标、计划、责任制

（1）落实本岗位安全工作要求，实施涉及本岗位的任务措施。

（2）落实年度反事故措施计划和安全技术劳动保护措施计划。

（3）编制本岗位的安全责任清单，签订年度安全承诺书，落实安全责任。

2．落实现场安全管理要求

（1）担任工作班成员时。

1）接受工作任务或进入生产现场前，做到工作任务、作业范围、作业程序、危险点、安全措施“五清楚”，履行安全确认手续。对工作任务不清楚或对安全措施有疑义时，及时向工作负责人提出。落实电网、作业等安全风险管控措施。

2）严格遵守安全规章制度、操作规程和劳动纪律，服从管理，在确定的作业范围内工作，对自己在工作中的行为负责；互相关心、提醒工作安全，及时纠正违章行为，做到“四不伤害”。

3）保证工作场所、设备（设施）、工器具的安全整洁，不随意移动或拆除安全防护装置，正确操作机械和设备，正确佩戴和使用劳动防护用品。

4）执行现场作业“十不干”要求，有权拒绝违章指挥和强令冒险作业。发现直接危及人身、电网和设备安全的紧急情况时，停止作业或者在采取可能的紧急措施后撤离现场，并立即报告。

（2）担任变电工作票签发人时。

1）确认工作必要性和安全性。

2）确认工作票上所填安全措施是否正确完备。

3）确认所派工作负责人和工作班人员是否适当和充足。

（3）担任变电工作负责人时，履行作业现场安全第一责任人职责。

1）正确安全地组织工作。

2）检查工作票所列安全措施是否正确完备，是否符合现场实际条件，必要时予以补充，合理安排专责监护人。

3）严格落实开、收工会制度，工作前，告知工作班成员危险因素，交代安全措施、技术措施、防范措施及事故应急措施，并确认每一个工作班成员都已知晓。

4）严格执行工作票所列安全措施。

5）督促、监护工作班成员遵守电力安全工作规程，正确佩戴和使用劳动防护用品，严格落实现场安全措施。

6）关注工作班成员精神状态是否良好，变动是否合适。

（4）参加应急处置工作。

1）参加应急预案、现场处置方案的编制和演练。

2）参加保电工作。

3）发生事故时，按照应急预案要求，在规定时间内开展应急抢修工作，保证响应速度和抢修安全，快速隔离故障、修复设备，第一时间恢复设备正常运行。

3．落实项目安全管理要求

（1）参与变电基建、技改工程项目的验收，发现问题及时上报。

（2）参与变电修理项目“三措一案”的编制并落实。

（3）对现场外包作业人员进行安全管控。

4．落实设备安全管理要求

（1）履行本岗位设备第一责任人安全职责。

1）负责管辖范围内变电站的二次设备检修工作，落实本岗位设备主人职责，保障设备健康运行。

2）负责定期开展二次检修专业巡视，对管辖设备开展状态评价、安全性评价等工作，提出项目计划建议。

3）负责备品备件的申报和日常管理，保证充足齐全。

（2）开展变电二次设备消缺、隐患排查治理和反事故措施落实工作。

1）开展变电二次设备缺陷消除、隐患排查治理和反事故措施落实工作。

2）负责缺陷和隐患的上报、管控和消除治理工作。

（3）参加安全检查。

1）参加春季、秋季等季节性安全检查和其他专项安全检查，针对发现问题制订整改计划并组织落实。

2）参加安全设施设备、消防器材及劳动保护用品等检查，并督促正确使用。

（4）做好施工机具、仪器仪表和安全工器具管理。

1）参加施工机具、仪器仪表和安全工器具培训，确保正确使用安全工器具。

2）做好施工机具、仪器仪表和安全工器具日常维护、保养工作。使用前，对施工机具、仪器仪表和安全工器具进行全面检查，发现不合格或超试验周期的应隔离存放，做出禁用标识，停止使用。

5．参加安全教育培训

（1）参加班组安全日活动和安全警示教育活动。

（2）参加安全规章制度、规程规范、安全责任清单、现场培训考试。

（3）参加紧急救护方法的培训，做到正确掌握紧急救护方法。

（4）参加安全等级评价，根据安全等级开展相关工作。

6．及时报告安全事故（事件），配合开展安全事故（事件）调查工作

（1）发生安全事故（事件）后，立即向上级报告。

（2）配合有关安全事故（事件）调查，落实安全事故（事件）防范措施，协助做好安全事故（事件）善后工作。

## 1.2 一般安全要求

### 1.2.1 变电作业基本要求

#### 1.2.1.1 作业人员

（1）经医师鉴定，无妨碍工作的病症（体格检查每 2 年至少 1 次）。

（2）具备必要的安全生产知识，学会紧急救护方法，特别要学会触电急救。

（3）接受相应的安全生产知识教育和岗位技能培训，掌握配电作业必备的电气知识和业务技能，并按工作性质，熟悉电力安全工作规程的相关部分，经考试合格后上岗。

（4）作业人员对本部分应每年考试 1 次。因故间断电气工作连续 3 个月以上者，应重新学习本部分，并经考试合格后，方能恢复工作。

（5）新参加电气工作的人员、实习人员和临时参加劳动的人员（管理人员、非全日制用工等），应经过安全知识教育后，方可到现场参加指定的工作，并且不得单独工作。

（6）任何人发现有违反电力安全工作规程的情况，应立即制止，经纠正后才能恢复作业。各类作业人员有权拒绝违章指挥和强令冒险作业；在发现直接危及人身、电网和设备安全的紧急情况时，有权停止作业或者在采取可能的紧急措施后撤离作业场所，并立即报告。

（7）进入作业现场应正确佩戴安全帽，现场作业人员还应穿全棉长袖工作服、绝缘鞋。

（8）进出变电站、高压室、控制室应随手关门。

（9）工作人员禁止擅自开启直接封闭的带电部分高压设备柜门、箱盖、封板等。

#### 1.2.1.2 作业现场

（1）作业现场的生产条件和安全设施等应符合有关标准、规范的要求，作业人员的劳动防护用品应合格、齐备。

（2）经常有人工作的场所及施工车辆上宜配备急救箱，用于存放急救用品，并指定专人经常检查、补充或更换。

（3）现场使用的安全工器具应合格并符合有关要求。

（4）各类作业人员应被告知其作业现场和工作岗位存在的危险因素、防范措施及事故紧急处理措施。

（5）主控制室与 $SF_6$ 配电装置室间要采取气密性隔离措施。$SF_6$ 配电装置室与其下方电缆层、电缆隧道相通的孔洞都应封堵。$SF_6$ 配电装置室及下方电缆层隧道的门上，应设置“注意通风”的标志。

（6）$SF_6$ 配电装置室、电缆层隧道的排风机电源开关应设置在门外。

（7）在 $SF_6$ 配电装置室低位区应安装能报警的氧量仪和 $SF_6$ 气体泄漏报警仪，在工作人员入口处应装设显示器。上述仪器应定期检验，保证完好。

（8）无论高压设备是否带电，作业人员不得单独移开或越过遮栏进行工作；若有必要移开遮栏时，应有监护人在场，并保持符合表 1-1 的安全距离。

**表 1-1　　设备不停电时的安全距离**

| 电压等级（kV） | 安全距离（m） | 电压等级（kV） | 安全距离（m） |
|---|---|---|---|
| 10 及以下（13.8） | 0.70 | 1000 | 8.70 |
| 20、35 | 1.00 | ±50 及以下 | 1.50 |
| 66、110 | 1.50 | ±400 | 5.90 |
| 220 | 3.00 | ±500 | 6.00 |
| 330 | 4.00 | ±600 | 8.40 |
| 500 | 5.00 | ±800 | 9.30 |
| 750 | 7.20 | | |

（9）10、20、35kV 户外（内）配电装置的裸露部分在跨越人行过道或作业区时，若导电部分对地高度分别小于 2.7（2.5）、2.8（2.5）、2.9m（2.6m），该裸露部分两侧和底部应装设护网。

（10）户外 10kV 及以上高压配电装置场所的行车通道上，应根据表 1-2 的安全距离设置行车安全限高标志。

表 1-2　车辆（包括装载物）外廓至无遮拦带电部分之间的安全距离

| 电压等级（kV） | 安全距离（m） | 电压等级（kV） | 安全距离（m） |
|---|---|---|---|
| 10 | 0.95 | 750 | 6.70 |
| 20 | 1.05 | 1000 | 8.25 |
| 35 | 1.15 | ±50 及以下 | 1.65 |
| 66 | 1.40 | ±400 | 5.45 |
| 110 | 1.65 | ±500 | 5.60 |
| 220 | 2.55 | ±660 | 8.00 |
| 330 | 3.25 | ±800 | 9.00 |
| 500 | 4.55 | | |

（11）室内母线分段部分、母线交叉部分及部分停电检修易误碰有电设备的，应设有明显标志的永久性隔离挡板（护网）。

（12）电缆孔洞，应用防火材料严密封堵。

（13）变电站的井、坑、孔、洞或沟（槽）的安全设施要求如下。

1）井、坑、孔、洞或沟（槽）应覆以与地面齐平而坚固的盖板。进行检修作业时，若需将盖板取下，应设临时围栏并设置警示标志，夜间还应设红灯示警。临时打的孔、洞在施工结束后，应恢复原状。

2）所有吊物孔、没有盖板的孔洞、楼梯和平台，应装设不低于 1050mm 高的栏杆和不低于 100mm 高的护板。进行检修作业，若需将栏杆拆除时，应装设临时遮栏，并在检修作业结束时立即将栏杆装回。临时遮栏应由上、下两道横杆及栏杆柱组成。上杆离地高度为 1050～1200mm，下杆离地高度为 500～600mm，并在栏杆下边设置严密固定高度不低于 180mm 的挡脚板。原有高度为 1000mm 的栏杆可不做改动。

1.2.1.3　专业要求

（1）现场工作应遵守工作负责人制度，继电保护现场工作至少应有 2 人参加，同时必须有专门人员进行监护。

（2）现场继电保护工作人员应熟悉继电保护、电网安全自动装置和相关二次回路，并经培训、考试合格。

（3）现场工作必须严格遵循“两票三制”及现场相关的规程和规章制度，落实好各级人员安全职责，并按要求规范填写两票内容，确保安全措施全面到位。认真做好作业前、作业中、作业终结和转移等各项工作计划的落实，确保现场作业无遗漏、无差错和无事故。

（4）现场工作应遵循现场标准化作业和风险辨识相关要求，遵守工作票和继电保护安全措施票的规定。

（5）现场工作前应编写工作票，明确工作地点和范围，严格按照工作票规定的地点和内容开展工作，禁止未经许可在运行的继电保护和电网安全自动装置上进行任何工作。若在运行的继电保护和电网安全自动装置柜（屏）附近工作，有可能影响运行设备安全时，应采取防止运行设备误动作的措施，必要时经相关调度同意将保护暂时停用。

（6）在原工作票的停电及安全措施范围内增加工作任务时，应由工作负责人征得工作票签发人和工作许可人同意，并在工作票上增填工作项目。若需变更或增设安全措施者应填写新的工作票，并履行签发许可手续。工作票有破损不能继续使用时，应补填新的工作票，并重新履行签发许可手续。

（7）工作负责人、工作许可人任何一方不得擅自变更安全措施，工作中如有特殊需要变更时，应先取得对方的同意并及时恢复。变更情况及时记录在补充安全措施票内。

（8）其他相关专业人员在继电保护回路工作时，必须遵守继电保护的有关规定，严格执行继电保护现场标准化作业指导书。

（9）其他相关专业作业影响继电保护和电网安全自动装置的正常运行，应经相关调度批准，停用相关保护，并在工作票中注明，在做好安全措施后，方可进行工作。

（10）作业人员在现场工作过程中，凡遇到异常情况（如直流系统接地等）或断路器跳闸、阀闭锁时，不论与本身工作是否有关，应立即停止工作，保持现状，待查明原因，确定与本身工作无关时方可继续工作；若异常情况或断路器跳闸、阀闭锁是本身工作所引起的，应保留现场并立即通知运维人员，以便及时处理。

（11）在继电保护装置、安全自动装置及自动化监控系统屏（柜）上或附近进行打眼等振动较大的工作时，应采取防止运行中设备误动作的措施，必要时向调控中心申请，经值班调控人员或运维负责人同意，将保护暂时停用。

（12）在继电保护、安全自动装置及自动化监控系统屏间的通道上搬运或安放试验设备时，不能阻塞通道，要与运行设备保持一定距离，防止事故处理时通道不畅，防止误碰运行设备，造成相关运行设备继电保护误动作。清扫运行设备和二次回路时，要防止振动、误碰，要使用绝缘工具。

（13）继电保护、安全自动装置及自动化监控系统做传动试验或一次通电或进行直流输电系统功能试验时，应通知运维人员和有关人员，并由工作负责人或由他指派专人到现场监视，方可进行。

### 1.2.2 高压设备工作

在运用中的高压设备上工作，可分为以下三类：

（1）全部停电的工作系指室内高压设备全部停电（包括架空线路与电缆引入线在内），并且通至邻接高压室的门全部闭锁，以及室外高压设备全部停电（包括架空线路与电缆引入线在内）。

（2）部分停电的工作系指高压设备部分停电，或室内虽全部停电，而通至邻接高压室的门并未全部闭锁。

（3）不停电工作。

1）工作本身不需要停电并且不可能触及导电部分的工作。

2）可在带电设备外壳上或导电部分上进行的工作。

在高压设备上工作，应至少由2人进行，并完成保证安全的组织措施和技术措施。

### 1.2.3 电气试验工作

#### 1.2.3.1 高压试验

（1）高压试验应填用变电站（发电厂）第一种工作票。在高压试验室（包括户外高压试验场）进行试验时，应按DL 560—1995《电业安全工作规程（高压试验室部分)》的规定执行。

在同一电气连接部分，高压试验工作票发出时，应先将已发出的检修工作票收回，禁止再发出第二张工作票。如果试验过程中需要检修配合，应将检修人员填写在高压试验工作票中。

在一个电气连接部分同时有检修和试验时，可填用一张工作票，但在试验前应得到检修工作负责人的许可。

如加压部分与检修部分之间的断开点，按试验电压有足够的安全距离，并在另一侧有接地短路线时，可在断开点的一侧进行试验，另一侧可继续工作。但此时在断开点应挂有“止步，高压危险！”的标示牌，并设专人监护。

（2）高压试验工作不得少于 2 人。试验负责人应由有经验的人员担任，开始试验前，试验负责人应向全体试验人员详细说明试验中的安全注意事项，交代邻近间隔的带电部位，以及其他安全注意事项。

（3）因试验需要断开设备接头时，拆前应做好标记，接后应进行检查。

（4）试验装置的金属外壳应可靠接地；高压引线应尽量缩短，并采用专用的高压试验线，必要时用绝缘物支持牢固，与相邻设备保持安全距离。

试验装置的电源开关，应使用明显断开的双极隔离开关。为了防止误合隔离开关，可在刀刃上加绝缘罩。

试验装置的低压回路中应有 2 个串联电源开关，并加装过载自动跳闸装置。

（5）试验现场应装设遮栏或围栏，遮栏或围栏与试验设备高压部分应有足够的安全距离，向外悬挂“止步，高压危险！”的标示牌，并派人看守。被试设备两端不在同一地点时，另一端还应派人看守。

（6）加压前应认真检查试验接线，使用规范的短路线，表计倍率、量程、调压器零位及仪表的开始状态均正确无误，经确认后，通知所有人员离开被试设备，并取得试验负责人许可，方可加压。加压过程中应有人监护并呼唱。

高压试验工作人员在全部加压过程中，应精力集中，随时警戒异常现象发生，操作人应站在绝缘垫上。

（7）变更接线或试验结束时，应首先断开试验电源、放电，并将升压设备的高压部分放电、短路接地。

（8）未装接地线的大电容被试设备，应先行放电再做试验。高压直流试验时，每告一段落或试验结束时，应将设备对地放电数次并短路接地。

（9）试验结束时，试验人员应拆除自装的接地短路线，并对被试设备进行检查，恢复试验前的状态，经试验负责人复查后，进行现场清理。

（10）变电站、发电厂升压站发现有系统接地故障时，禁止进行接地网接地电阻的测量。

（11）特殊的重要电气试验，应有详细的安全措施，并经单位分管生产的领导（总工程师）批准。

直流换流站单极运行，对停运的单极设备进行试验，若影响运行设备安全，应有对应措施，并经单位分管生产的领导（总工程师）批准。

1.2.3.2 使用携带型仪器的测量工作

（1）使用携带型仪器在高压回路上进行工作，至少由 2 人进行。需要高压设备停电或做安全措施的，应填用变电站（发电厂）第一种工作票。

（2）除使用特殊仪器外，所有使用携带型仪器的测量工作，均应在电流互感器和电压互感器的二次侧进行。

（3）电流表、电流互感器及其他测量仪表的接线和拆卸，需要断开高压回路者，应将此回路所连接的设备和仪器全部停电后，才能进行。

（4）电压表、携带型电压互感器和其他高压测量仪器的接线和拆卸无须断开高压回路者，可以带电工作。但应使用耐高压的绝缘导线，导线长度应尽可能缩短，不准有接头，并应连接牢固，以防接地和短路。必要时用绝缘物加以固定。

使用电压互感器进行工作时，应先将低压侧所有接线接好，然后用绝缘工具将电压互感器接到高压侧。工作时应戴手套和护目眼镜，站在绝缘垫上，并应有专人监护。

（5）连接电流回路的导线截面积，应适合所测电流数值。连接电压回路的导线截面积不得小于 1.5mm$^2$。

（6）非金属外壳的仪器，应与地绝缘，金属外壳的仪器和变压器外壳应接地。

（7）测量用装置必要时应设遮栏或围栏，并悬挂“止步，高压危险！”的标示牌。仪器的布置应使工作人员距带电部位不小于规定的安全距离。

1.2.3.3 使用钳形电流表的测量工作

（1）运行人员在高压回路上使用钳形电流表的测量工作，应由 2 人进行。非运行人员测量时，应填用变电站（发电厂）第二种工作票。

（2）在高压回路上测量时，禁止用导线从钳形电流表另接表计测量。

（3）测量时若需拆除遮栏，应在拆除遮栏后立即进行。工作结束，应立即将遮栏恢复原状。

（4）使用钳形电流表时，应注意钳形电流表的电压等级。测量时戴绝缘手套，站在绝缘垫上，不得触及其他设备，以防短路或接地。观测表计时，要特别注意保持头部与带电部分的安全距离。

（5）测量低压熔断器和水平排列低压母线电流时，测量前应将各相熔断器和母线用绝缘材料加以保护隔离，以免引起相间短路，同时应注意不得触及其他带电部分。

（6）在测量高压电缆各相电流时，电缆头线间距离应在 300mm 以上，且绝缘良好，测量方便，方可进行。当有一相接地时，禁止测量。

（7）钳形电流表应保存在干燥的室内，使用前要擦拭干净。

1.2.3.4 使用绝缘电阻表测量绝缘的工作

（1）使用绝缘电阻表测量高压设备绝缘，应由 2 人进行。

（2）测量用的导线应使用相应的绝缘导线，其端部应有绝缘套。

（3）测量绝缘时，应将被测设备从各方面断开，验明无电压，确实证明设备无人工作后，方可进行。在测量中禁止他人接近被测设备。在测量绝缘前后，应将被测设备对地放电。测量线路绝缘时，应取得许可并通知对侧后方可进行。

（4）在有感应电压的线路上测量绝缘时，应将相关线路同时停电，方可进行。雷电天气时，禁止测量线路绝缘。

（5）在带电设备附近测量绝缘电阻时，测量人员和绝缘电阻表安放位置，应选择适当，保持安全距离，以免绝缘电阻表引线或引线支持物触碰带电部分。移动引线时，应注意监护，防止工作人员触电。

### 1.2.4 起重及运输工作

#### 1.2.4.1 一般注意事项

（1）特种设备需经检验检测机构检验合格，并在特种设备安全监督管理部门登记。

（2）起重设备的操作人员和指挥人员应经专业技术培训，并经实际操作及有关安全规程考试合格、取得合格证后方可独立上岗作业，其合格证种类应与所操作（指挥）的起重机类型相符合。起重设备作业人员在作业中应当严格执行起重设备的操作规程和有关的安全规章制度。

（3）起重设备、吊索具和其他起重工具的工作负荷，不准超过铭牌规定。

（4）一切重大物件的起重、搬运工作应由有经验的专人负责，作业前应向参加工作的全体人员进行技术交底，使全体人员均熟悉起重搬运方案和安全措施。起重搬运时只能由一人统一指挥，必要时可设置中间指挥人员传递信号。起重指挥信号应简明、统一、畅通，分工明确。

（5）凡属下列情况之一者，应制订专门的安全技术措施，经本单位分管生产的领导（总工程师）批准，作业时应有技术负责人在场指导，否则不准施工。

1）重量达到起重设备额定负荷的90%及以上。

2）2 台及以上起重设备抬吊同一物件。

3）起吊重要设备、精密物件、不易吊装的大件或在复杂场所进行大件吊装。

4）爆炸品、危险品必须起吊时。

5）起重设备在带电导体下方或距带电体较近时。

（6）起重物品应绑牢，吊钩要挂在物品的重心线上。

（7）遇有 6 级以上的大风时，禁止露天进行起重工作。当风力达到 5 级以上时，受风面积较大的物体不宜起吊。

（8）遇有大雾、照明不足、指挥人员看不清各工作地点或起重机操作人员未获得有效指挥时，不准进行起重工作。

（9）吊物上不许站人，禁止作业人员利用吊钩来上升或下降。

（10）各种起重设备的安装、使用及检查、试验等，除应遵守本规程的规定外，也应执行国家、行业有关部门颁发的相关规定、规程和技术标准。

1.2.4.2 各式起重机。

1．一般规定

（1）没有得到起重司机的同意，任何人不准登上起重机或桥式起重机的轨道。

（2）起重机上应备有灭火装置，驾驶室内应铺橡胶绝缘垫，禁止存放易燃物品。

（3）在用起重机械应当在每次使用前进行一次检查，并做好记录。起重机械每年至少应做一次全面技术检查。

（4）起吊重物前应由工作负责人检查悬吊情况及所吊物件的捆绑情况，认为可靠后方可试行起吊。起吊重物（或支持物）稍一离地，应再检查悬吊及捆绑情况，认为可靠后方可继续起吊。

（5）禁止与工作无关人员在起重工作区域内行走或停留。

（6）起吊重物不准让其长期悬在空中。有重物悬在空中时，禁止驾驶人员离开驾驶室或做其他工作。

（7）禁止用起重机起吊埋在地下的物件。

（8）在变电站内使用起重机械时，应安装接地装置，接地线应用多股软铜线，其截面积应满足接地短路容量的要求，但不得小于16mm$^2$。

（9）各式起重机应该根据需要安设过卷扬限制器、过负荷限制器、起重臂俯仰限制器、行程限制器、联锁开关等安全装置；其起升、变幅、运行、旋转机构都应装设制动器，其中起升和变幅机构的制动器应是动断式的。臂架式起重机应设有力矩限制器和幅度指示器。

2．桥式起重机

（1）桥式起重机，应装有可靠的微量调节控制系统，以保证大件起吊时的可靠性。由厂房台架登上起重机的部位，宜设登机信号。

（2）任何人不得在桥式起重机的轨道上站立或行走。特殊情况需在轨道上进行作业时，应与桥式起重机的操作人员取得联系，桥式起重机应停止运行。

（3）起重机在轨道上进行检修时，应切断电源，在作业区两端的轨道上用钢轨夹夹住，并设标示牌。其他起重机不得进入检修区。

（4）厂房内的桥式起重机作业完毕后应停放在指定地点。

（5）在露天使用的起重机机身上不得随意安设增加受风面积的设施。其驾驶室内，冬天可装有电气取暖设备，工作人员离开时，应切断电源。不准用煤火炉或电炉取暖。

3．流动式起重机

（1）在带电设备区域内使用汽车吊、斗臂车时，车身应使用截面积不小于16mm$^2$的软铜线可靠接地。在道路上施工应设围栏，并设置适当的警示标示牌。

（2）起重机停放或行驶时，其车轮、支腿或履带的前端或外侧与沟、坑边缘的距离不准小于沟、坑深度的1.2倍；否则应采取防倾、防坍塌措施。

（3）作业时，起重机应置于平坦、坚实的地面上，机身倾斜度不准超过制造厂的规定。不准在暗沟、地下管线等上面作业；不能避免时，应采取防护措施，不准超过暗沟、地下管线允许的承载力。

（4）作业时，起重机臂架、吊具、辅具、钢丝绳及吊物等与架空输电线及其他带电体的最小安全距离不得小于表1-3的规定，且应设专人监护。

**表1-3　　与带电体的最小安全距离**

| 电压（kV） | 最小安全距离（m） | 电压（kV） | 最小安全距离（m） |
| --- | --- | --- | --- |
| ＜1 | 1.5 | 220 | 6.0 |
| 1～10 | 3.0 | 330 | 7.0 |
| 35～63 | 4.0 | 500 | 8.5 |
| 110 | 5.0 | | |

（5）长期或频繁地靠近架空线路或其他带电体作业时，应采取隔离防护措施。

（6）汽车起重机行驶时，应将臂杆放在支架上，吊钩挂在挂钩上并将钢丝绳收紧。禁止上车操作室坐人。

（7）汽车起重机及轮胎式起重机作业前，应先支好全部支腿后方可进行其他操作；作业完毕后，应先将臂杆放在支架上，然后方可支起支腿。汽车式起重机除具有吊物行走性能者外，其他人均不得吊物行走。

（8）汽车吊试验应遵守 GB/T 5905—2011《起重机　试验规范和程序》。

（9）高空作业车（包括绝缘型高空作业车、车载垂直升降机）应按 GB/T 9465—2008《高空作业车》进行试验、维护与保养。

1.2.4.3　起重工器具

1．钢丝绳

（1）钢丝绳应按出厂技术数据使用。无技术数据时，应进行单丝破断力试验。

（2）钢丝绳应定期浸油，遇有下列情况之一者应予报废。

1）钢丝绳的钢丝磨损或腐蚀达到原来钢丝直径的 40%及以上，或钢丝绳受过严重退火或局部电弧烧伤者。

2）绳芯损坏或绳股挤出。

3）笼状畸形、严重扭结或弯折。

4）钢丝压扁变形及表面起毛刺严重者。

5）钢丝绳断丝数量不多，但断丝增加很快者。

（3）钢丝绳端部用绳卡固定连接时，绳卡压板应在钢丝绳主要受力的一边，不得正反交叉设置；绳卡间距不应小于钢丝绳直径的 6 倍；绳卡数量应符合表 1-4 的规定。

**表 1-4　　钢丝绳端部固定用绳卡的数量**

| 钢丝绳直径（mm） | 绳卡数量（个） | 钢丝绳直径（mm） | 绳卡数量（个） |
|---|---|---|---|
| 7～18 | 3 | 28～37 | 5 |
| 19～27 | 4 | 38～45 | 6 |

（4）插接的环绳或绳套，其插接长度应不小于钢丝绳直径的15倍，且不得小于300mm。新插接的钢丝绳套应做125%允许负荷的抽样试验。

（5）通过滑轮及卷筒的钢丝绳不得有接头。滑轮、卷筒的槽底或细腰部直径与钢丝绳直径之比应遵守的规定是：起重滑车：机械驱动时不应小于11；人力驱动时不应小于10。

2．千斤顶

（1）使用前应检查各部分是否完好。油压式千斤顶的安全栓有损坏、螺旋式千斤顶或齿条式千斤顶的螺纹或齿条的磨损量达20%时，禁止使用。

（2）应设置在平整、坚实处，并用垫木垫平。千斤顶应与荷重面垂直，其顶部与重物的接触面之间应加防滑垫层。

（3）禁止超载使用，不得加长手柄或超过规定人数操作。

（4）使用油压式千斤顶时，任何人不得站在安全栓的前面。

（5）用2台及以上千斤顶同时顶升一个物体时，千斤顶的总起重能力应不小于荷重的2倍。顶升时应由专人统一指挥，确保各千斤顶的顶升速度及受力基本一致。

（6）油压式千斤顶的顶升高度不得超过限位标志线；螺旋式及齿条式千斤顶的顶升高度不得超过螺杆或齿条高度的3/4。

（7）禁止将千斤顶放在长期无人照料的荷重下面。

（8）下降速度应缓慢，禁止在带负荷的情况下使其突然下降。

3．链条葫芦

（1）使用前应检查吊钩、链条、传动装置及刹车装置是否良好。吊钩、链轮、倒卡等有变形，以及链条直径磨损量达10%时，禁止使用。

（2）2台及以上链条葫芦起吊同一重物时，重物的重量应不大于每台链条葫芦的允许起重量。

（3）起重链不得打扭，亦不得拆成单股使用。

（4）不得超负荷使用，起重能力在5t以下的允许1人拉链，起重能力在5t以上的允许2人拉链，不得随意增加人数猛拉。操作时，人员不准站在链条葫芦的正下方。

（5）吊起的重物如需在空中停留较长时间，应将手拉链拴在起重链上，并在重物上加设保险绳。

（6）在使用中如发生卡链情况，应将重物垫好后方可进行检修。

（7）悬挂链条葫芦的架梁或建筑物，应经过计算，否则不得悬挂。禁止用链条葫芦长时间悬吊重物。

4．合成纤维吊装带

（1）合成纤维吊装带应按出厂数据使用，无数据时禁止使用。使用中应避免与尖锐棱角接触，如无法避免应装设必要的护套。

（2）使用环境温度：－40～100℃。

（3）吊装带用于不同承重方式时，应严格按照标签给予定值使用。

（4）发现外部护套破损显露出内芯时，应立即停止使用。

5．纤维绳

（1）麻绳、纤维绳用作吊绳时，其许用应力不准大于 0.98kN/cm$^2$。用作绑扎绳时，许用应力应降低 50%。有霉烂、腐蚀、损伤者不准用于起重作业，纤维绳出现松股、散股、严重磨损、断股者禁止使用。

（2）纤维绳在潮湿状态下的允许荷重应减少一半，涂沥青的纤维绳应降低20%使用。一般纤维绳禁止在机械驱动的情况下使用。

（3）切断绳索时，应先将预定切断的两边用软钢丝扎结，以免切断后绳索松散，断头应编结处理。

6．卸扣

（1）卸扣应是锻造的。卸扣不准横向受力。

（2）卸扣的销子不准扣在活动性较大的索具内。

（3）不准使卸扣处于吊件的转角处。

7．滑车及滑车组

（1）滑车及滑车组使用前应进行检查，发现有裂纹、轮沿破损等情况者，不准使用。滑车组使用中，两滑车滑轮中心最小允许距离不准小于表 1-5 的规定。

表 1-5　滑车组两滑车滑轮中心最小允许距离

| 滑车起重量（t） | 滑轮中心最小允许距离（mm） | 滑车起重量（t） | 滑轮中心最小允许距离（mm） |
|---|---|---|---|
| 1 | 700 | 10～20 | 1000 |
| 5 | 900 | 32～50 | 1200 |

（2）滑车不准拴挂在不牢固的结构物上。线路作业中使用的滑车应有防止脱钩的保险装置，否则必须采取封口措施。使用开门滑车时，应将开门钩环扣紧，防止绳索自动跑出。

（3）拴挂固定滑车的桩或锚，应按土质不同情况加以计算，使之埋设牢固可靠。如使用的滑车可能着地，则应在滑车底下垫以木板，防止垃圾窜入滑车。

1.2.4.4　人工搬运

（1）搬运的过道应当平坦畅通，如在夜间搬运应有足够的照明。如需经过山地陡坡或凹凸不平之处，应预先制订运输方案，采取必要的安全措施。

（2）用管子滚动搬运应遵守下列规定：

1）应由专人负责指挥。

2）管子承受重物后两端各露出约 30cm，以便调节转向。手动调节管子时，应注意防止手指压伤。

3）上坡时应用木楔垫牢管子，以防管子滚下；同时，无论上坡、下坡，均应对重物采取防止下滑的措施。

### 1.2.5　高处作业

1.2.5.1　一般注意事项

（1）凡在坠落高度基准面 2m 及以上高处进行的作业，都应视作高处作业。

（2）凡参加高处作业的人员，应每年进行一次体检。

（3）高处作业均应先搭设脚手架、使用高空作业车、升降平台或采取其他防止坠落措施，方可进行。

（4）在屋顶及其他危险的边沿进行工作，临空一面应装设安全网或防护栏杆，否则，工作人员应使用安全带。

（5）在没有脚手架或者在没有栏杆的脚手架上工作，高度超过 1.5m 时，应使用安全带，或采取其他可靠的安全措施。

（6）安全带和专作固定安全带的绳索在使用前应进行外观检查。安全带应定期抽查检验，不合格的不准使用。

（7）在电焊作业或其他有火花、熔融源等的场所使用的安全带或安全绳应有隔热防磨套。

（8）安全带的挂钩或绳子应挂在结实牢固的构件上，或专为挂安全带用的钢丝绳上，并应采用高挂低用的方式。禁止挂在移动或不牢固的物件上（如隔离开关支持绝缘子、CVT 绝缘子、母线支柱绝缘子、避雷器支柱绝缘子等）。

（9）高处作业人员在作业过程中，应随时检查安全带是否拴牢。高处作业人员在转移作业位置时不得失去安全保护。

（10）高处作业使用的脚手架应经验收合格后方可使用。上下脚手架应走斜道或梯子，作业人员不准沿脚手架或栏杆等攀爬。

（11）高处作业应一律使用工具袋。较大的工具应用绳拴在牢固的构件上，工件、边角余料应放置在牢靠的地方或用铁丝扣牢，并有防止坠落的措施，不准随便乱放，防止从高空坠落发生事故。

（12）在进行高处作业时，除有关人员外，不准他人在工作地点的下面通行或逗留，工作地点下面应有围栏或装设其他保护装置，防止落物伤人。如在格栅式的平台上工作，为了防止工具和器材掉落，应采取有效隔离措施，如铺设木板等。

（13）禁止将工具及材料上下投掷，应用绳索拴牢传递，以免打伤下方工作人员或击毁脚手架。

（14）高处作业区周围的孔洞、沟道等应设盖板、安全网或围栏，并有固定其位置的措施。同时，应设置安全标志，夜间还应设红灯示警。

（15）低温或高温环境下作业，应采取保暖或防暑降温措施，高处作业时间不宜过长。

（16）在6级及以上的大风，以及暴雨、雷电、冰雹、大雾、沙尘暴等恶劣天气下，应停止露天高处作业。特殊情况下，确需在恶劣天气进行抢修时，应组织人员充分讨论必要的安全措施，经本单位分管生产的领导（总工程师）批准后方可进行。

（17）脚手架的安装、拆除和使用，应执行电力安全工作规程中的有关规定及国家相关规程规定。

（18）利用高空作业车、带电作业车、叉车、高处作业平台等进行高处作业时，高处作业平台应处于稳定状态，需要移动车辆时，作业平台上不得载人。

1.2.5.2 梯子

（1）梯子应坚固完整，有防滑措施。梯子的支柱应能承受作业人员及其携带的工具、材料攀登时的总重量。

（2）硬质梯子的横档应嵌在支柱上，梯阶的距离不应大于40cm，并在距梯顶1m处设限高标志。使用单梯工作时，梯与地面的斜角度为60°左右。梯子不宜绑接使用。人字梯应有限制开度的措施。人在梯子上时，禁止移动梯子。

### 1.2.6 工作票与二次安全措施票

（1）下列情况应填用变电站（发电厂）第一种工作票。

1）在高压室遮栏内或与导电部分小于规定的安全距离进行继电保护、安全自动装置和仪表等及其二次回路的检查试验时，需将高压设备停电者。

2）在高压设备继电保护、安全自动装置和仪表、自动化监控系统等及其二次回路上工作需将高压设备停电或做安全措施者。

3）通信系统同继电保护、安全自动装置等复用通道（包括载波、微波、光纤通道等）的检修、联动试验需将高压设备停电或做安全措施者。

4）在经继电保护出口跳闸的发电机组热工保护、水车保护及其相关回路上工作需将高压设备停电或做安全措施者。

（2）下列情况应填用变电站（发电厂）第二种工作票。

1）继电保护装置、安全自动装置、自动化监控系统在运行中改变装置原有定值时不影响一次设备正常运行工作。

2）对于连接电流互感器或电压互感器二次绕组并装在屏柜上的继电保护、安全自动装置上的工作，可以不停用所保护的高压设备或不需做安全措施者。

3）在继电保护、安全自动装置、自动化监控系统等及其二次回路，以及在通信复用通道设备。

（3）检修中遇有下列情况应填用二次工作安全措施票。

1）在运行设备的二次回路上进行拆、接线工作。

2）在对检修设备执行隔离措施时，需拆断、短接和恢复同运行设备有联系的二次回路工作。

（4）二次工作安全措施票的工作内容及安全措施内容由工作负责人填写，由技术人员或班长审核并签发。

（5）实施二次工作安全措施票时，监护人由技术水平较高及有经验的人担任，执行人、恢复人由工作班成员担任，按二次工作安全措施票的顺序进行。上述工作至少由 2 人进行。

（6）试验工作结束后，按“二次工作安全措施票”逐项恢复同运行设备有关的接线，拆除临时接线，检查装置内无异物，屏面信号及各种装置状态正常，各相关压板及切换开关位置恢复至工作许可时的状态。二次工作安全措施票应随工作票归档保存 1 年。

### 1.2.7 网络信息安全要求

#### 1.2.7.1 厂站二次设备调试及存储工具使用基本要求

（1）班组专用调试笔记本电脑、U 盘等作为二次专业现场安全生产工作所需重要设备，为内网安全设备，严禁用作外网。

（2）班组专用调试笔记本电脑、U 盘作为二次专业基本工具，严禁借出其他专业或部门。

（3）班组专用调试笔记本电脑应安装现场生产工作必备的软件程序，严禁擅自安装与工作无关的软件程序。

（4）班组专用调试笔记本电脑账号口令要符合安全要求，不准存在空口令、弱口令。

（5）班组专用调试笔记本电脑应删除、禁用或修改无用的供应商缺省账户或者测试账户。

（6）班组专用调试笔记本电脑硬盘、U盘等存储工具严禁私自进行格式化处理。

（7）班组专用调试笔记本电脑应使用专用固定存储硬盘相连，严禁随意接入其他存储介质。

（8）班组专用调试笔记本电脑应符合其他有关基本生产安全的要求。

（9）外来U盘、笔记本电脑未经安全检查与授权，严禁使用。

#### 1.2.7.2 厂站二次设备调试及存储工具使用人员基本要求

（1）作业人员应掌握相应二次系统专业知识，具备必要的网络安全知识，熟悉本管理规定相关内容。

（2）作业人员工作之前应了解二次系统工作现场和工作过程中存在的安全风险、安全注意事项、防范措施和事故紧急处理措施。

（3）参与本单位生产相关工作的外来作业人员应经考试合格，并经单位（部门）认可后，方可使用专用调试笔记本电脑、U盘。

（4）新参加工作的人员、实习人员和临时参加工作的人员应经过相应的信息安全和网络安全教育之后，方可使用专用调试笔记本电脑、U盘。

（5）作业人员应被告知使用专用调试笔记本的作业现场存在的安全风险、安全注意事项、事故防范及事故紧急处理措施。

#### 1.2.7.3 厂站二次设备的文件备份

（1）文件备份应全面完整，确保满足现场生产工作实际需要。

（2）工作开始前和工作结束后，工作负责人（工作班成员）应使用班组专用调试笔记本电脑做好相应的备份工作，并对备份文件做好区分工作，以免文件混淆。

（3）所有备份文件应存放在指定的总文件夹下，按不同的变电站新建以变电站名称为名的文件夹用于存放该变电站的备份文件。

（4）备份文件应按照“电压等级＋厂站名称＋工作内容＋修改人＋修改时

间”的规定格式进行命名保存，如遇特殊情况无法修改备份文件名时可另外新建文件夹，名称同样按上述规定格式进行命名，以存放此次工作的备份文件。

（5）备份文件应至少保留最近2次修改后的备份文件。

（6）工作结束，工作负责人（工作班成员）应确保班组专用调试笔记本电脑上备份文件的正确性和完整性。

1.2.7.4 自动化检修申请

（1）自动化设备的计划检修和临时检修应办理自动化检修申请，采用自动化检修申请票（以下简称检修票）形式。检修票填写应使用规范的调度和自动化专业术语，申请的开收工时间应与实际相符，工作地点应具体到地（县）调主站管辖范围内的厂站，检修设备在检修系统中应采用对象化方式进行选择，标明检修原因并填写详细的检修内容（包括但不限于软件升级前后的版本、硬件更换前后的型号、具体的故障缺陷步骤等），分析工作的危险点（对业务系统、运行指标、网络安全的影响）及需要执行的安全措施（通道切换、数据封锁、加密及网安置牌等），将其列入检修单影响范围以待审核。

（2）省级自动化调度管辖范围内自动化设备的计划检修由设备运维单位至少在3个工作日前提出申请（重要节日或重大保电时期应提前5个工作日），500kV及以上的厂站至少在5个工作日前提出申请，临时检修应至少在1个工作日前提出申请（重要节日或重大保电时期应提前3个工作日），报省调自动化批准后方可实施。

（3）已批准的自动化检修工作票，工作负责人应在批准工作时间内组织开展检修工作，开工前、完工后均需根据检修票流程，通过电话或网络方式，逐级向各级相关调度办理开工和竣工手续。涉及影响网安业务的检修工作，应在地调值班人员批准后，方可联系地调网安值班人员进行网安置牌。网安置牌原则上保留1天，涉及非工作日需网安置牌的检修工作，应提前至工作日预置牌。

（4）已办理开工手续的自动化检修工作，工作实施前现场检修工作负责人应以电话方式向相关地调申请落实主站需要采取的配合措施，包括但不限于对调度主站及网安设备的封锁数据、通道切换或告警挂牌等。确认省调自动化、相关地调均已落实配合措施，满足工作要求后，方可实施检修工作。

### 1.2.8　外来人员管控要求

（1）外来单位承担或外来人员参与公司系统电气工作的工作人员应熟悉本部分、并经考试合格，经设备运维管理单位（部门）认可，方可参加工作。工作前，设备运维管理单位（部门）应告知作业人员现场电气设备接线情况、危险点和安全注意事项。

（2）外来人员管控检查事项。

1）对其进行安全教育并做好记录。

2）对其进行电力安全工作规程考试并合格通过。

3）与其签订现场安全协议书。

4）督促其编写现场工作方案并审批通过。

5）检查其最新总控备份、后台程序、SCD文件、上次检修记录、备品备件等是否正确完备。

6）检查其个人防护用品佩戴情况及个人工器具装备是否符合要求。

7）检查其调试电脑、存储介质等是否专用，是否经过授权及病毒检测合格。

8）召开开工会，对其交代作业任务、工作范围、安全措施、现场设备运行情况、现场危险点及防范措施，安排专人全程对其监护。

9）确保其工作地点准确无误，不得超出指定的工作范围。

10）对其全程监护，确认其严格执行工作方案并逐项检查，严禁任何未经允许的操作行为，如有异常，立即制止其工作。

11）配置修改前应经申请允许后方可将运行中参数导出、使用。不能导出的应监督其认真核对，确保符合现场实际。

12）其携带的调试电脑、存储介质等设备须授权并经监护人同意后方可接入自动化系统，不得擅自连接互联网。

13）试验电源严禁从运行设备上接取，有接地端的仪器仪表应可靠接地。

14）其插拔插件进行更换备品备件前应断开装置电源及做好防静电措施。

15）在二次回路上进行工作时，严禁其误接线、误碰、误发信。

16）工作间断时，确认其确已撤离现场。

17）次日复工时，重新对其进行安全交底。

18）工作结束后应对其进行验收，通过后方可终结。

19）确保其将相关二次系统软件和参数进行备份，并填写检修记录。

20）检查其确已断开所有与运行设备的联系，并清理工作现场，不得遗留任何个人用品。

21）工作票终结后严禁任何人滞留现场进行任何工作。

## 1.3 机具及安全工器具的使用

### 1.3.1 安全工器具的分类

安全工器具分为个体防护装备、绝缘安全工器具、登高工器具、安全围栏（网）和标示牌5大类。

#### 1.3.1.1 个体防护装备

个体防护装备是指保护人体避免受到急性伤害而使用的安全用具，包括安全帽、防护眼镜、自吸过滤式防毒面具、正压式消防空气呼吸器、安全带、安全绳、连接器、速差自控器、导轨自锁器、缓冲器、安全网、静电防护服、防电弧服、耐酸服、$SF_6$防护服、耐酸手套、耐酸靴、导电鞋（防静电鞋）、个人保安线、$SF_6$气体检漏仪、含氧量测试仪及有害气体检测仪等。

（1）安全帽是对人头部受坠落物及其他特定因素引起的伤害起防护作用。由帽壳、帽衬、下颏带及附件等组成。

（2）防护眼镜是在进行检修工作、维护电气设备时，保护工作人员不受电弧灼伤及防止异物落入眼内的防护用具。

（3）自吸过滤式防毒面具是用于有氧环境中的呼吸器。

（4）正压式消防空气呼吸器是用于无氧环境中的呼吸器。

（5）安全带是防止高处作业人员发生坠落或发生坠落后将作业人员安全悬挂的个体防护装备，一般分为围杆作业安全带、区域限制安全带和坠落悬挂安全带。

1）围杆作业安全带是通过围绕在固定构造物上的绳或带将人体绑定在固定构造物附近，使作业人员双手可以进行其他操作的安全带。

2）区域限制安全带是用于限制作业人员的活动范围，避免其到达可能发生坠落区域的安全带。

3）坠落悬挂安全带是指高处作业或登高人员发生坠落时，将作业人员安全悬挂的安全带。

（6）安全绳是连接安全带系带与挂点的绳（带、钢丝绳等），一般分为围杆作业用安全绳、区域限制用安全绳和坠落悬挂用安全绳。

（7）连接器可以将 2 种或以上元件连接在一起，具有常闭活门的环状零件。

（8）速差自控器是一种安装在挂点上，装有一种可收缩长度的绳（带、钢丝绳）、串联在安全带系带和挂点之间，在坠落发生时因速度变化引发制动作用的装置。

（9）导轨自锁器是附着在刚性或柔性导轨上，可随使用者的移动沿导轨滑动，因坠落动作引发制动的装置。

（10）缓冲器是串联在安全带系带和挂点之间，发生坠落时吸收部分能够冲击能量、降低冲击力的装置。

（11）安全网是用来防止人、物坠落，或用来避免、减轻坠落及物体打击伤害的网具。安全网一般由网体、边绳及系绳等构件组成。安全网可分为平网、立网和密目式安全立网。

（12）静电防护服是用导电材料与纺织纤维混纺交织成布后做成的服装，用于保护线路和变电站巡视及地电位作业人员免受交流高压电场的影响。

（13）防电弧服是一种用绝缘和防护的隔层制成的保护穿着者身体的防护服装，用于减轻或避免电弧发生时散发出的大量热能辐射和飞溅熔化物的伤害。

（14）耐酸服是适用于从事接触和配制酸类物质作业人员穿戴的具有防酸性能的工作服，它是用耐酸织物或橡胶、塑料等防酸面料制成。耐酸服根据材料的性质不同分为透气型耐酸服和不透气型耐酸服 2 类。

（15）$SF_6$防护服是为保护从事$SF_6$电气设备安装、调试、运行维护、试验、检修人员在现场工作的人身安全，避免作业人员遭受氢氟酸、二氧化硫、低氟化物等有毒有害物质的伤害。$SF_6$防护服包括连体防护服、$SF_6$专用防毒面具、$SF_6$专用滤毒缸、工作手套和工作鞋等。

（16）耐酸手套是预防酸碱伤害手部的防护手套。

（17）耐酸靴是采用防水革、塑料、橡胶等为鞋的材料，配以耐酸鞋底经模压、硫化或注压成形，具有防酸性能，适合当脚部接触酸溶液溅泼在足部时保护足部不受伤害的防护鞋。

（18）导电鞋（防静电鞋）是由特种性能橡胶制成的，在220～500kV带电杆塔上及330～500kV带电设备区非带电作业时为防止静电感应电压所穿用的鞋子。

（19）个人保安线是用于防止感应电压危害的个人用接地装置。

（20）$SF_6$气体检漏仪是用于绝缘电气设备现场维护时，测量$SF_6$气体含量的专用仪器。

（21）含氧量测试仪及有害气体检测仪是检测作业现场（如坑口、隧道等）氧气及有害气体含量、防止发生中毒事故的仪器。

（22）防火服是消防员及高温作业人员近火作业时穿着的防护服装，用来对其上下躯干、头部、手部和脚部进行隔热防护。

（23）救生衣、救生圈等是用于水上作业时的救生装备。

#### 1.3.1.2 绝缘安全工器具

绝缘安全工器具分为基本绝缘安全工器具、带电作业绝缘安全工器具和辅助绝缘安全工器具。

1．基本绝缘安全工器具

基本绝缘安全工器具是指能直接操作带电装置、接触或可能接触带电体的工器具，其中大部分为带电作业专用绝缘安全工器具，包括电容型验电器、携带型短路接地线、绝缘杆、核相器、绝缘遮蔽罩、绝缘隔板、绝缘绳和绝缘夹钳等。

（1）电容型验电器是通过检测流过验电器对地杂散电容中的电流来指示电压是否存在的装置。

（2）携带型短路接地线是用于防止设备、线路突然来电，消除感应电压，放尽剩余电荷的临时接地装置。

（3）绝缘杆是由绝缘材料制成，用于短时间对带电设备进行操作或测量的杆类绝缘工具，包括绝缘操作杆、测高杆、绝缘支拉吊线杆等。

（4）核相器是用于鉴别待连接设备、电气回路是否相位相同的装置。分为有线核相器和无线核相器。

（5）绝缘遮蔽罩是由绝缘材料制成，起遮蔽或隔离保护作用，防止作业人员与带电体发生直接碰触。

（6）绝缘隔板是由绝缘材料制成，用于隔离带电部件，限制工作人员活动范围，防止接近高压带电部分的绝缘平板。绝缘隔板又称绝缘挡板，一般应具有很高的绝缘性能，它可与35kV及以下的带电部分直接接触，起临时遮栏作用。

（7）绝缘绳是由天然纤维材料或合成纤维材料制成的具有良好电气绝缘性能的绳索。

（8）绝缘夹钳是用来装拆高压熔断器或执行其他类似工作的绝缘操作钳。

2. 带电作业绝缘安全工器具

带电作业绝缘安全工器具是指在带电装置上进行作业或接近带电部分所进行的各种作业所使用的工器具，特别是工作人员身体的任何部分采用工具、装置或仪器进入限定的带电作业区域的所有作业所使用的工器具，包括带电作业用绝缘安全帽、绝缘服装、屏蔽服装、带电作业用绝缘手套、带电作业用绝缘靴（鞋）、带电作业用绝缘垫、带电作业用绝缘毯、带电作业用绝缘硬梯、绝缘托瓶架、带电作业用绝缘绳（绳索类工具）、绝缘软梯、带电作业用绝缘滑车和带电作业用提线工具等。

（1）带电作业用安全帽是由绝缘材料制成，有一条脖带和可移动的带头，在带电作业中用于防止工作人员头部触电的帽子。

（2）绝缘服装是由绝缘材料制成，用于防止作业人员带电作业时身体触电的服装。

（3）屏蔽服装是由天然或合成材料制成，其内完整地编织有导电纤维，用于防护工作人员等电位带电作业时受到电场影响。

（4）带电作业用绝缘手套是由绝缘橡胶或绝缘合成材料制成，在带电作业中用于防止工作人员手部触电的手套。

（5）带电作业用绝缘靴（鞋）由绝缘材料制成，带有防滑的鞋底，在带电作业中用于防止工作人员脚部触电的靴（鞋）子。

（6）带电作业用绝缘垫是由绝缘材料制成，敷设在地面或接地物体上以保护作业人员免遭电击的垫子。

（7）带电作业用绝缘毯是由绝缘材料制成，保护作业人员无意识触及带电体时免遭电击，以及防止电气设备之间短路的毯子。

（8）带电作业用绝缘硬梯是由绝缘材料制成，用于登高带电作业时的工具。

（9）绝缘托瓶架是由绝缘管或棒组成，用于对绝缘子串进行操作的装置。

（10）带电作业用绝缘绳（绳索类工具）是由绝缘材料制成的绳索（绳索类工具）。

（11）绝缘软梯由绝缘绳和绝缘管组成，用于带电登高作业的工具。

（12）带电作业用绝缘滑车是在带电作业中用于绳索导向或承担负载的全绝缘或部分绝缘的工具。

（13）带电作业用提线工具是在带电作业中用于取代直线绝缘子串，承受导线的机械负荷和电气绝缘强度，进行提吊导线的工具。

3．辅助绝缘安全工器具

辅助绝缘安全工器具是指绝缘强度不承受设备或线路的工作电压，只用于加强基本绝缘工器具的保安作用，用以防止接触电压、跨步电压、泄漏电流电弧对操作人员的伤害。不能用辅助绝缘安全工器具直接接触高压设备带电部分。

其包括辅助型绝缘手套、辅助型绝缘靴（鞋）和辅助型绝缘胶垫。

（1）辅助型绝缘手套是由特种橡胶制成的，起电气辅助绝缘作用的手套。

（2）辅助型绝缘靴（鞋）是由特种橡胶制成的，用于人体与地面辅助绝缘的靴（鞋）子。

（3）辅助型绝缘胶垫是由特种橡胶制成的，用于加强工作人员对地辅助绝缘的橡胶板。

#### 1.3.1.3 登高工器具

登高工器具是用于登高作业、临时性高处作业的工具，包括脚扣、升降板（登高板）、梯子、快装脚手架及检修平台等。

（1）脚扣是用钢或合金材料制作的用于攀登电杆的工具。

（2）升降板（登高板）是由脚踏板、吊绳及挂钩组成的攀登电杆的工具。

（3）梯子是包含踏档或踏板，可供人上下的装置，一般分为竹（木）梯、铝合金及复合材料梯。

（4）软梯是用于高空作业和攀登的工具。

（5）快装脚手架是指整体结构采用"积木式"组合设计，构件标准化且采用复合材料制作，不需任何安装工具，可在短时间内徒手搭建的一种高空作业平台。

（6）检修平台按功能分为拆卸型和升降型。拆卸型检修平台按型式可分为单柱型、平台板型、梯台型，用于在变电站检修时，固定于构架类设备基座上，是登高作业及防护的辅助装置。升降型检修平台是一种用于一人或数人登高、站立，具有升降功能的作业平台。

#### 1.3.1.4 安全围栏（网）和标示牌

安全围栏（网）包括用各种材料做成的安全围栏、安全围网和红布幔，标示牌包括各种安全警告牌、设备标示牌、锥形交通标、警示带等。

### 1.3.2 安全工器具的检查及使用

安全工器具检查分为出厂验收检查、试验检验检查和使用前检查，使用前应检查其合格证和外观。

1.3.2.1 个体防护装备

1．安全帽

（1）检查要求。

1）永久标识和产品说明等标识清晰完整，安全帽的帽壳、帽衬（帽箍、吸汗带、缓冲垫及衬带）、帽箍扣、下颏带等组件完好无缺失。

2）帽壳内外表面应平整光滑，无划痕、裂缝和孔洞，无灼伤、冲击痕迹。

3）帽衬与帽壳连接牢固，后箍、锁紧卡等开闭调节灵活，卡位牢固。

4）使用期从产品制造完成之日起计算：植物枝条编织帽不得超过2年，塑料和纸胶帽不得超过2年半；玻璃钢（维纶钢）橡胶帽不超过3年半，超期的安全帽应抽查检验合格后方可使用，以后每年抽检1次。每批从最严酷使用场合中抽取，每项试验试样不少于2顶，有一顶不合格，则该批安全帽报废。

（2）使用要求。

1）任何人员进入生产、施工现场必须正确佩戴安全帽。针对不同的生产场所，根据安全帽产品说明选择适当的安全帽。

2）安全帽戴好后，应将帽箍扣调整到合适的位置，锁紧下颏带，防止工作中前倾后仰或其他原因造成滑落。

3）受过一次强冲击或做过试验的安全帽不能继续使用，应予以报废。

4）高压近电报警安全帽使用前应检查其音响部分是否良好，但不得作为无电的依据。

2．防护眼镜

（1）检查要求。

1）防护眼镜的标识清晰完整，并位于透镜表面不影响使用功能处。

2）防护眼镜表面光滑，无气泡、杂质，以免影响工作人员的视线。

3）镜架平滑，不可造成擦伤或有压迫感；同时，镜片与镜架衔接要牢固。

（2）使用要求。

1）防护眼镜的选择要正确。要根据工作性质、工作场合选择相应的防护眼镜。如在装卸高压熔断器或进行气焊时，应戴防辐射防护眼镜；在室外阳光曝晒的地方工作时，应戴变色镜（防辐射线防护眼镜的一种）；在进行车、铣、刨及用砂轮磨工件时，应戴防打击防护眼镜等；在向蓄电池内注入电解液时，应戴防有害液体防护眼镜或戴防毒气封闭式无色防护眼镜。

2）防护眼镜的宽窄和大小要恰好适合使用者的要求。如果大小不合适，防护眼镜滑落到鼻尖上，就无法起到防护作用。

3）防护眼镜应按出厂时标明的遮光编号或使用说明书使用。

4）透明防护眼镜佩戴前应用干净的布擦拭镜片，以保证足够的透光度。

5）戴好防护眼镜后应收紧防护眼镜镜腿（带），避免造成滑落。

3．自吸过滤式防毒面具

（1）检查要求。

1）标识清晰完整，无破损。

2）使用前应检查面具的完整性和气密性，面罩密合框应与佩戴者脸型密合，无明显压痛感。

（2）使用要求。

1）使用防毒面具时，空气中氧气浓度不得低于18%，温度为－30～＋45℃，不能用于槽、罐等密闭容器环境。

2）使用者应根据其脸型尺寸选配适宜的面罩号码。

3）使用中应注意有无泄漏和滤毒罐失效。防毒面具的过滤剂有一定的使用时间，一般为30～100min。过滤剂失去过滤作用（面具内有特殊气味）时，应及时更换。

4．正压式消防空气呼吸器

（1）检查要求。

1）标识清晰完整，无破损。

2）使用前应检查正压式呼吸器气罐表计压力是否在合格范围内。检查面具的完整性和气密性，面罩密合框应与佩戴者脸型密合，无明显压痛感。

（2）使用要求。

1）使用者应根据其脸型尺寸选配适宜的面罩号码。

2）使用中应注意有无泄漏。

5．安全带

（1）检查要求。

1）商标、合格证和检验证等标识清晰完整，各部件完整无缺失、无伤残破损。

2）腰带、围杆带、肩带、腿带等带体无灼伤、脆裂及霉变，表面不应有明显磨损及切口；围杆绳、安全绳无灼伤、脆裂、断股及霉变，各股松紧一致，绳子应无扭结；护腰带接触腰的部分应垫有柔软材料，边缘圆滑无棱角。

3）织带折头连接应使用缝线，不应使用铆钉、胶粘、热合等工艺，缝线颜色与织带应有区分。

4）金属配件表面光洁，无裂纹、无严重锈蚀和目测可见的变形，配件边缘应呈圆弧形；金属环类零件不允许使用焊接，不应留有开口。

5）金属挂钩等连接器应有保险装置，应在2个及以上明确的动作下才能打开，且操作灵活。钩体和钩舌的咬口必须完整，两者不得偏斜。各调节装置应灵活可靠。

（2）使用要求。

1）围杆作业安全带一般使用期限为3年，区域限制安全带和坠落悬挂安全带使用期限为5年，如发生坠落事故，则应由专人进行检查，如有影响性能的损伤，则应立即更换。

2）应正确选用安全带，其功能应符合现场作业要求，如需在多种条件下使用，在保证安全提前下，可选用组合式安全带（区域限制安全带、围杆作业安全带、坠落悬挂安全带等的组合）。

3）安全带穿戴好后应仔细检查连接扣或调节扣，确保各处绳扣连接牢固。

4）2m及以上的高处作业应使用安全带。

5）在坝顶、陡坡、屋顶、悬崖、杆塔、吊桥及其他危险的边沿进行工作，临空一面应装设安全网或防护栏杆，否则，作业人员应使用安全带。

6）在没有脚手架或者在没有栏杆的脚手架上工作，高度超过1.5m时，应使用安全带。

7）在电焊作业或其他有火花、熔融源等场所使用的安全带或安全绳应有隔热防磨套。

8）安全带的挂钩或绳子应挂在结实牢固的构件或专为挂安全带用的钢丝绳上，并应采用高挂低用的方式。

9）高处作业人员在转移作业位置时不准失去安全保护。

10）禁止将安全带系在移动或不牢固的物件上（如隔离开关支持绝缘子、瓷横担、未经固定的转动横担、线路支柱绝缘子、避雷器支柱绝缘子等）。

11）登杆前，应进行围杆带和后备绳的试拉，无异常方可继续使用。

6．安全绳

（1）检查要求。

1）安全绳的产品名称、标准号、制造厂名及厂址、生产日期（年、月）及有效期、总长度、产品作业类别（围杆作业、区域限制或坠落悬挂）、产品合格标志、法律法规要求标注的其他内容等永久标识清晰完整。

2）安全绳应光滑、干燥，无霉变、断股、磨损、灼伤、缺口等缺陷。所有部件应顺滑，无材料或制造缺陷，无尖角或锋利边缘。护套（如有）完整无破损。

3）织带式安全绳的织带应加锁边线，末端无散丝；纤维绳式安全绳绳头无散丝；钢丝绳式安全绳的钢丝应捻制均匀、紧密、不松散，中间无接头；链式安全绳下端环、连接环和中间环的各环间转动灵活，链条形状一致。

（2）使用要求。

1）安全绳应是整根，不应私自接长使用。

2）在高温、腐蚀等场合使用的安全绳，应穿入整根具有耐高温、抗腐蚀的保护套或采用钢丝绳式安全绳。

3）安全绳的连接应通过连接扣连接，在使用过程中不应打结。

7．连接器

（1）检查要求。

1）连接器的类型、制造商标识、工作受力方向强度（用 kN 表示）等永久标识清晰完整。

2）连接器表面光滑，无裂纹、褶皱，边缘圆滑无毛刺，无永久性变形和活门失效等现象。

3）连接器应操作灵活，扣体钩舌和闸门的咬口应完整，两者不得偏斜，应有保险装置，经过 2 个及以上的动作才能打开。

4）活门应向连接器锁体内打开，不得松旷，同预定打开水平面倾斜角度不得超过 20°。

（2）使用要求。

1）有自锁功能的连接器活门关闭时应自动上锁，在上锁状态下必须经 2 个以上动作才能打开。

2）手动上锁的连接器应确保必须经 2 个以上动作才能打开，有锁止警示的连接器锁止后应能观测到警示标志。

3）使用连接器时，受力点不应在连接器的活门位置。

4）不应多人同时使用同一个连接器作为连接或悬挂点。

8．速差自控器

（1）检查要求。

1）产品名称及标记、标准号、制造厂名、生产日期（年、月）及有效期、法律法规要求标注的其他内容等永久标识清晰完整。

2）速差自控器的各部件完整无缺失、无伤残破损，外观应平滑，无材料和制造缺陷，无毛刺和锋利边缘。

3）钢丝绳速差自控器的钢丝应均匀绞合紧密，不得有叠痕、凸起、折断、压伤、锈蚀及错乱交叉的钢丝；织带速差自控器的织带表面、边缘、软环处应无擦破、切口或灼烧等损伤，缝合部位无崩裂现象。

4）速差自控器的安全识别保险装置——坠落指示器（如有）应未动作。

5）用手将速差自控器的安全绳（带）进行快速拉出，速差自控器应能有效制动并完全回收。

（2）使用要求。

1）使用时应认真查看速差自控器防护范围及悬挂要求。

2）速差自控器应系在牢固的物体上，禁止系挂在移动或不牢固的物件上。不得系在棱角锋利处。速差自控器拴挂时严禁低挂高用。

（3）速差自控器应连接在人体前胸或后背的安全带挂点上，移动时应缓慢，禁止跳跃。

（4）禁止将速差自控器锁止后悬挂在安全绳（带）上作业。

9．导轨自锁器

（1）检查要求。

1）产品合格标志、标准号、产品名称及型号规格、生产单位名称、生产日期及有效期限、正确使用方向的标志、最大允许连接绳长度等永久标识清晰完整。

2）自锁器各部件完整无缺失，本体及配件应无目测可见的凹凸痕迹。本体为金属材料时，无裂纹、变形及锈蚀等缺陷，所有铆接面应平整、无毛刺，金属表面镀层应均匀、光亮，不应有起皮、变色等缺陷；本体为工程塑料时，表面应无气泡、开裂等缺陷。

3）自锁器上的导向轮应转动灵活，无卡阻、破损等缺陷。

4）自锁器整体不应采用铸造工艺制造。

（2）使用要求。

1）使用时应查看自锁器安装箭头，正确安装自锁器。

2）在导轨（绳）上手提自锁器，自锁器在导轨（绳）上应运行顺滑，不应有卡阻现象，突然释放自锁器，自锁器应能有效锁止在导轨（绳）上。

3）自锁器与安全带之间的连接绳不应大于0.5m，自锁器应连接在人体前胸或后背的安全带挂点上。

4）禁止将自锁器锁止在导轨（绳）上作业。

10．缓冲器

（1）检查要求。

1）产品名称、标准号、产品类型（Ⅰ型、Ⅱ型）、最大展开长度、制造厂名及厂址、产品合格标志、生产日期（年、月）及有效期、法律法规要求标注的其他内容等永久标识清晰完整。

2）缓冲器所有部件应平滑，无材料和制造缺陷，无尖角或锋利边缘。

3）织带型缓冲器的保护套应完整，无破损、开裂等现象。

（2）使用要求。

1）使用时应认真查看缓冲器防护范围及防护等级。

2）缓冲器与安全绳及安全带配套使用时，作业高度要足以容纳安全绳和缓冲器展开的安全坠落空间。

3）禁止多个缓冲器串联使用。

4）缓冲器与安全带、安全绳连接应使用连接器，严禁绑扎使用。

11．安全网

（1）检查要求。

1）标准号、产品合格证、产品名称及分类标记、制造商名称及地址、生产日期等永久标识清晰完整。网体、边绳、系绳、筋绳无灼伤、断纱、破洞、变形及有碍使用的编织缺陷。所有节点固定。

2）平网和立网的网目边长不大于0.08m，系绳与网体连接牢固，沿网边均匀分布，相邻两系绳间距不大于0.75m，系绳长度不小于0.8m；平网相邻两筋绳间距不大于0.3m。

3）密目式安全立网的网眼孔径不大于12mm；各边缘部位的开眼环扣牢固可靠，开眼环扣孔径不小于8mm。

（2）使用要求。

1）立网或密目式安全立网拴挂好后，人员不应倚靠在网上或将物品堆积靠压立网或密目式安全立网。

2）平网不应用作堆放物品的场所，也不应作为人员通道，作业人员不应在平网上站立或行走。

3）不应将安全网在粗糙或有锐边（角）的表面拖拉。

4）焊接作业应尽量远离安全网，应避免焊接火花落入网中。

5）应及时清理安全网上的落物，当安全网受到巨大冲击后应及时更换。

6）平网下方的安全区域内不应堆放物品，平网上方有人工作时，人员、车辆、机械不应进入此区域。

12．静电防护服

（1）检查要求：标识清晰完整，无破损。

（2）使用要求：作业人员穿戴静电防护服，各部分应连接良好。

13．防电弧服

（1）检查要求。

1）标识清晰完整，无破损。

2）手套与电弧防护服袖口覆盖部分应不少于100mm。

3）鞋罩应能覆盖足部。

（2）使用要求。

1）防电弧服只能对头部、颈部、手部、脚部以外的身体部位进行适当保护，所以在易发生电弧危害的环境中，必须和其他防电弧设备一起使用，如防电弧头罩、绝缘鞋等设备。在进入带电弧环境中，请务必穿戴好防电弧服及其他的配套设备，不得随意将皮肤裸露在外面以防事故发生时通过空隙而造成重大的事故损伤。

2）穿着者在使用防电弧服的过程中，对电弧危害的敏感性可能会降低，易产生麻痹心里，因此在有电环境中工作时不要降低对电弧危害的警惕，不可以随意暴露身体，当有异常情况发生时，要及时脱离现场，切忌和火焰直接接触。

3）损坏并无法修补的个人电弧防护用品应报废。

4）个人电弧防护用品一旦暴露在电弧能量之后应报废。

5）超过厂商建议服务期或正常洗涤次数的个人电弧防护用品应进行检测，检测不合格的应报废。

14．耐酸服

（1）检查要求：标识清晰完整，无破损。

（2）使用要求。

1）透气型耐酸服用于中、轻度酸污染场所，不透气型耐酸服用于严重酸污染场所，并且只能在规定的酸作业环境中作为辅助用具使用。

2）穿用时应避免接触锐器，防止受到机械损伤。

3）使用耐酸服时，还应注意厂家提供的检验报告上主要性能指标是否符合标准要求，确保工作时的安全。

15．$SF_6$防护服

（1）检查要求。

1）$SF_6$防护服的制造厂名或商标、型号名称、制造年月等标识清晰完整。

2）整套服装（包括连体防护服、$SF_6$专用防毒面具、$SF_6$专用滤毒缸、工作手套和工作鞋）内、外表面均应完好无损，不存在破坏其均匀性、损坏表面光滑轮廓的缺陷，如明显孔洞、裂缝等；防毒面具的呼、吸气活门片应能自由活动。

3）整套服装气密性应良好。

（2）使用要求。

1）使用$SF_6$防护服的人员应进行体格检查，尤其是心脏和肺功能检查，功能不正常者不应使用。

2）工作人员佩戴$SF_6$防毒面具进行工作时，应有专人在现场监护，以防出现意外事故。

3）$SF_6$防毒面具应在空气含氧量不低于18%、环境温度为－30～＋45℃、有毒气体体积浓度不高于0.5%的环境中使用。

16．耐酸手套

（1）检查要求。

1）标识清晰完整，无喷霜、发脆、发黏和破损等缺陷。

2）手套应具有气密性，无漏气现象发生。

（2）使用要求。

1）应明确耐酸手套的防护范围，不可超范围使用。

2）使用时应防止与汽油、机油、润滑油及各种有机溶剂接触；防止锋利的金属刺割及与高温接触。

17．耐酸靴

（1）检查要求：标识清晰完整，无破损。

（2）使用要求。

1）耐酸靴只能使用于一般浓度较低的酸作业场所，不能浸泡在酸液中进行较长时间作业，以防酸溶液渗入靴内腐蚀脚造成人身伤害。

2）耐酸靴使用时应避免接触油类，否则易脏且易破裂；避免与有机溶剂接触；避免与锐利物接触，以免割破损伤靴面或靴底引起渗漏，影响防护功能。

18．导电鞋（防静电鞋）

（1）检查要求。

1）导电鞋（防静电鞋）的鞋号、制造商名称和生产日期等标识清晰完整。

2）鞋子内、外表面应无破损。

3）不应有屈挠和污染等影响导电性能的缺陷。

（2）使用要求。

1）使用时，不应同时穿绝缘的毛料厚袜及绝缘的鞋垫。

2）使用导电鞋（防静电鞋）的场所应是能导电的地面。

3）禁止将防静电鞋当绝缘鞋使用。

4）在220kV及以上电压等级的带电线路杆塔上及在变电站构架上作业时，应穿导电鞋。

19．个人保安线

（1）检查要求。

1）保安线的厂家名称或商标、产品的型号或类别、横截面积（$mm^2$）、生产年份等标识清晰完整。

2）保安线应用多股软铜线，其截面积不得小于16$mm^2$；保安线的绝缘护套材料应柔韧透明，护层厚度大于1mm。护套应无孔洞、撞伤、擦伤、裂缝、龟裂等现象，导线无裸露、无松股、中间无接头、断股和发黑腐蚀。汇流夹应由 T3 或 T2 铜制成，压接后应无裂纹，与保安线连接牢固。

3）线夹完整、无损坏，线夹与电力设备及接地体的接触面无毛刺。

4）保安线应采用线鼻与线夹相连接，线鼻与线夹连接牢固，接触良好，无松动、腐蚀及灼伤痕迹。

（2）使用要求。

1）个人保安线仅作为预防感应电压使用，不得以此代替电力安全工作规程规定的工作接地线。只有在工作接地线挂好后，方可在工作相上挂个人保安线。

2）工作地段如有邻近、平行、交叉跨越及同杆塔架设线路，为防止停电检修线路上感应电压伤人，在需要接触或接近导线工作时，应使用个人保安线。

3）个人保安线应在杆塔上接触或接近导线的作业开始前挂接，作业结束脱离导线后拆除。

4）装设时，应先接接地端，后接导线端，且接触良好，连接可靠。拆个人保安线的顺序与此相反。个人保安线由作业人员负责自行装、拆。

5）在杆塔或横担接地通道良好的条件下，个人保安线接地端允许接在杆塔或横担上。

20．$SF_6$气体检漏仪

（1）检查要求。

1）外观良好，仪器完整，仪器名称、型号、制造厂名称、出厂时间、编号等应齐全、清晰，附件齐全。

2）仪器连接可靠，各旋钮应能正常调节。

3）通电检查时，外露的可动部件应能正常动作；显示部分应有相应指示；对有真空要求的仪器，真空系统应能正常工作。

（2）使用要求。

1）在开机前，操作者要首先熟悉操作说明，严格按照仪器的开机和关机步骤进行操作。

2）严禁将探枪放在地上，探枪孔不得被灰尘污染，以免影响仪器的性能。

3）探枪和主机不得拆卸，以免影响仪器正常工作。

4）仪器是否正常以自校格数为准。仪器探头已调好，不可自行调节。

5）注意真空泵的维护保养，注意电磁阀是否正常动作，并检查电磁阀的密封性。

6）给真空泵换油时，仪器不得带电（要拔掉电源线），以免发生触电事故。

7）仪器在运输过程中严禁倒置，不可剧烈震动。

21．含氧量测试仪及有害气体检测仪

（1）检查要求。

1）标识清晰完整，外观完好无破损。

2）开机后自检功能正常。

（2）使用要求：含氧量测试仪及有害气体检测仪专门用于对危险环境和有限、密闭空间的含氧量、有害气体检测，应依据测试仪使用说明书进行操作。

22．防火服

（1）检查要求。

1）如要除去防火服上的残留污垢，应用自来水或中性肥皂，洗涤剂只能用在受污染的部位。

2）如防火服和化学品接触，发现有气泡现象，则应清洗整个表面。

3）如发现防火服外部有损坏，则应更换防火服。

（2）使用要求。

1）每次使用后，要重点检查是否有磨损情况。

2）防火服在重新存放前务必进行彻底干燥，晾好存放最好不要折叠。

1.3.2.2　绝缘安全工器具

1．电容型验电器

（1）检查要求。

1）电容型验电器的额定电压或额定电压范围、额定频率（或额定频率范围）、生产厂名和商标、出厂编号、生产年份、适用气候类型（D、C 和 G）、检验日期及带电作业用符号（双三角）等标识清晰完整。

2）验电器的各部件，包括手柄、护手环、绝缘元件、限度标记（在绝缘杆上标注的一种醒目标志，向使用者指明应防止标志以下部分插入带电设备中或接触带电体）和接触电极、指示器和绝缘杆等均应无明显损伤。

3）绝缘杆应清洁、光滑，绝缘部分应无气泡、皱纹、裂纹、划痕、硬伤、绝缘层脱落、严重的机械或电灼伤痕。伸缩型绝缘杆各节配合合理，拉伸后不应自动回缩。

4）指示器应密封完好，表面应光滑、平整。

5）手柄与绝缘杆、绝缘杆与指示器的连接应紧密牢固。

6）自检 3 次，指示器均应有视觉和听觉信号出现。

（2）使用要求。

1）验电器的规格必须符合被操作设备的电压等级，使用验电器时应轻拿轻放。

2）操作前，验电器杆表面应用清洁的干布擦拭干净，使表面干燥、清洁。并在有电设备上进行试验，确认验电器良好；无法在有电设备上进行试验时可用高压发生器等确证验电器良好。如在木杆、木梯或木架上验电，不接地不能指示者，经运行值班负责人或工作负责人同意后，可在验电器绝缘杆尾部接上接地线。

3）操作时，应戴绝缘手套，穿绝缘靴。使用抽拉式电容型验电器时，绝缘杆应完全拉开。人体应与带电设备保持足够的安全距离，操作者的手握部位不得越过护环，应保持有效的绝缘长度。

4）非雨雪型电容型验电器不得在雷、雨、雪等恶劣天气时使用。

5）使用操作前应自检 1 次，声光报警信号应无异常。

2．携带型短路接地线

（1）检查要求。

1）接地线的厂家名称或商标、产品的型号或类别、接地线横截面积（$mm^2$）、生产年份及带电作业用符号（双三角）等标识清晰完整。

2）接地线的多股软铜线截面积不得小于 $25mm^2$，其他要求同个人保安线。

3）接地操作杆同绝缘杆的要求。

4）线夹完整、无损坏，与操作杆连接牢固，有防止松动、滑动和转动的措施。应操作方便，安装后应有自锁功能。线夹与电力设备及接地体的接触面无毛刺，紧固力应不致损坏设备导线或固定接地点。

（2）使用要求。

1）接地线的截面积应满足装设地点短路电流的要求，长度应满足工作现场需要。

2）经验明确无电压后，应立即装设接地线并三相短路（直流线路两极接地线分别直接接地），利用铁塔接地或与杆塔接地装置电气上直接相连的横担接地时，允许每相分别接地，对于无接地引下线的杆塔，可采用临时接地体。

3）装设接地线时，应先接接地端，后接导线端，接地线应接触良好、连接应牢固可靠，拆接地线的顺序与此相反，人体不准碰触未接地的导线。

4）装、拆接地线均应使用满足安全长度要求的绝缘棒或专用的绝缘绳。

5）禁止使用其他导线做接地线或短路线，禁止用缠绕的方法进行接地或短路。

6）设备检修时模拟盘上所挂接地线的数量、位置和接地线编号，应与工作票和操作票所列内容一致，与现场所装设的接地线一致。

3．绝缘杆

（1）检查要求。

1）绝缘杆的型号规格、制造厂名、制造日期、电压等级及带电作业用符号（双三角）等标识清晰完整。

2）绝缘杆的接头不管是固定式的还是拆卸式的，连接都应紧密牢固，无松动、锈蚀和断裂等现象。

3）绝缘杆表面应光滑，绝缘部分应无气泡、皱纹、裂纹、绝缘层脱落、严重的机械或电灼伤痕，玻璃纤维布与树脂间黏结完好不得开胶。

4）握手的手持部分护套与操作杆连接紧密、无破损，不产生相对滑动或转动。

（2）使用要求。

1）绝缘操作杆的规格必须符合被操作设备的电压等级，切不可任意取用。

2）操作前，绝缘操作杆表面应用清洁的干布擦拭干净，使表面干燥、清洁。

3）操作时，人体应与带电设备保持足够的安全距离，操作者的手握部位不得越过护环，保持有效的绝缘长度，并注意防止绝缘操作杆被人体或设备短接。

4）为防止因受潮而产生较大的泄漏电流，危及操作人员的安全，在使用绝缘操作杆拉合隔离开关或经传动机构拉合隔离开关和断路器时，均应戴绝缘手套。

5）雨天在户外操作电气设备时，绝缘操作杆的绝缘部分应有防雨罩，罩的上口应与绝缘部分紧密结合，无渗漏现象，以便阻断流下的雨水，使其不致形成连续的水流柱而大大降低湿闪电压。另外，雨天使用绝缘杆操作室外高压设备时，还应穿绝缘靴。

4．核相器

（1）检查要求。

1）核相器的标称电压或标称电压范围、标称频率或标称频率范围、能使用的等级（A、B、C 或 D）、生产厂名称、型号、出厂编号、指明户内或户外型、适应气候类别（C、N 或 W）、生产日期、警示标识、供电方式及带电作业用符号（双三角）等标识清晰完整。

2）核相器的各部件，包括手柄、手护环、绝缘元件、电阻元件、限位标记和接触电极、连接引线、接地引线、指示器、转接器和绝缘杆等均应无明显损伤。核相器指示器表面应光滑、平整，绝缘杆内外表面应清洁、光滑，无划痕及硬伤。核相器连接线绝缘层应无破损、老化现象，导线无扭结现象。

3）各部件连接应牢固可靠，指示器应密封完好。

（2）使用要求。

1）核相器的规格必须符合被操作设备的电压等级，使用核相器时，应轻拿轻放。

2）操作前，核相器绝缘杆表面应用清洁的干布擦拭干净，使表面干燥、清洁。

3）操作时，人体应与带电设备保持足够的安全距离，操作者的手握部位不得越过护手环，保持有效的绝缘长度。

5．绝缘遮蔽罩

（1）检查要求。

1）绝缘遮蔽罩的制造厂名、商标、型号、制造日期、电压等级及带电作业用符号（双三角）等标识清晰完整。

2）遮蔽罩内、外表面不应存在破坏其均匀性、损坏表面光滑轮廓的缺陷，如小孔、裂缝、局部隆起、切口、夹杂导电异物、折缝、空隙及凹凸波纹等。

3）提环、孔眼、挂钩等用于安装的配件应无破损，闭锁部件应开闭灵活，闭锁可靠。

（2）使用要求。

1）绝缘遮蔽罩应根据使用电压的等级来选择，不得越级使用。

2）当环境为－25～55℃时，建议使用普通遮蔽罩；当环境温度为－40～55℃时，建议使用 C 类遮蔽罩；当环境温度为－10～70℃时，建议使用 W 类遮蔽罩。

3）现场带电安放绝缘遮蔽罩时，应戴绝缘手套。

6．绝缘隔板

（1）检查要求。

1）绝缘隔板的标识清晰完整。

2）绝缘隔板无老化、裂纹或孔隙。

3）绝缘隔板一般用环氧玻璃丝板制成，用于 10kV 电压等级的绝缘隔板厚度不应小于 3mm，用于 35kV 电压等级的绝缘隔板厚度不应小于 4mm。

（2）使用要求。

1）装拆绝缘隔板时应与带电部分保持一定距离（符合安全规程的要求），或者使用绝缘工具进行装拆。

2）使用绝缘隔板前，应先擦净绝缘隔板的表面，保持其表面洁净。

3）现场放置绝缘隔板时，应戴绝缘手套；如在隔离开关动、静触头之间放置绝缘隔板时，应使用绝缘棒。

4）绝缘隔板在放置和使用中要防止脱落，必要时可用绝缘绳索将其固定并保证牢靠。

5）绝缘隔板应使用尼龙等绝缘挂线悬挂，不能使用胶质线，以免在使用中造成接地或短路。

7．绝缘夹钳

（1）检查要求。

1）绝缘夹钳的型号规格、制造厂名、制造日期、电压等级等标识清晰完整。

2）绝缘夹钳的绝缘部分应无气泡、皱纹、裂纹、绝缘层脱落、严重的机械或电灼伤痕，玻璃纤维布与树脂间黏结完好不得开胶。握手部分护套与绝缘部分连接紧密、无破损，不产生相对滑动或转动。

3）绝缘夹钳的钳口动作灵活，无卡阻现象。

（2）使用要求。

1）绝缘夹钳的规格应与被操作线路的电压等级相符合。

2）操作前，绝缘夹钳表面应用清洁的干布擦拭干净，使表面干燥、清洁。

3）操作时，应穿戴护目眼镜、绝缘手套和绝缘鞋或站在绝缘台（垫）上，精神集中，保持身体平衡，握紧绝缘夹钳不使其滑脱落下。人体应与带电设备保持足够的安全距离，操作者的手握部位不得越过护环，保持有效的绝缘长度，并注意防止绝缘夹钳与人体或设备短接。

4）绝缘夹钳严禁装接地线，以免接地线在空中摆动触碰带电部分造成接地短路和触电事故。

5）在潮湿天气，应使用专用的防雨绝缘夹钳。

8．带电作业用安全帽

（1）检查要求：带电作业用安全帽的产品名称、制造厂名、生产日期及带电作业用符号（双三角）等永久性标识清晰完整，其他要求同安全帽。

（2）使用要求：带电作业时应正确佩戴带电作业用安全帽，其他要求同安全帽。

9．绝缘服装

（1）检查要求。

1）绝缘服装的制造厂或商标、型号及种类、电压级别、生产日期及带电作业用符号（双三角）等标识清晰完整。

2）绝缘服装内、外表面均应完好无损、均匀光滑，无小孔、局部隆起、夹杂异物、折缝、空隙等。

3）整体应具有足够的弹性且平坦，并采用无缝制作方式。

（2）使用要求。

1）绝缘服装应根据使用电压的高低、不同防护条件来选择。

2）绝缘服装使用于环境温度在－25～55℃。

10．屏蔽服装

（1）检查要求。

1）屏蔽服装的制造厂名或商标、型号名称、制造年月、电压等级及带电作业用符号（双三角）等标识清晰完整。

2）整套服装（包括上衣、裤子、手套、袜子、帽子和鞋子）内、外表面均应完好无损，不存在破坏其均匀性、损坏表面光滑轮廓的缺陷，如明显孔洞、裂缝等；鞋子应无破损，鞋底表面无严重磨损现象，分流连接线完好。

3）上衣、裤子、帽子之间应有2个连接头，上衣与手套、裤子与袜子每端分别有1个连接头。将连接头组装好后，轻扯连接带与服装各部位的连接，确认其完好可靠并具有一定的机械强度（工作中不会自动脱开）。

（2）使用要求。

1）等电位作业人员应在衣服外面穿合格的全套屏蔽服装（包括上衣、裤子、手套、短袜、帽子、面罩、鞋子），将连接头组装好后，轻扯连接带与服装各部位的连接，确认其完好可靠并具有一定的机械强度（工作中不会自动脱开）。

2）严禁通过屏蔽服装断、接接地电流，以及空载线路和耦合电容器的电容电流。

11．带电作业用绝缘手套

（1）检查要求：带电作业用绝缘手套的可适用的种类、尺寸、电压等级、制造年月及带电作业用符号（双三角）等标识清晰完整。复合绝缘手套还应具有机械防护符号。其他要求同绝缘手套。

（2）使用要求。

1）带电作业用绝缘手套应根据使用电压的高低、不同防护条件来选择，不得越级使用，以免造成击穿触电。

2）带电作业用绝缘手套应避免暴露在高温、阳光下，也要尽量避免和机油、油脂、变压器油、工业乙醇及强酸接触，避免尖锐物体刺、划。

12．带电作业用绝缘靴（鞋）

（1）检查要求。

1）带电作业用绝缘靴（鞋）的鞋号、生产年月、标准号、耐电压数值、制造商名称、产品名称、出厂检验合格印章及带电作业用符号（双三角）等标识清晰完整。

2）带电作业用绝缘靴应无针孔、裂纹、沙眼、气泡、切痕、嵌入导电杂物、明显的压膜痕迹及合模凹陷等缺陷。

3）带电作业用绝缘靴后跟高度不超过30mm，外底应有防滑花纹。

（2）使用要求：带电作业时穿带电作业用绝缘靴（鞋），其他要求同绝缘靴（鞋）。

13．带电作业用绝缘垫

（1）检查要求：带电作业用绝缘垫的制造厂或商标、种类、型号（长度和宽度）、电压级别、生产日期及带电作业用符号（双三角）等标识清晰完整。其他要求同绝缘胶垫。

（2）使用要求：带电作业用绝缘垫应根据使用电压的高低等条件来选择，

不得越级使用，其他要求同绝缘胶垫。

14．带电作业用绝缘毯

（1）检查要求：同带电作业用绝缘垫。

（2）使用要求：带电作业用绝缘毯包裹导体时，应牢固不松脱。

15．带电作业用绝缘硬梯

（1）检查要求。

1）带电作业用绝缘硬梯的名称、电压等级、商标、型号、制造日期、制造厂名及带电作业用符号（双三角）等标识清晰完整。

2）绝缘硬梯的各部件应完整光滑，无气泡、皱纹、开裂或损伤，玻璃纤维布与树脂间黏结完好不得开胶，杆段间连接牢固无松动，整梯无松散。

3）金属连接件无目测可见的变形，防护层完整，活动部件灵活。

4）绝缘硬梯升降灵活，锁紧装置可靠。

（2）使用要求。

1）梯子使用高度超过 5m，请务必在梯子中上部设立$\phi 8$ 以上拉线。

2）带电作业用绝缘硬梯应根据使用电压等级来选择，不得越级使用。

3）使用时，禁止超过梯子的工作负荷，需要有人扶持梯子进行保护（同时防止梯子侧歪），并用脚踩住梯子的底脚，以防底脚发生移动。身体应保持在梯梆的横撑中间，保持正直，不能伸到外面。

16．绝缘托瓶架

（1）检查要求。

1）绝缘托瓶架的商标及型号、制造日期、制造厂名、电压等级及带电作业用符号（双三角）等标识清晰完整。

2）绝缘托瓶架的各部件应完整，表面应光滑平整，绝缘部分无气泡、皱纹、开裂、老化、绝缘层脱落及严重伤痕，玻璃纤维布与树脂间黏结完好，杆、段、板间连接牢固，无松动、锈蚀及断裂等现象。

3）绝缘托瓶架各部位外形应为倒圆弧，不得有尖锐棱角。

（2）使用要求：绝缘托瓶架应根据使用电压等级、不同载荷条件来选择，严禁越级使用。

17．带电作业用绝缘绳（绳索类工具）

（1）检查要求。

1）带电作业用绝缘绳（绳索类工具）的标志应清晰，每股绝缘绳索及每股线均应紧密绞合，不得有松散、分股的现象。

2）绳索各股及各股中丝线均不应有叠痕、凸起、压伤、背股、抽筋等缺陷，不得有错乱、交叉的丝、线、股。

3）接头应单根丝线连接，不允许有股接头。单丝接头应封闭于绳股内部，不得露在外面。

4）股绳和股线的捻距及纬线在其全长上应均匀。

5）经防潮处理后的带电作业用绝缘绳索表面应无油渍、污迹、脱皮等。

（2）使用要求。

1）可根据工作要求选用不同机械性能的常规强度绝缘绳（绳索类工具）或高强度绝缘绳（绳索类工具）。根据不同气候条件选用常规型绝缘绳（绳索类工具）或防潮型绝缘绳（绳索类工具）。

2）使用时，带电作业用绝缘绳（绳索类工具）应避免暴露在高温、阳光下，也要避免和机油、油脂、变压器油、工业乙醇接触，严禁与强酸、强碱物质接触。

3）常规型绝缘绳（绳索类工具）适用于晴朗干燥气候条件下的带电作业。防潮型绝缘绳（绳索类工具）适用于雨雪、持续浓雾的各种气候条件下作业。对已潮湿的绝缘绳（绳索类工具）应进行干燥处理，但干燥的温度不宜超过65℃。

4）可根据绝缘绳使用频度和状况，并考虑到电气化学和环境储存等因素可能造成的老化，确定带电作业用绝缘绳（绳索类工具）的使用年限。

18．绝缘软梯

（1）检查要求。

1）绝缘软梯的标识应清晰完整，整体应保持干燥、洁净，无破损缺陷。

2）边绳及环形绳要求如下。

a．编织结构：绳扣接头应采用镶嵌方式，接头应紧密匀称；环形绳与边绳的包箍连接点应平服、扣紧牢固；边绳与环形绳应紧密绞合，不得有松散、分股等现象。内、外纬线的节距应匀称，股线连接接头应牢固，且应嵌入编织层内，不得凸露在外表面。

b．捻合结构：绳索和绳股应连续而无捻接。捻合成的绳索和绳股应紧密绞合，无松散、分股的现象；绳索各股及各股中丝线无叠痕、凸起、压伤、背股、抽筋等缺陷，无错乱、交叉的丝、线、股；绳索各股中绳纱及无捻连接的单丝数应相同；绳索应由绳股以“Z”向捻合成，绳股本身为“S”捻向；股绳和股线的捻距应均匀；绳扣接头应从绳索套扣下端开始，且每绳股应连续镶嵌5道。镶嵌成的接头应紧密匀称，末端应用丝线牢固绑扎；环形绳与边绳的连接应牢固、平服。

c．横蹬要求：用作横蹬的环氧酚醛层压玻璃布管应平整、光滑，外表面涂有绝缘漆；横蹬应紧密牢固地固定在两边绳上，不得有横向滑移的现象。

d．金属心形环要求：金属心形环表面光洁，无毛刺、疤痕、切纹等缺陷。边缘呈圆弧状，表面镀锌层良好，无目测可见的锈蚀；金属心形环镶嵌在绳索套扣内应紧密无松动。

e．软梯头要求：软梯头的主要部件应表面光滑，无棱角、毛刺、缺口、裂纹、锈蚀等缺陷；各部件连接应紧密牢固，整体性好；软梯头滚轮与轴应润滑、可靠。

（2）使用要求。

1）在导、地线上悬挂软梯进行等电位作业前，应检查本档两端杆塔处导、地线的紧固情况，经检查无误后方可攀登。

2）在导线或地线上悬挂软梯时，应验算导线、地线及交叉跨越物之间的安全距离是否满足要求。

3）作业中，应保证带电导线及人体对被跨越的电力线路、通信线路和其他建筑物有充足的安全距离。

4）其他同普通软梯使用要求。

19．带电作业用绝缘滑车

（1）检查要求。

1）带电作业用绝缘滑车的商标、型号、制造日期、制造厂名、出厂编号及带电作业用符号（双三角）等标识清晰完整。

2）轴、吊钩（环）、梁、侧板等不得有裂纹和显著的变形，滑车的绝缘部分应光滑，无气泡、皱纹、开裂等缺陷。

3）滑轮槽底光滑，在中轴上转动灵活，无卡阻和碰擦轮缘现象。槽底所附材料完整，与轮毂黏结牢固。

4）吊钩及吊环在吊梁上应转动灵活，应采用开槽螺母，侧面螺栓高出螺母部分不大于2mm。

5）侧板开口在90°范围内应无卡阻现象，保险扣完整、有效。

（2）使用要求。

1）使用前，应将带电作业用绝缘滑车绝缘部分擦拭干净。

2）滑车不准拴在不牢固的结构物上。线路作业中使用滑车应有防止脱钩的保险装置，否则必须采取封口措施，使用开门滑车时，应将开门钩环扣紧，防止绳索自动跑出。

20．带电作业用提线工具

（1）检查要求。

1）带电作业用提线工具制造厂、商标、型号、出厂编号、额定负荷、出厂日期、电压等级及带电作业用符号（双三角）等标识清晰完整。

2）各组成部分表面均匀光滑，无尖棱、毛刺、裂纹等缺陷。金属件完整，无裂纹、变形和严重锈蚀；螺纹螺杆不应有明显磨损。绝缘板（棒、管）材无气孔、开裂、缺损，绝缘绳索无断股、霉变、脆裂等缺陷。与导线接触面的部位应镶有橡胶材质的衬垫。

3）各部件组装应配合紧密可靠，调节螺杆、换向装置转动灵活，连接销轴牢固，保险可靠。

（2）使用要求：带电作业用提线工具应根据使用电压等级、载荷条件来选择，严禁越级使用。

21．辅助型绝缘手套

（1）检查要求。

1）辅助型绝缘手套的电压等级、制造厂名、制造年月等标识清晰完整。

2）辅助型绝缘手套应质地柔软良好，内、外表面均应平滑、完好无损，无划痕、裂缝、折缝和孔洞。

3）用卷曲法或充气法检查手套有无漏气现象。

（2）使用要求。

1）辅助型绝缘手套应根据使用电压的高低、不同防护条件来选择。

2）作业时，应将上衣袖口套入绝缘手套筒口内。

3）按照电力安全工作规程有关要求进行设备验电、倒闸操作、装拆接地线等工作时应戴辅助型绝缘手套。

22．辅助型绝缘靴（鞋）

（1）检查要求。

1）辅助型绝缘靴（鞋）的鞋帮或鞋底上的鞋号、生产年月、标准号、电绝缘字样（或英文 EH）、闪电标记、耐电压数值、制造商名称、产品名称、电绝缘性能出厂检验合格印章等标识清晰完整。

2）辅助型绝缘靴（鞋）应无破损，宜采用平跟，鞋底应有防滑花纹，鞋底（跟）磨损不超过 1/2。鞋底不应出现防滑齿磨平、外底磨露出绝缘层等现象。

（2）使用要求。

1）辅助型绝缘鞋（靴）应根据使用电压的高低、不同防护条件来选择。

2）穿用电绝缘皮鞋和电绝缘布面胶鞋时，其工作环境应能保持鞋面干燥。在各类高压电气设备上工作时，使用电绝缘鞋，可配合基本安全用具（如绝缘棒、绝缘夹钳）触及带电部分，并要防护跨步电压所引起的电击伤害。在潮湿、有蒸汽、冷凝液体、导电灰尘或易发生危险的场所，应尤其注意配备合适的电绝缘鞋，应按标准规定的使用范围正确使用。

3）使用辅助型绝缘靴时，应将裤管套入靴筒内。

4）穿用电绝缘鞋应避免接触锐器或高温、腐蚀性、酸碱油类物质，防止鞋受到损伤而影响电绝缘性能。防穿刺型、耐油型及防砸型绝缘鞋除外。

23．辅助型绝缘胶垫

（1）检查要求。

1）辅助型绝缘胶垫的等级和制造厂名等标识清晰完整。

2）上下表面应不存在有害的不规则性。有害的不规则性，即破坏均匀性、损坏表面光滑轮廓的缺陷，如小孔、裂缝、局部隆起、切口、夹杂导电异物、折缝、空隙、凹凸波纹及铸造标志等。

（2）使用要求。

1）辅助型绝缘胶垫应根据使用电压的高低等条件来选择。

2）操作时，辅助型绝缘胶垫应避免暴露在高温、阳光下，也要尽量避免和机油、油脂、变压器油、工业乙醇及强酸接触，避免尖锐物体刺、划。

1.3.2.3 登高工器具

1．脚扣

（1）检查要求。

1）标识清晰完整，金属母材及焊缝无任何裂纹和目测可见的变形，表面光洁，边缘呈圆弧形。

2）围杆钩在扣体内应滑动灵活、可靠、无卡阻现象；保险装置可靠，防止围杆钩在扣体内脱落。

3）小爪连接牢固，活动灵活。

4）橡胶防滑块与小爪钢板、围杆钩连接牢固，覆盖完整，无破损。

5）脚带完好，止脱扣良好，无霉变、裂缝或严重变形。

（2）使用要求。

1）登杆前，应在杆根处进行一次冲击试验，无异常方可继续使用。

2）应将脚扣脚带系牢，登杆过程中应根据杆径粗细随时调整脚扣尺寸。

3）特殊天气使用脚扣时，应采取防滑措施。

4）严禁从高处往下扔摔脚扣。

2．升降板（登高板）

（1）检查要求。

1）标识清晰完整，钩子不得有裂纹、变形和严重锈蚀，心形环完整、下部有插花，绳索无断股、霉变或严重磨损。

2）升降板踏板窄面上不应有节子，踏板宽面上节子的直径不应大于 6mm，干燥细裂纹长度不应大于 150mm，深度不应大于 10mm。踏板无严重磨损，有防滑花纹。

3）绳扣接头每绳股连续插花应不少于 4 道，绳扣与踏板间应套接紧密。

（2）使用要求。

1）登杆前在杆根处对升降板（登高板）进行冲击试验，判断升降板（登高板）是否有变形和损伤。

2）升降板（登高板）的挂钩钩口应朝上，严禁反向。

3．梯子

（1）检查要求。

1）型号或名称及额定载荷、梯子长度、最高站立平面高度、制造者或销售者名称（或标识）、制造年月、执行标准及基本危险警示标志（复合材料梯的电压等级）应清晰明显。

2）踏棍（板）与梯梁连接牢固，整梯无松散，各部件无变形，梯脚防滑良好，梯子竖立后平稳，无目测可见的侧向倾斜。

3）升降梯升降灵活，锁紧装置可靠。铝合金折梯铰链牢固，开闭灵活，无松动现象。

4）折梯限制开度装置完整牢固。延伸式梯子操作用绳无断股、打结等现象，升降灵活，锁位准确可靠。

5）竹木梯无虫蛀、腐蚀等现象。木梯梯梁的窄面不应有节子，宽面上允许有实心的或不透的、直径小于 13mm 的节子，节子外缘距梯梁边缘应大于 13mm，两相邻节子外缘距离不应小于 0.9m。木梯踏板窄面上不应有节子，踏板宽面上节子的直径不应大于 6mm，踏棍上不应有直径大于 3mm 的节子。干燥细裂纹长不应大于 150mm，深不应大于 10mm。梯梁和踏棍（板）连接的剪切面及其附近不应有裂缝，其他部位的裂缝长不应大于 50mm。

（2）使用要求。

1）梯子应能承受作业人员及所携带的工具、材料攀登时的总重量。

2）梯子不得接长或垫高使用。如需接长时，应用铁卡子或绳索切实卡住或绑牢并加设支撑。

3）梯子应放置稳固，梯脚要有防滑装置。使用前，应先进行试登，确认可靠后方可使用。有人员在梯子上工作时，梯子下应有人扶持和监护。

4）梯子与地面的夹角应为 60°左右，工作人员必须在距梯顶 1m 以下的梯蹬上工作。

5）人字梯应具有坚固的铰链和限制开度的拉链。

6）靠在管子上、导线上使用梯子时，其上端须用挂钩挂住或用绳索绑牢。

7）在通道上使用梯子时，应设监护人或设置临时围栏。梯子不准放在门前使用，必要时应采取防止门突然开启的措施。

8）严禁人在梯子上时移动梯子，严禁上下抛递工具、材料。

9）在变电站高压设备区或高压室内应使用绝缘材料的梯子，禁止使用金属梯子。搬动梯子时，应放倒 2 人搬运，并与带电部分保持安全距离。

4．软梯

（1）检查要求。

1）标志清晰，软梯上每股绝缘绳索及每股线均应紧密绞合，不得有松散、分股的现象。

2）软梯上绳索各股及各股中丝线均不应有叠痕、凸起、压伤、背股、抽筋等缺陷，不得有错乱、交叉的丝、线、股。

3）接头应单根丝线连接，不允许有股接头。单丝接头应封闭于绳股内部，不得露在外面。

4）股绳和股线的捻距及纬线在其全长上应均匀。

5）经防潮处理后的绝缘绳索表面应无油渍、污迹、脱皮等。

（2）使用要求。

1）使用软梯进行移动作业时，软梯上只准一人工作。工作人员到达梯头进行工作和梯头开始移动前，应将梯头的封口可靠封闭，否则应使用保护绳防止梯头脱钩。

2）在连续档距的导、地线上挂软梯时，其导、地线的截面积不得小于：钢芯铝绞线和铝合金绞线为 120mm$^2$；钢绞线为 50mm$^2$（等同 OPGW 光缆和配套的 LGJ-70/40 型导线）。

3）在瓷横担线路上禁止挂梯作业，在转动横担的线路上挂梯前应先将横担固定。

5．快装脚手架

（1）检查要求。

1）复合材料构件表面应光滑，绝缘部分应无气泡、皱纹、裂纹、绝缘层脱落、明显的机械或电灼伤痕，纤维布（毡、丝）与树脂间黏结完好，不得开胶。

2）供操作人员站立、攀登的所有作业面应具有防滑功能。

3）外支撑杆应能调节长度，并有效锁止，支撑脚底部应有防滑功能。

4）底脚应能调节高低且有效锁止，轮脚均应具有刹车功能，刹车后，脚轮中心应与立杆同轴。

（2）使用要求。

1）在使用前，全面检查已搭建好的脚手架，保证遵循所有的装配须知，保证脚手架的零件没有任何损坏。

2）当脚手架已经调平且所有脚轮和调节腿已经固定，爬梯、平台板、开口板已钩好，才能爬上脚手架。

3）当平台上有人和物品时，不要移动或调整脚手架。

4）可从脚手架的内部爬梯进入平台，或从搭建梯子的阶梯爬入，还可以通过框架的过道进入，或通过平台的开口进入工作平台。

5）如果在基座部分增加了垂直的延伸装置，必须在脚手架上使用外支撑或加宽工具进行固定。

6）当平台高度超过 1.2m 时，必须使用安全护栏。

7）严禁在脚手架上面使用产生较强冲击力的工具，严禁在大风中使用，严禁超负荷使用，严禁在软地面上使用。

8）所有操作人员在搭建、拆卸和使用脚手架时，须正确佩戴安全帽，系好安全带。

6．检修平台

（1）检查要求。

1）拆卸型检修平台。

a．检修平台的复合材料构件表面应光滑，绝缘部分应无气泡、皱纹、裂纹、绝缘层脱落、明显的机械或电灼伤痕，玻璃纤维布（毡、丝）与树脂间黏结完好，不得开胶。

b．检修平台的金属材料零件表面应光滑、平整，棱边应为倒圆弧、不应有尖锐棱角，应进行防腐处理（铝合金宜采用表面阳极氧化处理；黑色金属宜采用镀锌处理；可旋转部位的材料宜采用不锈钢）。

c．检修平台供操作人员站立、攀登的所有作业面应具有防滑功能。

d．梯台型检修平台作业面上方不低于 1m 的位置应配置安全带或防坠器的悬挂装置，平台上方 1050～1200mm 处应设置防护栏。

2）升降型检修平台。

a．复合材料构件及作业面要求同拆卸型检修平台。

b．起升降作用的牵引绳索（宜采用非导电材料）应无灼伤、脆裂、断股、霉变和扭结。

c．升降锁止机构应开启灵活、定位准确、锁止牢固且不损伤横档。

d．应装有机械式强制限位器，保证升降框架与主框架之间有足够的安全搭接量。

（2）使用要求。

1）按使用说明书的要求进行操作。

2）应安装牢固。

### 1.3.3 安全工器具的保管及试验

（1）安全工器具应通过国家、行业标准规定的型式试验，以及出厂试验和预防性试验。进口产品的试验不得低于国内同类产品标准。

（2）安全工器具应由具有资质的安全工器具检验机构进行检验。预防性试验可由经公司总部或省公司、直属单位组织评审、认可，取得内部检验资质的检测机构实施，也可委托具有国家认可资质的安全工器具检验机构实施。

（3）加强公司各级安全工器具检测试验中心建设，完善工作网络和体系，有效开展检测试验工作，及时发现安全工器具缺陷和隐患，保障使用安全。

（4）公司总部委托具备相应资质和能力的安全工器具质量监督检验机构，提供安全工器具监督管理和技术支撑服务。省公司级、地市公司级单位安全工器具检测试验机构负责所属单位安全工器具试验检验及技术监督工作。有条件的县公司级单位可设置安全工器具检测机构，负责本单位安全工器具试验检验工作。施工企业可根据国家相关标准自行检验或委托有资质的第三方进行检验。

（5）应进行预防性试验的安全工器具如下：

1）规程要求进行试验的安全工器具。

2）新购置和自制安全工器具使用前。

3）检修后或关键零部件经过更换的安全工器具。

4）对其机械、绝缘性能产生疑问或发现缺陷的安全工器具。

5）发现质量问题的同批次安全工器具。

（6）安全工器具使用期间应按规定做好预防性试验。

（7）安全工器具经预防性试验合格后，应由检验机构在合格的安全工器具上（不妨碍绝缘性能、使用性能且醒目的部位）牢固粘贴“合格证”标签或可追溯的唯一标识，并出具检测报告。

### 1.3.4 电动工器具的使用及管理

#### 1.3.4.1 通用规则

（1）电动工器具检查周期为每周 1 次。

（2）每年对所有的电动工器具保养 1 次。

#### 1.3.4.2 砂轮机

1．开机前的检查

（1）检查各紧固件是否有松动现象，如有应加以修复旋紧。

（2）重点检查砂轮是否有裂纹，如有应立即更换。检查方法是用木棒轻敲砂轮，发出清脆声音方可使用。

（3）用手盘动砂轮，观察砂轮转动是否灵活轻快，细听有无碰撞摩擦声。

（4）检查砂轮的旋转方向是否正确，磨屑向下方飞离砂轮即为正确方向。

（5）启动电源，如果振动和噪声异常明显，应立即停机并挂牌，让维修工检修。

（6）检查砂轮外圆与工件托架之间的间隙应不大于 3mm。

（7）检查砂轮机的接地是否完好。

2．操作要求

（1）操作工必须佩戴安全眼镜和防飞溅面罩。

（2）身体距磨具须保持适宜的距离。

（3）启动电源，当砂轮运转平稳后才能开始磨削工作。

（4）严禁将工件与砂轮猛烈撞击。磨削时应逐步施加压力，使砂轮不受冲击力，避免砂轮爆裂。

（5）工作打磨的一端距手持一端应保持在 20mm 以上。

（6）每次磨削时磨削量应适当，以防止工件随砂轮运转而出现事故。

（7）长时间磨削时，砂轮机旁应备有冷水，以防止工件磨削时发热而烫伤。

（8）脆性较强的钢件不能在砂轮上打磨，以防止工件破裂。

（9）不得将工件垂直于砂轮径上平面打磨，即不能在砂轮的侧面打磨工件。

（10）磨削的工件其长度应小于 500mm，500mm 以上的工件需要磨削时应采用其他磨削工具，如角磨机。

（11）使用中的砂轮机，2 块砂轮磨损量其直径之差最大不超过 20%。

（12）每次工作完成后，应立即切断电源。

3．其他要求

（1）砂轮机防护罩除更换砂轮及维修拆除外，平时严禁拆除，以保安全。

（2）砂轮直径磨损掉 2/3 时应更换新砂轮。安装时应使砂轮平衡，砂轮与接盘间软垫圈装置要紧贴，螺帽不应拧得过紧，以防砂轮碎裂，最后必须将防护罩装好。

（3）轴承润滑脂，一般采用二硫化钼润滑脂润滑，每隔半年更换 1 次，1 年进行检修 1 次，检查时应将砂轮机全部拆开，清除内部积尘和油污，清洁或更换轴承，更换润滑脂，经拆装检修后，砂轮机仍须检查其运转是否轻快，轴承运转有无异音，绕组有无短路，最后空载运转约 30min。

（4）使用前应用万用表测量绝缘电阻，其值不小于 2MΩ。

1.3.4.3　角磨机

1．工作前的检查

（1）检查外壳，整机外壳不得破损。

（2）检查砂轮，使用的砂轮应完好无损。检查方法是用木锤轻击砂轮不应有破裂声。

（3）检查砂轮防护罩应完好牢固。

（4）检查电缆线，插头不得有损伤。

（5）通电空载运行几分钟，检查工具转动部件是否转动灵活无障碍。

（6）测量机体绝缘电阻，其值不得少于 7MΩ（用 500V 绝缘电阻表测量）。

（7）接通电源前，检查电源电压是否符合要求，并将开关置于断开（OFF）位置。

2．操作要求

（1）操作者应佩戴合适的防护用具，如防飞溅面罩等。

（2）启动电源，待砂轮转速稳定后方可磨削，其安全工作线速度不得低于80m/h。

（3）在工作过程中，不要让砂轮受到撞击，使用切割砂轮时，不得横向摆动，以免砂轮裂碎。

（4）为取得良好的加工效果，应尽可能地使工作头旋转平面与工作砂轮表面呈15°～30°的斜角。

（5）搬动时，应手持机体或手柄，不要提拉电缆线。

（6）工具的电缆线与插头具有加强绝缘性能，不要任意用其他导线，更换插头或任意接长导线时，保护好电缆线，不要让尖锐硬物损伤绝缘保护层。

（7）严禁在拆除砂轮罩的情况下操作。

（8）工具应放置于干燥、清洁、无腐蚀性气体的环境中。机壳用聚碳酸酯制成，不要让其接触有害物质。

（9）角磨机属I类工具，其插座必须有良好的接地线，否则不许使用。

（10）每季度进行1次全面检查，梅雨季度应加强检查。如果长期搁置而重新启用时，也应测量绝缘电阻。绝缘电阻小于7MΩ时，必须做干燥处理。

（11）角磨片外径小于护罩最小外径时，应立即更换磨片。

（12）在供电电网临时停电时，应将其脱离电源，以防止电机意外启动。

（13）任何不在使用角磨机的时候都应该将其电源物理性断开。

3．维护保养

（1）每周检查电刷的磨损状况，及时更换过短的电刷，更换后的电刷在刷握中应活动自如，手试电机转动灵活后，再空载运行15min，使电刷与换向器接触良好。

（2）保持风道畅通，定期消除油污和尘垢。

（3）使用过程中，若出现下列情况之一，必须立即切断电源，送专职人员处理。

1）传动部件卡住，转速急剧下降或突然停止转动。

2）发现有异常振动或声响，温升过高或有异味。

3）发现电刷下火花大于 2 级或有环火时。

1.3.4.4 切割机

1．工作前的检合

（1）检查外壳，外壳不得破损。

（2）检查切割片，使用的切割片应完好无损。检查方法是用眼观察切割片无缺口或裂纹。

（3）检查切割片防护罩应完好牢固。

（4）检查电缆线，插头不得有损伤。

（5）通电空载运行 1min，检查工具转动部件是否转动灵活无障碍。

（6）接通电源前，查看电源电压是否符合要求，开关置于断开（OFF）位置。

2．操作要求

（1）操作者应佩戴合适的防护用具，如防飞溅面罩、防切割手套等。

（2）切割前应将工件夹紧，禁止手持工件切割。

（3）在工作过程中，不要让切割机受到夹卡，防止切割片撕裂或堵转。

（4）严禁在切割后用切割机侧面磨削工件。

（5）搬动时，小心电源线，防止电源线被扯坏。

（6）严禁在拆除切割防护罩的情况下操作。

（7）每周进行 1 次电路检查。

（8）在供电电网临时停电时，应将其脱离电源，以防止电机意外启动。不用时应切断电源。

3．注意事项

（1）使用过程中，若出现下列情况之一，必须立即切断电源，送专职人员处理。

1）传动部件卡住，转速急剧下降或突然停止转动。

2）发现有异常振动或声响，温升过高或有异味。

3）振动和噪声超出规定要求时。

（2）发现故障时应立即检修，否则挂牌标识禁止使用。

1.3.4.5 电钻/电锤/台钻

1．工作前的检查

（1）使用前，细心检查接地线等防护装置。

（2）检查运转部件是否能顺畅转动，是否有零件故障。

（3）使用前，检查电线及插座。如有损坏，应由专业人员修理。

2．操作要求

（1）佩戴合适的防护用具，如当运转会产生大量灰尘的工作时，须戴上防尘面具。

（2）工作场地必须保持整洁。杂乱无章容易导致意外事故，注意环境因素，不可让电动工具暴露在雨水中，不可在潮湿的场所使用电动工具。不可在易燃气体或液体附近使用电动工具。工作场所必须具备足够的照明设备。

（3）谨防触电。工作时避免让身体碰触接地的物体，如管路、设备等。

（4）不要让与作业无关人员触摸机器或电线，也不允许其进入工作范围。

（5）电动工具的电线一定要放在机身后面，远离钻头。

（6）使用合适性能的机器，应按照机器上所标定的速率操作，勿让机器超负荷。

（7）工作时不要穿宽松衣物，或佩戴饰品，其可能会在作业时被卷入机器中。

（8）按照规定使用电线，不要拉着电线来提起机器，也不要拉着电线来拔出插头。电线必须远离高温、油液及锋刃。

（9）固定好被加工材料。利用固定装置或虎钳固定加工材料。

（10）站稳双脚，避免以不稳定的姿态操作机器。作业时应确保立足稳固，并要随时保持肢体平稳。

（11）对电锤或电钻进行任何工作前，应把插头拔离插座，以截断电力供应。

（12）不要让工具扳手遗留在机器上。

（13）谨防意外启动机器。提拿已接通电源的机器时，切不可将手放在开关键上。必须确定机器的电源开关已关闭后才可接通电源。

（14）注意钻头开始运转时的转矩反应，钻头卡紧时，须留神。

（15）随时保持警戒，工作时应保持头脑清醒，如果无法集中精神，则不要使用机器。

（16）电动工具维修应由专业人员进行。

（17）使用台钻工作时禁止戴手套。

1.3.4.6 电焊机

1．工作前的检查

（1）检查焊钳线有无破损，焊钳线要与接线柱连接牢固。

（2）检查焊钳嘴有无破损，有破损及时更换。

（3）检查接地线连接是否牢固。

（4）检查电缆线不得有破损，不得有铜线外露。

（5）通电后试焊电流是否合适。

2．操作要求

（1）操作者应佩戴合适的防护用具，如电焊面罩、电焊服、电焊手套、电焊鞋套、绝缘鞋等。

（2）电焊时接地线要接地良好，不能有打火现象。

（3）在有精密仪器的地方施工时，接地线要单独接地，严禁将接地线与仪表接地线连在一起，防止仪表烧损。

（4）施工前应将现场的杂物清理出现场。

（5）在有油污的地方施工，应将油污打扫干净。

（6）焊接点下面的设备或物品要隔离处理，防止烧坏。

（7）容器内焊接应有合适的通风设施，防止缺氧。

（8）禁止在油桶上焊接。

3．注意事项

（1）在焊接时如出现焦糊味时，应立即停止焊接并检查。

（2）焊接现场一定要配备灭火器。

（3）配备的电源一定是合适的。

#### 1.3.4.7 电烙铁

1．工作前的检查

（1）检查电烙铁线有无破损，发现有破损老化应及时更换。

（2）检查电烙铁是否能够正常加热。

2．操作要求

（1）操作不用时应将烙铁放在烙铁架上。

（2）使用结束应将烙铁晾凉后再收起来。

（3）人离开现场时应将电源插头拔掉。

### 1.3.5 试验仪器的检查与使用

加强继电保护试验仪器、仪表的管理工作，每1～2年应对微机型继电保护试验装置进行一次全面检测，确保试验装置的准确度及各项功能满足继电保护试验的要求，防止因试验仪器、仪表存在问题而造成继电保护误整定、误试验。

（1）对于工作中要使用的试验工器具应有明确的规定，必须采用经检验合格的试验设备，试验用的接线应符合相关规定。

（2）应使用专用的试验电源，接线应符合安全要求。不得以运行中的保护电源为试验电源。

（3）在进行试验接线前，应了解试验电源的容量和接线方式。配备适当的熔丝，特别要防止总电源熔丝越级熔断。试验用隔离开关必须带罩，禁止从运行设备上直接取得试验电源。在试验接线工作完毕后，必须经第二人检查允许，方可通电。

## 1.4 生产现场的安全措施

### 1.4.1 一次设备作业范围

（1）在一次设备（变压器、电抗器、电力电容器、母线、线路、断路器、电流互感器、电压互感器、避雷器、隔离开关等）上进行的工作。

（2）在一次设备附件上进行的工作。

### 1.4.2 一次作业安全措施要求及设置方法

为加强电力生产现场管理，规范变电一次设备作业安全措施的设置，保证人身安全、设备安全和电网安全，结合电力生产的实际，应满足以下要求。

（1）检修设备停电，应把各方面的电源完全断开（任何运行中的星形接线设备的中性点，应视为带电设备）。禁止在只经断路器断开电源或只经换流器闭锁隔离电源的设备上工作。应拉开隔离开关，手车开关应拉至试验或检修位置，应使各方面有一个明显的断开点，若无法观察到停电设备的断开点，应有能够反映设备运行状态的电气和机械等指示。与停电设备有关的变压器和电压互感器，应将设备各侧断开，防止向停电检修设备反送电。

（2）检修设备和可能来电侧的断路器、隔离开关应断开控制电源和合闸电源，隔离开关操作把手应锁住，确保不会误送电。

（3）对难以做到与电源完全断开的检修设备，可以拆除设备与电源之间的电气连接。

（4）装设接地线应由 2 人进行（经批准可以单人装设接地线的项目及运行人员除外）。

（5）当验明设备确已无电压后，应立即将检修设备接地并三相短路。电缆及电容器接地前应逐相充分放电，星形接线电容器的中性点应接地，串联电容器及与整组电容器脱离的电容器应逐个多次放电，装在绝缘支架上的电容器外壳也应放电。

（6）对于可能送电至停电设备的各方面都应装设接地线或合上接地隔离开关（装置），所装接地线与带电部分应考虑接地线摆动时仍符合安全距离的规定。

（7）对于因平行或邻近带电设备导致检修设备可能产生感应电压时，应加装工作接地线或使用个人保安线，加装的接地线应登记在工作票上，个人保安线由工作人员自装自拆。

（8）在门形构架的线路侧进行停电检修，如工作地点与所装接地线的距离小于 10m，工作地点虽在接地线外侧，也可不另装接地线。

（9）检修部分若分为几个在电气上不相连接的部分，如分段母线以隔离开关或断路器隔开分成几段则各段应分别验电接地短路。降压变电站全部停电时，应将各个可能来电侧的部分接地短路，其余部分不必每段都装设接地线或合上接地隔离开关（装置）。

（10）接地线、接地隔离开关与检修设备之间不得连有断路器或熔断器。若由于设备原因，接地隔离开关与检修设备之间连有断路器，在接地隔离开关和断路器合上后，应有保证断路器不会分闸的措施。

（11）在配电装置上，接地线应装在该装置导电部分的规定地点，这些地点的油漆应刮去，并画有黑色标记。所有配电装置的适当地点，均应设有与接地网相连的接地端，接地电阻应合格。接地线应采用三相短路式接地线，若使用分相式接地线，应设置三相合一的接地端。

（12）装设接地线应先接接地端，后接导体端，接地线应接触良好，连接应可靠。拆接地线的顺序与此相反。装、拆接地线均应使用绝缘棒，戴绝缘手套。人体不得碰触接地线或未接地的导线，防止触电。带接地线拆设备接头时，应采取防止接地线脱落的措施。

（13）成套接地线应由有透明护套的多股软铜线组成，其截面积不得小于25$mm^2$，同时应满足装设地点短路电流的要求。禁止使用其他导线做接地线或短路线。接地线应使用专用的线夹固定在导体上，严禁用缠绕的方法进行接地或短路。

（14）禁止工作人员擅自移动或拆除接地线。高压回路上的工作，必须要拆除全部或一部分接地线后方能进行工作者，如测量母线和电缆的绝缘电阻，测量线路参数，检查断路器触头是否同时接触，如以下情况。

1）拆除一相接地线。

2）拆除接地线，保留短路线。

3）将接地线全部拆除或拉开接地隔离开关（装置）。

上述工作应征得运行人员的许可（根据调度员指令装设的接地线，应征得调度员的许可），方可进行。工作完毕后立即恢复。

（15）在一经合闸即可送电到工作地点的断路器和隔离开关的操作把手上，均应悬挂“禁止合闸，有人工作！”的标示牌。

如果线路上有人工作，应在线路断路器和隔离开关操作把手上悬挂“禁止合闸，线路有人工作！”的标示牌。

由于设备原因，接地隔离开关（装置）与检修设备之间连有断路器，在接地隔离开关（装置）和断路器合上后，应在断路器操作把手上悬挂“禁止分闸！”的标示牌。

在显示屏上进行操作的断路器和隔离开关的操作处均应相应设置“禁止合闸，有人工作！”或“禁止合闸，线路有人工作！”，以及“禁止分闸！”的标示牌。

（16）部分停电的工作，安全距离小于规定距离以内的未停电设备，应装设临时遮栏，临时遮栏与带电部分的距离不得小于规定数值，临时遮栏可用干燥木材、橡胶或其他坚韧绝缘材料制成，装设应牢固，并悬挂“止步，高压危险！”的标示牌。

35kV 及以下设备的临时遮栏，如因工作特殊需要，可用绝缘隔板与带电部分直接接触。

（17）在室内高压设备上工作，应在工作地点两旁及对面运行设备间隔的遮栏（围栏）上和禁止通行的过道遮栏（围栏）上悬挂“止步，高压危险！”的标示牌。

（18）高压开关柜内手车开关拉出，隔离带电部位的挡板封闭后禁止开启，并设置“止步，高压危险！”的标示牌。

（19）在室外高压设备上工作，应在工作地点四周装设围栏，其出入口要围至临近道路旁边，并设有“从此进出！”的标示牌。工作地点四周围栏上悬挂适当数量的“止步，高压危险！”标示牌，标示牌应朝向围栏里面。若室外配电装置的大部分设备停电，只有个别地点保留有带电设备而其他设备无触及带电导体的可能时，可以在带电设备四周装设全封闭围栏，围栏上悬挂适当数量的“止步，高压危险！”标示牌，标示牌应朝向围栏外面。禁止越过围栏。

（20）在工作地点设置“在此工作！”的标示牌。

（21）在室外构架上工作，则应在工作地点邻近带电部分的横梁上，悬挂“止步，高压危险！”的标示牌。在工作人员上下铁架或梯子上，应悬挂“从此上下！”的标示牌。在邻近其他可能误登的带电构架上，应悬挂“禁止攀登，高压危险！”的标示牌。

（22）禁止工作人员擅自移动或拆除遮栏（围栏）、标示牌。因工作原因必须短时间移动或拆除遮栏（围栏）、标示牌，应征得工作许可人同意，并在工作负责人的监护下进行。完毕后应立即恢复。

### 1.4.3 二次设备作业范围

（1）在继电保护装置（变压器、电动机、电抗器、电力电容器、母线、线路、断路器的保护装置等）上进行的工作。

（2）在系统安全自动装置［自动重合闸、备用设备及备用电源自动投入装置、按频率自动减负荷、故障录波器、振荡起动或预测（切负荷、切机、解列等）装置及其他保证系统稳定的自动装置等］上进行的工作。

（3）在控制屏、中央信号屏与继电保护有关的继电器和元件上进行的工作。

（4）在连接保护装置的二次回路上进行的工作。

（5）在从电流互感器、电压互感器二次侧端子开始到有关继电保护装置的二次回路（对断路器、变压器、互感器等自端子箱开始）上进行的工作。

（6）在从继电保护直流分路熔丝开始到有关保护装置的二次回路上进行的工作。

（7）在从保护装置到控制屏和中央信号屏间的直流回路上进行的工作。

（8）在继电保护装置出口端子排到断路器操作箱端子排的跳、合闸回路上进行的工作。

（9）在继电保护专用的光纤通道、高频通道设备回路上进行的工作。

（10）在变电站自动化系统（变电站内实现控制、保护、信号、测量等功能的电气二次设备，应用自动控制技术、计算机及网络通信技术，对变电站进行运行操作、信息远传和综合自动化的系统）上进行的工作。

（11）在站用交直流系统上进行的工作。

### 1.4.4 二次作业安全措施要求

（1）变电二次设备作业需要对变电一次设备装设遮栏（围栏）、悬挂标示牌，按《变电一次设备作业现场围栏和标示牌设置规范》执行。

（2）变电二次设备作业涉及室外端子箱，其安全措施设置同“室外断路器端子箱”。若室外端子箱与变电一次设备很近，且变电一次设备又需要设置安全措施，其安全措施可在变电一次设备安全措施中一并设置。

（3）变电二次设备作业设置安全措施前的“投、退有关压板”“断开交、直流电源”“切换电流端子”“接、拆连接线（片）”等措施，按电力安全工作规程有关规定执行。

### 1.4.5 二次作业安全措施典型设置范例

#### 1.4.5.1 220kV 线路断路器停役的二次设备工作

以 220kV 4647 断路器停役，保护校验为例，标示牌及红布幔设置要点如下。

（1）在 4647 断路器测控、保护屏前后分别悬挂“在此工作！”标示牌。

（2）在邻近 4647 断路器测控、保护屏的非检修屏前后分别设置红布幔，将 4647 断路器测控检修屏上其他非检修线路测控单元装置、端子排、交直流电源用红布幔遮盖。

#### 1.4.5.2 220kV 主变压器停电的二次设备工作

以 220kV 1 号主变压器停电保护校验为例，标示牌、红布幔设置要点。

（1）在 1 号主变压器测控、保护屏前后分别悬挂“在此工作！”标示牌。

（2）在邻近 1 号主变压器测控、保护屏的非检修屏前后分别设置红布幔，将 1 号主变压器保护屏有关联跳压板用红布幔绑扎。

#### 1.4.5.3 110kV 线路断路器停役的二次设备工作

以 110kV 线路 752 断路器停役，保护校验为例，标示牌及红布幔设置要点如下：

（1）在 110kV 线路测控、保护检修屏前后分别悬挂“在此工作！”标示牌。

（2）在邻近 110kV 线路测控、保护屏检修屏的非检修屏前后分别设置红布幔，将 110kV 线路测控、保护检修屏上其他非检修线路测控、保护单元装置、端子排、有关跳闸出口压板、交直流电源用红布幔遮盖绑扎。

1.4.5.4 微机母差保护上二次设备工作

以母线运行，220kV BP－2B 保护校验为例，标示牌、红布幔设置要点。

（1）在 220kV 母差保护屏前后分别悬挂“在此工作！”标示牌。

（2）在邻近 220kV 母差保护屏的非检修屏前后分别设置红布幔，将 220kV 母差保护屏跳闸压板用红布幔遮盖。

1.4.5.5 110kV 母联备自投装置二次设备工作

以 1 号主变压器 701 断路器与 110kV 母联 710 断路器跳合闸试验为例，标示牌、红布幔设置要点如下：

（1）在 1 号主变压器测控屏及 110kV 备自投装置屏前后分别悬挂“在此工作！”标示牌。

（2）在邻近 1 号主变压器测控屏及 110kV 备自投装置屏的非检修屏前后分别设置红布幔。将 1 号主变压器测控屏、110kV 备自投装置屏上其他运行装置、运行端子排、联跳压板、公用交直流电源用红布幔遮盖或绑扎。

1.4.5.6 手车开关柜二次设备工作（保护装置在开关柜上）

以 10kV 线路 162 断路器保护校验为例，标示牌、红布幔设置要点。

（1）在 162 断路器控制保护屏前悬挂“在此工作！”标示牌。

（2）在邻近 162 断路器控制保护屏的非检修屏前分别设置红布幔。

（3）在 162 断路器柜上，以及相邻两侧和对面间隔悬挂“止步，高压危险！”标示牌，在 162 断路器手车操作处悬挂“禁止合闸，有人工作!”标示牌。

1.4.5.7 室外断路器端子箱

以 220kV 4647 断路器端子箱改造工作为例，围栏、标示牌设置要点如下。

（1）在 4647 断路器端子箱四周设临时围栏。

（2）在围栏上向内悬挂适量“止步，高压危险！”标示牌。

（3）在围栏入口处悬挂“在此工作！”“从此进出！”标示牌。

1.4.5.8　交流站用电屏二次设备工作

以母线站用变压器低压侧空气开关更换为例，标示牌、红布幔设置要点如下。

（1）在一经合闸即可送电到工作地点的隔离开关上悬挂“禁止合闸，有人工作！”标示牌。

（2）在交流Ⅰ屏前后分别悬挂“在此工作！”标示牌。

（3）在邻近交流Ⅰ屏的非检修屏前后分别设置红布幔。

1.4.5.9　直流屏二次设备工作

以直流Ⅱ屏第二组电池充放电试验为例，标示牌、红布幔设置要点如下。

（1）在直流Ⅱ屏、蓄电池Ⅱ屏前后分别悬挂“在此工作！”标示牌。

（2）在邻近直流Ⅱ屏、蓄电池Ⅱ屏的非检修屏前后分别设置红布幔。

1.4.5.10　故障录波器装置二次设备工作

以220kV故障录波器校验为例，标示牌、红布幔设置要点如下。

（1）在220kV故障录波器屏前后分别悬挂“在此工作！”标示牌。

（2）在邻近220kV故障录波器屏的非检修屏前后分别设置红布幔。

# 第2章 生产作业安全管控标准化

## 2.1 作业计划

### 2.1.1 计划编制

应贯彻状态检修、综合检修的基本要求，按照“六优先、九结合”的原则，科学编制作业计划。

#### 2.1.1.1 月度作业计划编制

各级单位应根据设备状态、电网需求、反事故措施、基建技改及用户工程、保供电、气候特点、承载力、物资供应等因素制订月度作业计划。主要指10kV及以上设备停（带）电作业计划。

#### 2.1.1.2 周作业计划编制

各级单位应根据月度作业计划，结合保供电、气候条件、日常运维需求、承载力分析结果等情况统筹编制周作业计划。周作业计划宜分级审核上报，实现省、地市、县公司级单位信息共享。

#### 2.1.1.3 日作业安排

二级机构和班组应根据周作业计划，结合临时性工作，合理安排每日工作任务。

### 2.1.2 计划发布

（1）月度作业计划由专业管理部门统一发布。

（2）周作业计划应明确发布流程和方式，可利用周安全生产例会、信息系统平台等发布。

（3）信息发布应包括作业时间、电压等级、停电范围、作业内容、作业单位等内容。

周作业计划信息发布中还应注明作业地段、专业类型、作业性质、工作票种类、工作负责人及联系方式、现场地址（道路、标志性建筑或村庄名称）、到岗到位人员、作业人数、作业车辆等内容。

### 2.1.3　计划管控

（1）所有计划性作业应全部纳入周作业计划管控，禁止无计划作业。

（2）作业计划实行刚性管理，禁止随意更改和增减作业计划，确属特殊情况需追加或者变更作业计划，应履行审批手续，并经分管领导批准后方可实施。

（3）作业计划按照“谁管理、谁负责”的原则实行分级管控。各级专业管理部门应加强计划编制与执行的监督检查，分析存在问题，并定期通报。

（4）各级安监部门应加强对计划管控工作的全过程安全监督，对无计划作业、随意变更作业计划等问题按照管理违章实施考核。

## 2.2　作业准备

### 2.2.1　现场勘察

#### 2.2.1.1　需要现场勘察的作业项目

（1）变电站（换流站）主要设备现场解体、返厂检修和改（扩）建项目施工作业。

（2）变电站（换流站）开关柜内一次设备检修和一、二次设备改（扩）建项目施工作业。

（3）变电站（换流站）保护及自动装置更换或改造作业。

（4）输电线路（电缆）停电检修（常规清扫等不涉及设备变更的工作除外）、改造项目施工作业。

（5）配电线路杆塔组立、导线架设、电缆敷设等检修、改造项目施工作业。

（6）新装（更换）配电箱式变电站、开闭所、环网单元、电缆分支箱、变压器、柱上断路器等设备作业。

（7）带电作业。

（8）涉及多专业、多单位、多班组的大型复杂作业和非本班组管辖范围内的设备检修（施工）作业。

（9）使用起重机、挖掘机等大型机械的作业。

（10）跨越铁路、高速公路、通航河流等的施工作业。

（11）试验和推广新技术、新工艺、新设备、新材料的作业项目。

（12）工作票签发人或工作负责人认为有必要现场勘察的其他作业项目。

2.2.1.2　现场勘察的组织

（1）现场勘察应在编制“三措”及填写工作票前完成。

（2）现场勘察由工作票签发人或工作负责人组织。

（3）现场勘察一般由工作负责人、设备运维管理单位和作业单位相关人员参加。

（4）对涉及多专业、多单位的大型复杂作业项目，应由项目主管部门、单位组织相关人员共同参与。

（5）承发包工程作业应由项目主管部门、单位组织，设备运维管理单位和作业单位共同参与。

（6）开工前，工作负责人或工作票签发人应重新核对现场勘察情况，发现与原勘察情况有变化时，应及时修正、完善相应的安全措施。

2.2.1.3　现场勘察主要内容

（1）需要停电的范围：作业中直接触及的电气设备，作业中机具、人员及材料可能触及或接近导致安全距离不能满足电力安全工作规程规定距离的电气设备。

（2）保留的带电部位：邻近、交叉、跨越等不须停电的线路及设备，双电源、自备电源、分布式电源等可能反送电的设备，重点关注保留带电的隔离开关静触头等接近工作范围的带电部位。

（3）作业现场的条件：装设接地线的位置，人员进出通道，设备、机械搬运通道及摆放地点，现场检修电源容量、数量和位置，地下管沟、隧道、工井等有限空间，地下管线设施走向等。

（4）吊车、高空作业车、$SF_6$气体处理作业车等作业车辆的站内行驶路线与停放位置，GIS 等设备检修作业现场的防尘棚安装位置与防尘棚选型，$SF_6$气体处理作业时的管道最短布置路径。

（5）作业现场的环境：施工线路跨越铁路、电力线路、公路、河流等环境，作业对周边构筑物、易燃易爆设施、通信设施、交通设施产生的影响，作业可能对城区、人口密集区、交通道口、通行道路上人员产生的人身伤害风险等。

（6）设备资料与状态：设备铭牌及站内归档的设备原始图纸，历史技改后修订的新图纸，引线线夹、支架等尺寸，防水胶老化情况，设备的历史运行工况，需要落实的反事故措施及设备遗留缺陷。

#### 2.2.1.4 现场勘察记录

（1）现场勘察应填写现场勘察记录。

（2）现场勘察记录宜采用文字、图示或影像相结合的方式。记录内容包括工作地点需停电的范围，保留的带电部位，作业现场的条件、环境及其他危险点，应采取的安全措施。

（3）现场勘察记录应作为工作票签发人、工作负责人及相关各方编制“三措”和填写、签发工作票的依据。

（4）现场勘察记录由工作负责人收执。勘察记录应同工作票一起保存 1 年。

### 2.2.2 风险评估

（1）现场勘察结束后，编制“三措”、填写“两票”前，应针对作业开展风险评估工作。

（2）风险评估一般由工作票签发人或工作负责人组织。

（3）设备改进、革新、试验、科研项目作业，应由作业单位组织开展风险评估。

（4）涉及多专业、多单位共同参与的大型复杂作业，应由作业项目主管部门、单位组织开展风险评估。

（5）风险评估应针对触电伤害、高空坠落、物体打击、机械伤害、特殊环境作业、误操作等方面存在的危险因素，全面开展评估。

（6）风险评估出的危险点及预控措施应在“两票”“三措”等中予以明确。

（7）作业风险分级标准。按照设备电压等级、作业范围、作业内容对检修作业进行分类，突出人身风险，综合考虑设备重要程度、运维操作风险、作业管控难度、工艺技术难度，确定各类作业的风险等级（Ⅰ～Ⅴ级，分别对应于高风险、中高风险、中风险、中低风险、低风险），形成“作业风险分级表”（见附录 A 中表 A1），用于指导作业全流程差异化管控措施的制定。各因素等级评价原则具体如下。

1）人身风险。聚焦防人身伤害，依据作业中存在的高空坠落、机械伤害、触电等人身伤害因素数量，进行人身风险评价（详见附录 A 中表 A2）。涉及近电作业（如单母线停电与间隔轮停检修、开关柜内带电时的仓内检修）时，其人身风险提级。涉及集中检修作业时，其人身风险可根据实际情况降级。

2）设备重要程度。聚焦超、特高压设备，核心主设备，依据设备电压等级、设备类型及停电影响，进行设备重要程度评价（详见附录 A 中表 A3）。重要用户设备根据实际情况进行重要程度提级。

3）运维操作风险。聚焦防止误操作，依据电压等级、操作复杂程度进行运维操作风险评价（详见附录 A 中表 A4）。涉及母线热倒等操作频次多、操作复杂的作业，其运维操作风险提级；停电方式简单、操作容易的作业，其运维操作风险降级。

4）作业管控难度。聚焦多专业作业、特种车辆作业等高风险环节，依据作业规模（参检单位或人员数量、现场作业面数量等）及特种车辆使用情况进行作业管控难度评价（详见附录 A 中表 A5）。涉及多作业面、多专业同时工作，大型特种车辆作业的检修，其作业管控难度提级。

5）工艺技术难度。聚焦设备检修质量，依据设备种类、电压等级、工艺要求、工序复杂程度进行工艺技术难度等级评价（详见附录 A 中表 A6）。涉及油浸式变压器（电抗器）、组合电器、罐式断路器等设备内部检修的作业，其工艺技术难度提级。

### 2.2.3 承载力分析

（1）检修部门应利用周安全生产例会、班组应利用周安全日活动，开展作业承载力分析工作，保证作业安排在承载力范围内。

（2）各单位、二级机构承载力分析内容如下。

1）可同时派出的班组数量。

2）派出班组的作业能力是否满足作业要求。

3）多专业、多班组、多现场间工作协调是否满足作业需求。

（3）作业班组承载力分析内容如下。

1）可同时派出的工作组和工作负责人数量。每个作业班组同时开工的作业现场数量不得超过工作负责人数量。

2）作业任务难易水平、工作量大小。

3）安全防护用品、安全工器具、施工机具、车辆等是否满足作业需求。

4）作业环境因素（地形地貌、天气等）对工作进度、人员配备及工作状态造成的影响等。

（4）作业人员承载力分析内容如下。

1）作业人员身体状况、精神状态及有无妨碍工作的特殊病症。

2）作业人员技能水平、安全能力。技能水平可根据其岗位角色、是否担任工作负责人、本专业工作年限等综合评定。安全能力应结合电力安全工作规程考试成绩、人员违章情况等综合评定。

（5）各级单位应积极推进承载力量化分析工作，提升作业计划和工作安排的科学化、规范化管理水平。

### 2.2.4 方案准备

（1）工作开始前，再次确认检修方案、试验方案、工期安排等是否与现场作业条件相适应，并向参检人员交底。

（2）涉及多家参检单位的工作，应在工作前组织参检单位联合交底，明确方案中各单位的作业交界面。

（3）工作开始前，应组织参检人员学习与本次工作相关的典型案例、预控措施及应急处理方案。

### 2.2.5　工作票填写

（1）在电气设备上及相关场所的工作，应填用工作票、倒闸操作票。各级单位应规范“两票”填写与执行标准，明确使用范围、内容、流程、术语。

（2）作业单位应根据现场勘察、风险评估结果，由工作负责人或工作票签发人填写工作票。

（3）满足工作票“双签发”相关要求。

1）承发包工程中，作业单位在运行中的电气设备上或在已运行的变电站内工作，工作票宜由作业单位和设备运维管理单位共同签发，在工作票上分别签名，各自承担相应的安全责任。

2）发包方工作票签发人主要对工作票上所填工作任务的必要性、安全性和安全措施是否正确完备负责；承包方工作票签发人主要对所派工作负责人和工作班人员是否适当和充足，以及安全措施是否正确完备负责。

（4）承发包工程宜由作业单位人员担任工作负责人，若设备运维管理单位认为有必要，可派人担任工作负责人或增派专人监护。

（5）生产厂家、外协服务等人员参加现场作业，应由设备运维管理单位人员担任工作负责人，执行相应工作票。

（6）作业班组每月应对所执行的“两票”进行整理汇总，按编号统计、分析。二级机构每季度至少对已执行的“两票”进行检查并填写检查意见。地市公司级单位、县公司级单位每半年至少抽查调阅一次“两票”。省公司级单位每年至少抽查调阅一次“两票”。

（7）各级单位应分析“两票”存在问题，及时反馈并制定整改措施，建立定期通报制度。

### 2.2.6　一次作业准备

#### 2.2.6.1　人员准备

（1）检修计划下达后，检修单位应指定具备相关资质、有能力胜任工作的人员担任检修工作负责人、检修工作班成员和项目管理人员。

（2）特殊工种作业人员应持有职业资格证。

（3）外来人员应进行电力安全工作规程考试，考试合格，经设备运维管理单位认可后，方可参与检修工作。

（4）检修工作开始前，应组织作业人员学习和讨论检修计划、检修项目、人员分工、施工进度、安全措施及质量要求。

2.2.6.2　工机具准备

（1）检修前，检修单位应确认检修作业所需工机具、试验设备是否齐备，并按照规程进行检查和试验。

（2）检修单位应提前将检修作业所需工机具、试验设备运抵现场，完成安装调试，分区定置摆放。

（3）检修机具、工器具应指定专人保管维护，执行领用登记制度。

（4）检测前一天，工作负责人应确认检测工器具是否完好、齐备，是否在校验有效期内。

2.2.6.3　物资准备

（1）检修计划下达后，检修单位应指定专人负责联系、跟踪物资到货情况，确保物资按计划运抵检修现场。

（2）检修物资应指定专人保管，执行领用登记制度。

（3）易燃易爆品管理应符合《民用爆炸物品安全管理条例》（〔2006〕国务院令第446号）、GB 6722—2014《爆破安全规程》等相关规定。

（4）危险化学物品管理应符合《危险化学品安全管理条例》（〔2002〕国务院令第344号）等规定。

2.2.6.4　作业卡准备

（1）工作前2个工作日，工作负责人完成标准作业卡的编制，突发情况可在当日开工前完成。

（2）班组长或班组技术员负责审核工作。

### 2.2.7　二次作业准备

（1）现场作业前应完成相应工作的勘察，勘察内容包括工作地点、范围确定、竣工图纸等资料收集，一二次设备运行情况（含设备状况、反事故措施计划的执行情况及设备的缺陷等），与本工作有联系的运行设备（含保护装置，自动化装置、以及相关二次回路等），相关专业工作交界面等。

（2）准备与现场相一致的图纸、整定通知单、检验规程、标准化作业指导书、保护装置说明书、现场运行规程等资料；准备合格的仪器、仪表、工具、连接导线等。

（3）工作人员应分工明确，熟悉图纸和检验规程等有关资料。

（4）编制相应工作方案，经本单位技术负责人（相关技术管理部门）审批签字，并经设备运行维护单位继电保护技术负责人审核和签发。

（5）对重要和复杂保护装置，如母线保护、失灵保护、主变压器保护、远方跳闸、备自投、有联跳回路的继电保护及安全自动装置等的现场检验工作，应编制经技术负责人审批的检验方案和继电保护安全措施票。

（6）现场工作中遇有下列情况应填写继电保护安全措施票。

1）在运行设备的二次回路上进行拆、接线工作。

2）在对检修设备执行隔离措施时，须断开、短路和恢复同运行设备有联系的二次回路工作。

3）对于不经连接片的跳闸回路（含远方跳闸）、合闸回路和与运行设备安全有关的连线，应列入继电保护安全措施票。

4）保护装置进行交流回路检查或交流试验时，安全措施票中必须明确防止造成交流回路两点接地的措施，以及交流电压、电流串入直流回路的安全措施。

5）继电保护安全措施票由工作负责人填写，并核对被试设备名称和工作内容应与工作票一致，由本单位技术负责人审核，运行单位专业技术人员确认。

6）继电保护安全措施票中“安全措施内容”应按实施的先后顺序逐项填写，按照被断开端子的“保护柜（屏）（或现场端子箱）名称、电缆号、端子号、回路号、功能和安全措施”格式填写。

7）在保护装置上进行工作时，为防止试验相关信息大量上传影响正常监控，安全措施票中应注明：在检修工作前，“检修压板”至检修状态，工作结束后应注意及时恢复。

8）继电保护安全措施票的“工作时间”为工作票起始时间。在得到工作许可并做好安全措施后，方可开始检验工作。

9）严格执行继电保护现场标准化作业指导书，规范现场安全措施，防止继电保护“三误”事故。

（7）二次安全措施票编制要求。

1）二次安全措施票以屏柜（端子箱）为单位，由工作负责人填写。

2）二次安全措施票的编制以图纸（配置文件）为依据，应在开工前由工作负责人组织现场勘察，对照实际接线和图纸（配置文件）进行比对，确保“票、图、物”一致。

3）二次安全措施票中的“安全措施内容”应按执行的先后顺序逐项填写。原则上编写顺序为：出口回路二次安全措施—装置检修压板—电流电压回路二次安全措施—监控系统和故障录波等信号回路二次安全措施。所有实施二次安全措施的回路须标明端子排号、回路编号、压板编号及回路路径。

4）二次安全措施票中应画出相关一次系统接线图，标注一次系统停电范围。

5）二次安全措施票中应填写与工作屏柜（端子箱）有关联的二次运行设备，并且指明与其相关联的可能造成误动或误发信的二次回路。

6）二次安全措施票编制完成后，应经班组专业工程师及以上人员或具备同等技术水平人员审核并签发，并由工作负责人和签发人在二次安全措施票相应位置签字确认。

（8）作业前的检查项目。

1）作业任务是否明确。

2）人员分配是否合理。

3）最新定值单、图纸、规程、上次校验记录等是否齐全。

4）工作票、动火工作票及二次安全措施票填写是否正确。

5）个人防护用品佩戴、个人工器具及施工机械是否符合要求。

6）校验仪器是否完好、齐全，试验电源有无剩余电流动作保护。

7）施工“三措”是否已制定并审批，有关人员是否组织学习。

8）检查现场一、二次安全措施是否正确完善。

9）核实一次设备是否有与本次相联系的工作。

10）工作现场照明是否足够。

11）工作是否已许可。

12）开工会是否已召开。

## 2.3 作业实施

### 2.3.1 现场作业

（1）二次设备的更换包括保护屏、控制屏、测控屏、公用设备屏、自动装置、端子箱、断路器控制箱、汇控柜及其控制回路电缆（光缆），以及监控系统计算机、通信设备等的更换，设备拆除前应严格按照要求做好相应的安全隔离措施，确保被拆设备的退出不影响其他设备的正常运行。

（2）当一次工作影响二次回路或功能时，现场运行规程应明确具体操作规定，由现场运维人员或继电保护人员配合完成相关安全措施。（如 500kV 主变压器仅 220kV 一次侧断路器有工作时，工作时涉及保护电流回路的，应对相关继电保护装置做好相应的安全隔离措施。）

（3）按照先检查外观，后检查电气量的原则，检验继电保护及安全自动装置，进行电气量检查之后不应再拔、插插件。

（4）现场工作必须有专门人员监护，监护人应由有资质的人员担任。

（5）执行和恢复安全措施时，需要 2 人工作。1 人负责操作，工作负责人担任监护人，并逐项记录执行和恢复内容。

（6）运行中的设备，如断路器、隔离开关的操作及音响、光字牌的复归，均应由运行值班员进行。“跳闸连片”（即投退保护装置）只能由运行值班员负责操作。严禁继电保护工作人员擅自变更运行中的设备状态。

（7）现场工作应以图纸为依据，严禁凭记忆工作，工作中若发现图纸与实际接线不符，应查线核对。工作时，具备的图纸（配置文件）必须与现场设备一致。如涉及修改图纸（配置文件），应在图纸上标明修改原因和修改日期，修改人和审核人应在图纸上签字，配置文件应及时备份存档。

（8）改变二次回路接线时，事先应经过审核，拆动接线前要与原图核对，改变接线后要与新图核对，及时修改底图，修改运维人员和有关各级继电保护人员用的图纸，提交设备主管部门审核。接、拆二次线至少有 2 人执行，并做好记录。

（9）改动过的二次回路，应做相应的逻辑回路整组试验，确认回路、极性及整定值等完全正确，严防寄生回路存在，然后交由值班运维人员验收后再申请投入运行。

（10）工作期间，工作负责人原则上不可离开工作现场。特殊情况下需暂时离开工作现场时，应指定能胜任的人员临时代替，离开前应将工作现场交代清楚，并告知工作班成员。原工作负责人返回工作现场时，应履行同样的交接手续。

（11）需要变更工作班成员时，应经工作负责人同意，在对新的工作人员进行安全交底后，方可进行工作。非特殊情况不得变更工作负责人，若工作负责人需要长期离开工作的现场时，应由原工作票签发人同意变更工作负责人并通知工作许可人，工作许可人将变动情况记录在工作票上。原工作负责人和现工作负责人应做好交接工作，履行变更手续，并告知全体工作人员。工作负责人仅允许变更一次。

（12）工作人员在现场工作过程中，遇到异常情况（如直流系统接地等）或断路器跳闸时，应立即停止工作，保持现状，待查明原因，确定与本工作无关并得到运维人员许可后，方可继续工作。若异常情况或断路器跳闸是本身工作引起，应保留现场，立即通知运维人员，以便及时处理。

（13）预防控制人身伤害措施。

1）误入带电间隔。

a. 工作前应熟悉工作地点带电部位；工作人员在工作前应看清设备名称

与位置，严防走错位置。

b．工作前应检查现场安全围栏、安全警示牌和接地线等安全措施。进行工作的屏仍有运行设备，则必须有明确标志，便于与检修设备分开。相邻的运行屏前后应有“运行中”的明显标志（如红布幔、遮拦等）。保护装置布置较密集，工作时应注意安全，防止跑错间隔而误碰带电设备。

2）接、拆低压电源。

a．必须使用有明显断开点的隔离开关和剩余电流动作保护装置的电源盘。

b．螺丝刀等工具金属裸露部分除刀口外应都包绝缘。

c．接拆电源时至少有2人执行，必须在电源开关拉开的情况下进行。

d．临时电源必须使用专用电源，禁止从运行设备上取得电源。

3）保护调试及整组试验。

a．工作人员之间应相互配合。

b．应确保一、二次回路上无人工作。

c．传动试验必须得到值班员许可、配合。

4）在结合滤波器上工作，必须由运行人员将结合滤波器接地隔离开关合上。

（14）试验用开关应完整、有绝缘罩，在拆接试验电源前应断开电源开关。电流互感器二次回路开路会造成人身触电，因此不得将电流互感器回路的永久接地点断开。电压互感器二次回路上取放熔丝、测量电压应使用绝缘工具，戴绝缘手套。

（15）高压开关柜的手车开关拉出后，隔离带电部位的挡板应可靠封闭，严禁人员擅自将隔离带电部位的挡板开启。严格遵守变电站的检修注意事项。

（16）防止电动工器具触电。使用前应检查电线绝缘是否完好。使用电动工器具应与带电部位保持足够安全距离，定期对电动工器具绝缘部分进行检测，使用时，电动工器具外壳必须可靠接地。

（17）高处作业严禁将安全带拴在套管绝缘子、支柱绝缘子上，防止支柱绝缘子断裂或倾倒砸伤人员。

（18）任何人发现违反以上规定的情况，应立即制止，经纠正后才能恢复作业。继电保护人员有权拒绝违章指挥和强令冒险作业；在发现直接危及人身、电网和设备安全的紧急情况时，有权停止作业或在采取可能的紧急措施后撤离作业场所，并立即报告。

（19）二次设备检修前的检查项目。

1）二次安全措施是否执行。

2）工作地点是否准确无误，工作中监护是否到位。

3）检查试验接线是否正确。

4）工作中插、拔插件是否断开装置电源及做好防静电措施。

5）操作压板恢复部分安全措施时，是否有专人监护。

6）吊车、斗车使用是否有人指挥。

7）高处作业是否正确使用安全防护器具。

8）电焊机、电钻等电动工具电源线是否绑扎固定可靠。

9）固定的电动工器具是否有可靠接地，防护装置是否完好、移动的电动工具是否有触电保护器。

10）在运行保护屏上或附近进行振动较大的工作时，是否采取了防止运行中设备跳闸的措施，必要时是否经有关人员同意将保护暂时停用。

11）暂停使用电动工具、更换部件或遇到临时停电及离开作业现场时，是否切断施工电源开关。

12）施放电缆时，电缆盘固定是否可靠，是否有专人负责。

13）拆除旧屏二次电缆时，是否先拆除电源侧或联跳回路运行屏侧；再拆除被更换的屏柜侧，不准只拆除一侧或从中间剪断电缆。

14）电流互感器变比更改，是否经第二人核对无误。

15）是否及时恢复试验中临时接线，非电量回路临时拆接线，并检查瓦斯防雨罩完好。

16）联动试验及电流、电压通电试验时是否及时与相关班组联系并确认一、二次回路上无人工作。

17）电缆孔洞是否及时封堵。

18）检查电流回路是否存在有短路、开路现象。

19）工作间断时，作业人员是否全部撤离现场。

20）次日复工时，是否重新许可和核查安全措施有无变动。

21）现场二次安全措施是否恢复到工作许可前状态。

22）是否核对保护定值与最新定值单一致。

23）工作结束时是否向值班员汇报工作结束。

### 2.3.2　抢修作业

抢修作业应检查事项如下：

（1）正确填写工作票、二次安全措施票，并履行相关签发手续。

（2）准备好符合要求的个人防护用品、个人工器具，并正确佩戴、使用。

（3）校验仪器是否完好、齐全，试验电源有无剩余电流动作保护。

（4）检查现场一、二次安全措施是否正确完善。

（5）核实一次设备是否有与本次相联系的工作。

（6）工作是否已许可。

（7）开工会是否已召开。

（8）二次安全措施是否执行。

（9）工作地点是否准确无误，工作中监护是否到位，检查失灵启动母差、远跳、联跳相邻运行断路器的跳闸、闭锁出口压板等是否断开。

（10）工作间隔与运行间隔的失灵、联跳、远跳、联跳闭锁出口接线是否解开并逐个用绝缘胶布绑扎。

（11）检查试验接线是否正确。

（12）工作中插、拔插件是否断开装置电源及做好防静电措施。

（13）操作压板恢复部分安全措施时，是否专人监护。

（14）出口传动试验前，检查失灵启动母差、远跳、联跳相邻运行断路器的跳闸出口回路是否确在断开位置。

（15）联动断路器及通电流试验时是否及时与相关班组联系并确认一、二次回路上无人工作。

（16）工作间断时，作业人员是否全部撤离现场。

（17）次日复工时，重新许可和核查安全措施有无变动。

（18）验收时，传动试验是否得到运行人员许可、配合。

（19）二次设备全部压板、空气开关是否全部在退出状态，二次临时短接线等是否已拆除，是否存在电流回路开路、电压回路短路现象。

（20）二次临时安全措施是否已拆除。

（21）现场二次安全措施是否恢复到工作许可前状态。

（22）核对保护定值与最新定值单是否一致。

### 2.3.3 到岗到位

到岗到位人员对发现的问题应立即责令整改，并向工作负责人反馈检查结果。到岗到位工作重点如下：

（1）检查“两票”“三措”执行及现场安全措施落实情况。

（2）安全工器具、个人防护用品使用情况。

（3）大型机械安全措施落实情况。

（4）作业人员不安全行为。

（5）文明生产。

## 2.4 作业结束

（1）现场工作结束前，工作负责人应会同工作人员检查试验记录有无漏试项目，试验数据、结论是否完整正确，经检查无误后，才能拆除试验接线。

（2）按照继电保护安全措施票“恢复”栏内容，一人操作，工作负责人担任监护人，并逐项记录。原则上安全措施票执行人和恢复人应为同一人。工作负责人应按照继电保护安全措施票，按端子排号再进行一次全面核对，确保接线正确。

（3）工作结束前，应将微机保护装置打印或显示的整定值与最新定值通知单进行逐项核对。

（4）复查临时接线全部拆除，相关检验人员制定的安全措施全部恢复，图纸应与实际接线相符，标志正确。

（5）工作结束，相关设备及回路状态应恢复至运维人员许可的状态。清理完现场后，工作负责人应向运维人员详细进行现场交底，并将整定值变更情况，二次接线更改情况，已经解决及未解决的问题及缺陷，运行注意事项和设备能否投入运行等录入修试记录。

（6）工作票结束后不应再进行任何工作。

# 第 3 章　一次检修作业安全要求

## 3.1　检修工作安全要求

### 3.1.1　隔离开关检修工作

#### 3.1.1.1　隔离开关例行检修工作安全要求

（1）应确认隔离开关在检修状态，在接地保护范围内，相应安全措施均到位。

（2）工作中应注意保证检修人员、检修工具、仪器装备与相邻带电设备的安全距离，防止人身触电和设备跳闸。

（3）高处作业应规范使用双保险安全带，确保高挂低用；安全带的挂钩或绳子应挂在结实牢固的构件或专为挂安全带用的钢丝绳上；如现场不具备挂安全带的条件，应使用防坠器或安全绳；规范使用梯子，登高作业应使用两端带有防滑套的合格的梯子，梯阶距离不应大于 40cm，并在距梯顶 1m 处设限高标志，使用单梯工作时，梯子与地面的倾斜角度约为 60°，应设专人扶梯，以防失稳坠落；梯上有人时禁止移动梯子，搬运梯子时应由 2 人放倒搬运，并与带电部分保持足够的安全距离。

（4）需用到斗臂车时，应按指定路线行驶，车辆与带电部分的安全距离应满足表 1-3 要求；斗臂车应停在围栏内，高架绝缘斗臂车应经检验合格。斗臂车操作人员应熟悉带电作业的有关规定，并经专门培训，考试合格、持证上岗。高架绝缘斗臂车的工作位置应选择适当，支撑应稳固可靠，并有防倾覆措施。

使用前应在预定位置空斗试操作一次，确认液压传动、回转、升降、伸缩系统工作正常、操作灵活，制动装置可靠。绝缘斗中的作业人员应正确使用安全带和绝缘工具。高架绝缘斗臂车操作人员应服从工作负责人的指挥，作业时应注意周围环境及操作速度。在工作过程中，高架绝缘斗臂车的发动机不应熄火。接近和离开带电部位时，应由斗臂中人员操作，且下部操作人员不得离开操作台。绝缘斗臂的有效绝缘长度应符合相关技术规定，且应在下端装设泄漏电流监视装置。

（5）应按运行人员要求接入指定电源箱，接取电源应有人监护，并用万用表正确量电源后再接线，不得乱搭乱拉；应使用专用插头，检查触电保护器，做好防触电措施。

（6）隔离开关检修前，应将机构箱内远近控切换开关切至就地位置。

（7）拆装隔离开关导电臂、动静触头、引线搭接板时，应做好固定防护措施，防止高处坠落，防止人身和设备受到伤害。

（8）拆装隔离开关引线搭接板时，若引线挂有接地线，应做好防接地线掉落的措施。

（9）高处作业使用的脚手架应经验收合格后方可使用，脚手架应使用纵横杆和垫木，脚手架应接地并绑在固定构架上。高处作业人员在作业过程中，应随时检查安全带是否拴牢。高处作业人员在转移作业位置时不得失去安全保护。上下脚手架应走斜道或梯子，作业人员不准沿脚手架的杆或栏杆等攀爬。

（10）高处作业的人员，应使用工具包传递工具，严禁上下抛物，严防高空坠物。

（11）隔离开关回路检修前应确认端子箱内操作电源和电动机电源断开，二次回路工作前应确认无电方可工作。

（12）检修过程中应先进行手分手合，查看隔离开关有无卡涩碰擦、动静触头配合、三相分合闸同期性、机械闭锁配合等，确认无误后方可进行电动操作。

（13）隔离开关机构箱、电动机检修前，检查电动机电源和控制电源确已断开，二次电源隔离措施符合现场实际条件。若更换电动机，电动机固定牢固，联轴器、地角、垫片等部位应做好标记，原拆原装。

（14）二次部件检修前，检查电动机电源和控制电源确已断开，二次电源隔离措施符合现场实际条件。

（15）隔离开关为手动操动机构，工作前断开辅助开关二次电源，分合前应提醒检修人员调整站位，避开触头动作半径和传动系统。

（16）针对不同类型隔离开关，补充注意事项如下。

1）双柱水平开启式隔离开关：在隔离开关上检修时，应使用挂安全带的专用杆，并经检验合格；拆、装导电臂时应采取防护措施。

2）双柱水平伸缩式隔离开关：检修隔离开关导电臂，隔离开关在分闸位置，应用固定夹板固定导电臂；合闸操作时，应检查驱动拐臂过“死点”。半分半合位置时应检查平衡弹簧是否能够平衡导电臂自重；涉及解体检修时，应做好防止后导电臂平衡弹簧机械打击的措施。

3）单柱垂直伸缩式隔离开关：检修隔离开关导电臂，隔离开关在分闸位置，应用固定夹板固定导电臂；检修隔离开关静触头时，若脚手架过高存在安全隐患，应选用斗车或高空升降车；合闸操作时，应检查驱动拐臂过“死点”。

3.1.1.2 隔离开关更换工作安全要求

（1）应确认工作范围，在接地保护范围内，相应安全措施均已到位。

（2）工作中应注意保证检修人员、检修工具、仪器装备与相邻带电设备的安全距离，防止人身触电和设备跳闸。

（3）高处作业应规范使用双保险安全带，确保高挂低用；安全带的挂钩或绳子应挂在结实牢固的构件或专为挂安全带用的钢丝绳上；如现场不具备挂安全带的条件，应使用防坠器或安全绳；规范使用梯子，登高作业应使用两端带有防滑套的合格的梯子，梯阶距离不应大于40cm，并在距梯顶1m处设限高标志，使用单梯工作时，梯子与地面的倾斜角度约为60°，应设专人扶梯，以防失稳坠落；梯上有人时禁止移动梯子，搬运梯子时应由2人放倒搬运，并与带电部分保持足够的安全距离。

（4）需用到斗臂车时，应按指定路线行驶，车辆与带电部分的安全距离应满足表 1-3 要求；斗臂车应停在围栏内，操作斗臂车人员应具备斗臂车操作证，使用过程中斗臂车应接地，并设专人监护。

（5）起重作业前，应提前勘察，保证吊车与相邻带电部位的安全距离满足表 1-3 要求，必要时应申请相邻间隔陪停。

（6）起重作业时，应设有经验的专人负责监护，有一人统一指挥；吊臂作业半径内严禁人员通行或停留；起吊时应采用适合吊物重量的专用吊带或尼龙吊绳。

（7）应按运行人员要求接入指定电源箱，接取电源应有人监护，并用万用表正确量电源后再接线，不得乱搭乱拉；应使用专用插头，检查触电保护器，做好防触电措施。

（8）高处作业使用的脚手架应经验收合格后方可使用，脚手架应使用纵横杆和垫木，脚手架应接地并绑在固定构架上。高处作业人员在作业过程中，应随时检查安全带是否拴牢。高处作业人员在转移作业位置时不得失去安全保护。上下脚手架应走斜道或梯子，作业人员不准沿脚手架的杆或栏杆等攀爬。

（9）高处作业的人员，应使用工具包传递工具，严禁上下抛物，严防高空坠物。

（10）隔离开关回路检修前应确认端子箱内操作电源和电动机电源断开，二次回路工作前确认无电方可工作。

（11）拆、装隔离开关时，结合现场实际条件适时装设临时接地线。

（12）操动机构更换组装时，检查电动机构二次电源确已断开，隔离措施符合现场实际条件。

（13）调试过程中应先进行手分手合，查看隔离开关有无卡涩碰擦、动静触头配合、三相分合闸同期性、机械闭锁配合等，确认无误后方可进行电动操作。首次电动前应将隔离开关合至半分半合中间位置。

### 3.1.2 断路器检修工作

#### 3.1.2.1 断路器例行检修工作安全要求

（1）应确认断路器在检修状态，在接地保护范围内，相应安全措施均已到位。

（2）工作中应注意保证检修人员、检修工具、仪器装备与相邻带电设备的安全距离，防止人身触电和设备跳闸。

（3）高处作业应规范使用安全带，确保高挂低用并挂在牢固的构件上；规范使用梯子，设专人扶梯，搬运梯子时应放倒由 2 人搬运。

（4）需用到斗臂车时，应按指定路线行驶，车辆与带电部分保持足够的安全距离（220kV 应大于 6m，110kV 应大于 5m，35kV 应大于 4m，10kV 应大于 3m）；斗臂车应停在围栏内，操作斗臂车人员应具备斗臂车操作证，使用过程中斗臂车应接地，并设专人监护。

（5）应按运维人员要求接入指定电源箱，接取电源应有人监护，并用万用表正确量电源后再接线，做好防触电措施。

（6）机构检修、传动部位检修、分合闸电磁铁检查、$SF_6$ 密度继电器及压力值检查前要将断路器能量充分释放，确认断路器在分位，远控回路断开，正确使用工器具，防止机械伤人。

（7）二次回路检查、机构元器件检查更换前要将控制电源、储能电源、远控回路断开，防止低压触电。

（8）电动机检修前确保断开电动机电源及相关设备电源并确认无电压，充分释放分合闸弹簧能量。

（9）更换 $SF_6$ 密度继电器前应确认断路器在分位，控制电源、远控回路、遥信电源均断开并确认无电压，防止低压触电。

3.1.2.2　断路器更换工作安全要求

（1）工作前应断开与断路器相关的各类电源并确认无电压，充分释放能量。

（2）拆除断路器前，应先回收 $SF_6$ 气体，对需打开气室方可拆除的断路器，将本体抽真空后用高纯氮气冲洗 3 次，相邻气室应根据方案降至半压或微正压等。

（3）打开气室后，所有人员撤离现场 30min 后方可继续工作。回收、充装 $SF_6$ 气体时，工作人员应在上风侧操作，必要时应穿戴好防护用具。作业环境应保持通风良好，尽量避免和减少 $SF_6$ 气体泄漏到工作区域。

（4）对户内设备，应先开启强排通风装置 15min 后，监测工作区域空气中 $SF_6$ 气体含量不得超过 1000μL/L，含氧量大于 18%，方可进入，工作过程中应当保持通风装置运转。

（5）抽真空时要有专人负责，应采用出口带有电磁阀的经校验合格的指针式或电子液晶体真空计，且在使用前应检查电磁阀动作可靠，防止抽真空设备意外断电造成真空泵油倒灌进入设备中。被抽真空气室附近有高压带电体时，主回路应可靠接地。抽真空设备严禁使用水银真空计，防止抽真空操作不当导致水银被吸入电气设备内部。

（6）涉及 GIS 开仓作业时，应采取设置防尘棚、穿戴防尘工作服等措施避免 GIS 气室异物侵入，吊装时，应及时使用塑料薄膜、临时封盖等材料对气室开口进行封闭处理，作业过程中应做好防雨措施。

（7）为避免起吊过程中发生重心偏移和失控，起吊工作必须设有专人指挥，并按照厂家规定程序进行，选用合适的吊装设备和正确的吊点，设置揽风绳控制方向，检查确认悬挂点稳固性，平稳起吊和转动；吊绳夹角不大于 60°；被吊件刚一吊起时应再次检查其悬挂和捆绑情况，确认可靠后再继续起吊。

（8）起吊前确认连接件已拆除，对接密封面已脱胶。

（9）断路器本体在吊装、转运时，内部气压应符合产品技术规定。

（10）灭弧室检修工作前应先用真空吸尘器将 $SF_6$ 生成物粉末吸尽，取出的吸附剂及 $SF_6$ 生成物粉末应倒入 20%浓度 NaOH 溶液内浸泡 12h 后，装于密封容器内深埋。起吊时对法兰密封面、槽应采取保护措施，使其不受损伤。合闸电阻、均压电容影响吊装平衡时宜分开吊装。

（11）从 $SF_6$ 气瓶中引出 $SF_6$ 气体时，应使用减压阀降压。运输和安装后第一次充气时，充气装置中应包括一个安全阀，以免充气压力过高引起设备损坏。

（12）避免装有 $SF_6$ 气体的气瓶靠近热源、油污或受阳光曝晒、受潮；气瓶应轻搬轻放，避免受到剧烈撞击；用过的 $SF_6$ 气瓶应关紧阀门，带上瓶帽。

### 3.1.3 变压器检修工作

（1）主变压器涉及斗吊登高工作时，大型车辆进入现场应有专人引导、指定路径、稳固停放、接地可靠，斗吊工作处须设专责监护人用于斗吊指挥，吊臂作业半径内严禁人员通行或停留，作业时应保证人员和检修装备与相邻带电设备的安全距离，防止人身触电和设备跳闸。

（2）主变压器动火作业与喷漆工作不可同时进行，且两者现场都必须要配置 2 台以上灭火器并设动火负责人，且煤气瓶应放置在动火负责人指定位置，与动火地点保持足够安全距离。

（3）涉及登高作业，超过 1.5m 应按规程使用安全带，安全带应挂在牢固的构件上，禁止低挂高用；上下梯子必须有人扶梯，在主变压器上转移也必须要有安全带后备保护绳保护，到工作地点后必须先系好安全带才能开始工作。

（4）涉及更换非电量保护相关设备如气体继电器，必须先切断非电量保护电源，并用万用表测量确无电压后方可工作，更换时应先关闭储油柜连接阀门。

（5）涉及变压器本体排油，应拉开非电量保护装置电源；关闭油色谱在线监测装置阀门，拉开油色谱在线监测装置电源；将断流阀固定在打开位置，关闭充氮灭火装置油路及气路阀门。

（6）工作结束后应打开变压器上所有阀门，真空补油后应对主变压器进行充分排气。

（7）变压器吊芯时，起重设备及吊具应满足吊重的需要，并检查合格；吊芯应编制方案且把工器具及材料准备齐全，并有足够大的场地。吊芯应按起重安全规程进行，并保证不触及套管、储油柜、绕组等部分，并由起重工配合。吊装工作应选用合适的吊装设备和正确的吊点，使用揽风绳控制方向，并设置专人指挥。

（8）套管检修时，严禁人员攀爬套管，并应做好防止异物落入主变压器内部的措施。

（9）主变压器更换油位计如需进行放油工作，必须事先安排好油包位置并设 2 台以上灭火器且有专人监护，现场严禁明火，油泵应可靠接地。

（10）进行主变压器有载调压开关检修时，应分开电动机电源并注意手动电动切换位置，以防机械伤人，有载开关动作时不可触摸转轴。严禁踩踏有载开关防爆膜。

（11）进行主变压器风机检修时，应先断开风机电源，拆装期间严禁送电，停送电必须由专人负责。拆卸过程中应注意防止叶轮碰撞变形。调试风机时须注意避开风叶转动方向，防止风叶伤人。

（12）拆除主变压器高压侧连接线应用绳子将三相可靠捆绑，并远离铜牌位置。

（13）拆除油温表或绕温表线时应测量确无电压并做好拆、复线记录。

（14）更换绝缘子软连接时可能产生火花的作业应开动火工作票并在指定地点工作设专职监护人。

（15）在主变压器上进行的焊接工作应开一级动火工作票，并在现场设好防火措施，并设专人监护。

### 3.1.4　开关柜检修工作

（1）开关柜停电检修作业（手车开关单独检修除外）之前必须进行现场勘察，并根据开关柜的类型、内部接线方式填写现场勘察记录，确保停电检修内容、停电范围与现场实际运行工况一致。无现场勘察记录，工作票签发人严禁签发工作票。检修班组应将勘察记录作为工作票附件进行统计分析。

（2）开关柜检修作业前，工作许可人必须向工作负责人详细交代现场带电部位、安全措施和注意事项，并进行录音。

（3）每日工作负责人（专责监护人）必须组织召开开工会，向工作班成员交代工作内容、人员分工、带电部位和现场安全措施，进行危险点告知，确保所有工作班成员履行签字确认手续，并对开工会的整个过程进行录音。

（4）开关柜检修现场应根据工作票规范设置围栏和标示牌。

（5）所有开关柜检修工作均应在相邻间隔的开关柜或现场设置的围栏上设置“止步，高压危险！”等标示牌。作业现场设置的临时围栏应统一使用 1.2m 高的伸缩式围栏。

（6）开关柜检修现场安全措施设置完毕后，应制作现场安全措施布置示意图，工作许可人员须将现场安全措施通过图板、照片形式布置在作业现场醒目位置，不得随意变更。

（7）开关柜隔离挡板上应规范设置永久性警示标志；没有设置永久性警示标志的，可结合停电检修逐步实施。新设备投运前，应将其作为验收必备条件。

（8）开关柜检修过程中必须加强监护，工作负责人、专责监护人应始终留在工作现场，随时提醒工作人员注意安全。专责监护人不得兼做其他工作。

（9）如一张工作票上的工作涉及 2 个及以上开关柜（含前后隔仓）时，开关柜前、后隔仓均必须设 1 名专责监护人，并确定被监护人员。

（10）专责监护人临时离开时，应通知被监护人员停止工作或离开工作现场，待专责监护人回来后方可恢复工作。

（11）检修工作间断后继续开工前，工作负责人应认清工作地点，重新认真核对检修设备的名称和编号，检查确认安全措施是否符合工作票要求，防止误入带电间隔。

（12）一段母线停电检修时，相邻母线处于运行状态，母线分段部分、母线交叉部分及部分停电检修易误碰有电设备的检修作业，在母线分段柜的前、后处必须设专责监护人。

（13）检修前，应将开关合闸电源、控制电源及储能电源断开，并将远方就地切换开关由“远方”切至“就地”位置；隔离开关操作把手必须锁住，并悬挂“禁止合闸，有人工作！”标示牌。

（14）开关柜手车拉出后，隔离挡板必须可靠封闭，并禁止开启，同时在隔离挡板前设置“止步，高压危险！”标示牌。

（15）无隔离挡板手车开关柜在开关柜手车拉出柜外后，柜门应立即关闭并上锁，并设置“止步，高压危险！”标示牌。

（16）固定式开关柜停电检修试验前，若出线隔离开关安装在前仓，应将断路器与线路同时转为检修，接地线挂在该隔离开关出线侧。

（17）馈线避雷器检修时，必须在线路转为检修状态后，才能打开线路侧隔离开关柜门。

（18）移开式金属封闭开关柜检修时，工作人员进入出线隔仓工作前，应检查线路确已处于检修状态。当母线处于运行状态，断路器拉出柜外时，应及时关闭柜门，并悬挂“止步，高压危险！”标示牌。

（19）开关柜检修时，若需拆开电缆头，必须先将电缆充分放电并验电接地后，方可拆开电缆接头。将电缆头三相短路接地并下放至电缆沟或电缆夹层内，恢复电缆接线后再拆除接地线。

（20）电缆及电容器接地前应逐相充分放电，星形接线电容器的中性点应接地，串联电容器及与整组电容器脱离的电容器应逐个多次放电，装在绝缘支架上的电容器外壳也应放电。

（21）在开启检修开关柜前、后柜门时，必须有专人监护并再次确认断路器的双重名称编号，防止误入带电间隔。开关柜柜体、柜门必须确保使用专用工具方可开启、关闭。

（22）检修工作中不得强行解除开关柜内联锁，任何人不得随意使用解锁钥匙。特殊情况下需要使用解锁钥匙时，必须严格按防误解锁钥匙使用规定，履行相关手续。

（23）在开关操动机构内进行检修时，应事先释放分、合闸能量，并断开储能电源，防止机械伤人。在进行操动机构机械调整时，严禁身体接触断路器传动部分，防止机械伤人。

（24）手车断路器传动试验时，应将手车断路器拉至试验位置，并防止手车试验时推入工作位置。手车断路器拉出、推进前必须确认断路器在分闸位置。

（25）在静触头带电情况下进行手车断路器仓内工作，应设专责监护人加强监护，并做好防止隔离挡板意外开启的措施；在隔离挡板外侧按照规定向外增设绝缘隔板，并安全可靠挡住隔离挡板，同时设置“止步，高压危险！”标示牌。

（26）固定式开关柜在母线带电情况下进行柜内作业时，应在母线侧隔离开关的动触头加设绝缘罩或在动静触头之间加设绝缘隔板。母线与检修范围内设备如不能有效隔离，应在母线停电的情况下进行该间隔的修试工作。

（27）检修工作严禁超出工作范围，擅自增加工作内容。

（28）开关柜电气试验工作结束，试验人员应拆除自装的短路接地线，并对被试设备进行检查，恢复试验前的状态，经试验负责人复查后，进行现场清理。

（29）全部工作完毕后，工作班应清扫、整理现场。工作负责人待全体作业人员撤离工作地点后，与运维人员一同检查检修设备状况、状态，有无遗留物等，方可办理工作终结手续。

### 3.1.5 电容器组检修工作

#### 3.1.5.1 电容器组的闭锁操作

要进行电容器的修理预试，首先必须明白停送电过程中的各种规范操作顺序，这样我们才能正确分辨某个设备损坏到底是故障还是误操作，保证自身的安全，提升检修质量。

（1）与电容器组闭锁相关的节点有电容器隔离开关主刀辅助开关及电磁锁、接地开关辅助开关及电磁锁、临时接地电磁锁及其节点、网门电磁锁、网门微动开关。

（2）当电容器组在运行状态时，断路器在工作位置，主刀合闸，电磁锁不得电，接地开关分闸，电磁锁不得电，接地电磁锁不得电，接地桩未插入，网门电磁锁不得电，网门关闭，微动开关被压下。

（3）断路器分闸并拉至试验位置时，主刀合闸，电磁锁得电，可以操作，接地开关分闸，电磁锁不得电，接地电磁锁不得电，接地桩未插入，网门电磁锁不得电，网门关闭，微动开关被压下。

（4）操作主刀分闸。主刀分闸，电磁锁得电，可以操作，接地开关分闸，电磁锁得电，可以操作，接地电磁锁得电，接地桩未插入，两者都得电解锁，可以操作，网门电磁锁不得电，网门关闭，微动开关被压下。

（5）操作地刀合闸或插入接地桩时主刀分闸，电磁锁不得电，接地开关合闸，或接地电磁锁插入接地桩，两者都得电解锁，可以操作，网门电磁锁得电，可以操作，网门关闭，微动开关被压下。

（6）解锁网门电磁锁，打开网门时主刀分闸，电磁锁不得电，网门电磁锁仍然得电，网门打开，微动开关弹起，接地开关合闸，或接地电磁锁插入接地桩，两者都失电闭锁。

以上就是停电正向流程，送电时应按部就班反向操作，有效避免发生误操作及误入带电间隔。遇到解锁失败应先检查操作是否正确，随后才能判断是否设备故障。

3.1.5.2　电容器组检修、更换

（1）工作前进行勘察，当相邻电容器间隔带电运行影响本间隔工作时，应提出陪停申请。

（2）工作前应对电容器组逐个充分放电并接地。

（3）遵循高处作业规范：正确使用安全带及二保、高挂低用等。

（4）电容器网门内外存在杂草异物时，应在停电时清理干净。

## 3.2　电气试验工作安全要求

### 3.2.1　试验工作基本

（1）应严格执行Q/GDW 1799.1—2013《国家电网公司电力安全工作规程　变电部分》及Q/GDW 1799.2—2013《国家电网公司电力安全工作规程　线路部分》的相关要求。

（2）高压试验工作不得少于2人。试验负责人应由有经验的人员担任，开始试验前，试验负责人应向全体试验人员详细布置试验中的安全注意事项，交代邻近间隔的带电部位，以及其他安全注意事项。

（3）试验现场应装设遮栏或围栏，遮栏或围栏与试验设备高压部分应有足够的安全距离，向外悬挂“止步，高压危险！”标示牌，并派人看守。对于被试设备两端不在同一工作地点时，如电力电缆另一端应派专人看守。

（4）应确保操作人员及试验仪器与电力设备的高压部分保持足够的安全距离，且操作人员应使用绝缘垫。

（5）试验装置的金属外壳应可靠接地，高压引线应尽量缩短，并采用专用的高压试验线，必要时用绝缘物支挂牢固。

（6）加压前必须认真检查试验接线，使用规范的短路线，检查仪表的开始状态和试验电压挡位，均应正确无误。

（7）因试验需要断开设备接头时，拆前应做好标记，接后应进行检查。

（8）试验前，应通知所有人员离开被试设备，并取得试验负责人许可，方可加压；加压过程中应有人监护并呼唱。

（9）变更接线或试验结束时，应首先断开被试品高压端的连线后断开试验电源，充分放电，并将升压设备的高压部分放电、短路接地。

### 3.2.2 变压器试验工作

（1）测量前应断开变压器与引线的连接，并应有明显断开点。

（2）为保证人身和设备安全，要求必须在试验设备周围设围栏并有专人监护。

（3）高压试验作业人员在全部加压过程中，应精力集中，随时警戒异常现象发生。

（4）变压器试验前应充分放电，防止残余电荷对试验人员造成伤害。

（5）接地线应牢固可靠。

（6）对试验完毕的变压器绕组必须充分放电。

（7）进行直流泄漏电流试验过程中，如发现泄漏电流随时间急剧增长或有异常放电现象时，应将被测变压器绕组接地，充分放电后，再进行检查。

（8）试验结束时，试验人员应拆除自装的接地短路线，并对被试设备进行检查，恢复试验前的状态，经试验工作负责人复查后，进行现场清理。

### 3.2.3 互感器试验工作

（1）测试应在良好的天气，湿度小于 80%，互感器本体及环境温度不低于 5℃的条件下进行。

（2）互感器表面脏污、潮湿时，应采取擦拭和烘干等措施以减少表面泄漏电流的影响。互感器电容量较小时，加屏蔽环会影响电场分布，不宜采用。

（3）测试前，应先测试被试品的绝缘电阻，其值应正常。

（4）互感器附近架构、引线等所形成的杂散损耗，会对测量结果产生较大影响，高压引线与被试互感器的角度应尽量大，尽量远离被试品法兰，以免杂散电容影响测量结果，同时注意电场、磁场干扰。

（5）测试用电桥应用截面积较大的裸铜导线可靠接地。被试电流互感器外壳可靠接地，电桥本体应直接与被试互感器外壳或接地点连接且尽量短。

（6）在测量电流互感器末屏介质损耗和电容量时，所加电压不得超过该末屏的承受电压。

（7）测试过程中加强二次接线监护，电流互感器严禁二次开路，电压互感器严禁二次短路，防止造成设备严重损坏。

（8）测试完毕后，将高压降到零，立即切断电源，将被试品放电接地。恢复电流互感器一、二次连接线，应特别注意末屏接地引线的恢复。

### 3.2.4　避雷器试验工作

（1）严禁雷雨天气在避雷器处进行工作。

（2）带电测试只可对在架构上的避雷器进行，对坐落在地面上的，原则上不准进行，如要测试则必须有可靠的安全措施。

（3）试验前必须对被试设备上安装的泄漏电流表进行检查，可用钳形电流表现场比对，确保无断开现象。

（4）带电测试采用带电场探头在底座采集电场强度信号时，绝缘杆一定要注意与带电设备的安全距离，绝缘杆最高高度不得超过泄漏电流表顶端。本项作业过程中必须有专人监护，防止发生人身触电事故。

（5）试验前用裸铜线将泄漏电流表短接，先接接地端，然后接电流信号线至另一端。当泄漏电流表受潮、影响测试时，严禁解开泄漏电流表接地引下线，防止电流流过设备或人体，造成设备损坏或人员触电。

（6）现场测试时发现泄漏电流表引下线断裂现象，断裂处有数千伏高压，此时应停止测量，以免人员触电或造成试验仪器损坏。

（7）测试过程中如遇到雷雨或远方有雷云时，应立即停止试验，即便测试最后一组的最后一相，也应立即停止。

### 3.2.5 电容器组试验工作

（1）电力电容器工作应断开电力电容器的断路器，拉开断路器两侧的隔离开关，并对电力电容器组经放电电阻放电后进行。

（2）电力电容器组经放电电阻（放电变压器或放电电压互感器）放电以后，由于部分残存电荷一时放不尽，仍应进行一次人工放电。放电时先将接地线接地端接好，再用接地棒多次对电力电容器放电，直至无放电火花及放电声为止，然后将接地端固定好。

（3）由于故障电力电容器可能发生引线接触不良、内部断线或熔丝熔断等状况，因此有部分电荷可能未放尽，所以检修人员在接触故障电力电容器之前，还应戴上绝缘手套，先用短路线将故障电力电容器两极短接，方可动手拆卸和更换。

（4）在双星形接线的电力电容器组的中性线上，以及多个电力电容器的串接线上，还应单独进行放电。

## 3.3 动火工作管理要求

### 3.3.1 动火级别划分

（1）一级动火范围是指火灾危险性很大，发生火灾时后果很严重的部位或场所。

1）危险品库及危险品存放场所（氧气、乙炔、汽油、油漆、液化气等易燃易爆物品存放场所）。

2）35kV 及以上的变压器及注油设备（变压器、高压并联电抗器、电压互感器、电流互感器）（在变压器本体及散热器、管道、储油柜等附件上进行动火工作）。

3）铅酸蓄电池室。

4）动火工作票签发人、动火工作负责人根据现场实际情况认为其他需要纳入一级动火管理的部位。

（2）二级动火范围是指一级动火范围以外的所有防火重点部位或场所及禁止明火区。

1）电缆沟道（竖井）内、电缆隧道内、电缆夹层、调度室、调度机房、控制室、通信机房、电子设备间、计算机机房、档案室。

2）变电站内除一级动火范围外的区域。

3）公司本部电力调度大楼等建筑高度超过24m的建筑物。

4）35kV以下油浸式变压器周边。

5）已投运高、低压配电房。

6）动火工作票签发人、动火工作负责人根据现场实际情况认为其他需要纳入二级动火管理的部位。

（3）一级动火工作应填用一级动火工作票，二级动火工作应填用二级动火工作票。

（4）动火工作票不得代替设备停复役手续或检修工作票、工作任务单和事故应急抢修单。动火工作票上应注明检修工作票、工作任务单和事故应急抢修单的编号。

### 3.3.2　动火工作相关人员要求

（1）动火工作票所列人员的基本条件和资格认定如下。

1）一、二级动火工作票签发人应由有关单位负责人、专职或有关班组的班长、技术员担任。

2）在变电、线路、配电设备上进行动火作业，一级动火工作票签发人应同时具有配电、线路或变电第一种工作票签发人资格；二级动火工作票签发人应同时具有配电、线路或变电第二种工作票签发人资格。

3）一、二级动火工作票负责人应由有关单位班组的班长、消防人员担任。

4）在变电、线路、配电设备上进行动火作业，一级动火工作负责人应具备配电、线路或变电第一种工作票负责人资格；二级动火工作负责人应具有配电、线路或变电第二种工作票及以上的负责人资格。

5）各单位每年应定期将动火工作票签发人、负责人需求上报公司安监部，并参加公司组织的电力安全工作规程、消防考试，考试合格后，经公司分管生产的领导批准并书面公布。

6）进行特种作业（焊接与热切割作业）的动火执行人应具备应急管理局颁发的特种作业操作证。其他动火工作执行人应经动火部门考试审核确认，名单报送公司安监部备案。

7）消防监护人应由本单位专职消防员或志愿消防员担任。专职消防员或志愿消防员每年应参加消防培训。

（2）动火工作票所列人员的安全责任如下。

1）动火工作票各级审批人员和签发人安全责任如下。

a．审核并确认工作的必要性和安全性。

b．审核并确认工作票上所填安全措施是否正确完备。

2）动火工作负责人安全责任如下。

a．正确安全地组织动火工作，落实动火工作有关要求。

b．负责动火方应做的安全措施并使其完善。

c．正确组织动火工作的开工会，向有关人员布置动火工作，交代防火安全措施和进行安全教育。

d．始终监督现场动火工作。

e．负责办理动火工作票开工和终结。

f. 动火工作间断、终结时检查现场无残留火种。

3）运行许可人（即设备主人）安全责任如下。

a．检查工作票所列安全措施是否正确完备，是否符合现场条件。

b．动火设备与运行设备是否确已隔离。

c．向工作负责人现场交代运行所做的安全措施是否完善。

d．动火工作结束后负责总结和验收。

4）消防监护人安全责任如下。

a．负责动火现场配备必要的、足够的消防设施。

b．负责检查现场消防安全措施的完善和正确。

c．测定或指定专人测定动火部位（现场）可燃气体、可燃液体的可燃气体含量等是否符合安全要求。

d．始终监视现场动火作业的动态，发现失火及时扑救。

e．动火工作间断、终结时检查现场无残留火种。

f．有权制止动火工作过程的违章现象。

5）动火执行人安全责任。

a．动火前应收到经审核批准且允许动火的动火工作票。

b．按本工种规定的防火安全要求做好安全措施。

c．全面了解动火工作任务和要求，并在规定的范围内执行动火。

d．动火工作间断、终结时清理并检查现场无残留火种。

（3）各级人员在发现消防安全措施不完善、不正确时，或在动火工作过程中发现有危险或违反有关规定时，均有权立即停止动火工作，并报告上级消防安全责任人。

（4）动火工作票的填写、签发与执行。

1）动火工作票应使用黑色或蓝色的钢笔、圆珠笔填写与签发，内容应正确、填写应清楚，不得任意涂改。如有个别错字、漏字需要修改，应使用规范的符号，字迹应清楚。用计算机生成或打印的动火工作票应使用统一的票面格式，由工作票签发人审核无误，手工或电子签名后方可执行。

2）动火工作票一式4份，一份由动火工作负责人收执，一份由动火执行人收执，一份保存在公司安全管理部门（指一级动火工作票）或动火部门（指二级动火工作票），一份交运维许可人收执。安全管理部门或动火部门收执的一份票，必须在动火前送达。

3）动火工作现场需要采取防触电隔离、防火隔离、冲洗等安全措施者，应在动火工作票上写明。

4）动火工作票所列各类审批人员不得兼任，动火工作票签发人不得兼任该项工作的动火工作负责人。动火工作票由动火工作负责人填写。

5）动火工作的审批人、消防监护人不得签发动火工作票。

6）有关单位到生产区域内动火时，动火工作票填写、签发和审批按照“谁动火、谁负责”的原则执行，具体规定如下。

a．电气检修单位需要动火时，由该单位填写、签发、审批，交设备运行单位会签。

b．物业、物资、运输等单位在非电力生产区域动火时，由该单位填写、签发、审批，交相关部门备案。

（5）动火工作票的有效期。

1）一级动火工作票应提前办理。一级动火工作票的有效期为24h，二级动火工作票的有效期为120h。

2）动火作业超过有效期限时，应重新办理动火工作票。

（6）动火工作的审批。

1）一级动火工作由需要动火的班组提出申请，动火单位消防专职（或消防管理员）、安监人员（安全员）审核，动火单位分管生产的领导批准，并报公司消防管理部门备案，必要时经当地消防部门批准。

2）二级动火工作由需要动火的班组提出申请，动火单位安全员、消防员审核，动火单位分管生产的领导批准。

3）动火工作应遵循“严格审批、分层管理”的原则，从必要性、安全性等方面予以确认。公司各相关单位应高度重视动火工作，批准动火前应审核确认动火工作相关安全措施的完备性。

4）动火工作的审批以动火工作票的流转为依据，得到批准的动火工作须严格履行动火工作票制度。

（7）动火工作的现场监护。

1）一级动火在首次动火时，各级审批人和动火工作票签发人均应到现场检查防火安全措施是否正确完备，测定可燃气体、易燃液体的可燃气体含量等是否合格，并在监护下做明火试验，确无问题后方可动火。

二级动火时，本单位（分部、工区）分管生产的领导可不到现场。

2）一级动火时，动火部门分管生产的领导、消防（专职）人员应始终在现场监护。二级动火时，动火部门消防（专职）人员或指定的义务消防员始终在现场监护。

3）一、二级动火工作在次日动火前应重新检查防火安全措施，蓄电池室、易燃易爆物品存放场所等部位应测定可燃气体、易燃液体的可燃气体含量，合格方可重新动火。

4）一级动火工作的过程中，应每隔 2～4h 测定一次现场可燃气体、易燃液体的可燃气体含量是否合格，当发现不合格或异常升高时应立即停止动火，在未查明原因或排除险情前不得重新动火。

（8）动火作业安全防火要求。

1）有条件拆下的构件，如油管、阀门等应拆下来移至安全场所。

2）可以采用不动火的方法代替而同样能够达到效果时，尽量采用替代的方法处理。

3）尽可能地把动火时间和范围压缩到最低限度。

4）凡装有或装过易燃易爆等化学危险物品的容器、设备、管道等生产、储存装置，在动火作业前应将其与生产系统彻底隔离，并进行清洗置换，经分析合格后，方可动火作业。

5）高空动火作业，其下部地面如有可燃物、孔洞、阴井、地沟等，应进行检查、分析，并采取措施，防止火花溅落引起火灾、爆炸事故。

6）在地面进行作业，周围有可燃物，应采取防火措施。动火点附近如有窨井、地沟等应进行检查、分析，并根据现场的具体情况采取相应的安全防火措施。

7）在电焊作业或其他有火花、熔融源等的场所使用的安全带或安全绳应有隔热防磨套。

8）电焊接地线应接在动火的设备或动火管道上，并且距动火点的距离不得大于 1m。电焊接地线接头应用胶布包好，防止产生火花。

9）动火作业时应有专人监护，动火作业前应清除动火现场及周围的易燃物品，或采取其他有效的安全防火措施，配备足够适用的消防器材。

10）动火作业现场要保持通风良好，以保证其他可燃气体能顺畅排走。

11）动火作业间断或终结后，应清理现场，确认无残留火种后，方可离开。

12）下列情况严禁动火。

a．动火工作票审批手续和安全措施不全。

b．运行单位许可手续未办，没有消防监护人。

c．运油车辆停靠的区域。

d．喷漆和油漆工作现场。

e．存放易燃易爆物品的容器未清理干净前或未进行有效转换前。

f．压力容器或管道未泄压前。

g．风力达5级以上的露天作业。

h．遇有火险异常情况未查明原因和未消除前。

13）动火工作完毕后，动火执行人、消防监护人、动火工作负责人和运行许可人应检查现场有无残留火种，是否清洁等。确认无问题后，在动火工作票上填明动火工作结束时间，经四方签名后（若动火工作与运行无关，则三方签名即可），盖上“已终结”印章，动火工作方告终结。

（9）已终结的动火工作票应保存1年。

（10）动火工作制度是安全生产管理制度的重要组成部分，其执行应与安全生产同管理、同要求，并列入安全生产责任体系。

（11）各级安全生产督查、检查均应同时对动火工作制度的执行情况进行督查、检查，并纳入公司反违章检查机制。

（12）动火工作制度执行情况应与执行公司安全生产规章制度列入同等考核、奖惩。

# 第 4 章　二次检修作业安全要求

## 4.1　继电保护工作安全要求

### 4.1.1　保护及安全自动装置工作

（1）工作前应做好准备，了解工作地点、工作范围、一次设备及二次设备运行情况、安全措施、试验方案、上次试验记录、图纸、整定值通知单、软件修改申请单、核对控制保护设备、测控设备主机或板卡型号、版本号及跳线设置等是否齐备并符合实际，检查仪器、仪表等试验设备是否完好，核对微机保护及安全自动装置的软件版本号等是否符合实际。

（2）现场工作开始前，应检查已做的安全措施是否符合要求，运行设备和检修设备之间的隔离措施是否正确完成，工作时还应仔细核对检修设备名称，严防走错位置。

（3）在全部或部分带电的运行屏（柜）上进行工作时，应将检修设备与运行设备前后以明显的标志隔开。

（4）在运行中的高频通道上进行工作时，应确认耦合电容器低压侧接地绝对可靠后，才能进行工作。

（5）双回线路采用同型号纵联保护，或线路纵联保护采用双重化配置时，在回路设计和调试过程中应采取有效措施防止保护通道交叉使用。分相电流差动保护应采用同一路由收发、往返延时一致的通道。

（6）必须严格按照继电保护标准化作业指导书和安全措施票要求做好隔

离措施，对照与装置实际接线相符的图纸（智能站为SCD配置文件及虚端子表）进行试验，防止“误碰”“误接线”造成保护误动。

（7）对电子仪表的接地方式应特别注意，以免烧坏仪表和保护装置中的插件。

（8）检验继电保护装置时，为防止损坏芯片，应注意如下问题。

1）继电保护屏（柜）应有良好可靠的接地，接地电阻应符合设计规定。用使用交流电源的电子仪器（如示波器、频率计等）测量电路参数时，电子仪器测量端子与电源侧应绝缘良好，仪器外壳应与保护屏（柜）在同一点接地。

2）用手接触芯片的管脚时，应有防止人身静电损坏集成电路芯片的措施。

3）只有断开直流电源后才允许插、拔插件，应采用专用工具进行。

4）测量绝缘电阻时，应按装置技术说明书要求拔出装有集成电路芯片的插件（光耦及电源插件除外）。遥测时应通知有关人员暂时停止在回路上的一切工作，断开直流电源，拆开回路接地点。

（9）进行保护装置整组检验时，不应用将继电器触点短接的办法。传动或整组试验后不应再在二次回路上进行任何工作，否则应做相应的检验。

（10）用继电保护及安全自动装置传动断路器前，应告知运行值班人员和相关人员本次试验的内容，以及可能涉及的一、二次设备。派专人到相应地点确认一、二次设备正常后，方可开始试验。试验时，继电保护人员和运行值班人员应共同监视断路器动作行为。

（11）继电保护调试整定单仅供装置调试时使用，现场检验人员应认真核对调试整定单与保护装置实际整定项、整定范围的一致性，调试定值放在最后一个定值存储区，将检验结果及时反馈调度。

（12）现场收到继电保护装置正式整定单后，试验人员必须根据正式整定单重新设置保护装置的定值项，正式定值放在第一存储区，备用定值从第二区开始依次类推。核对通知单与实际设备是否相符（包括互感器的接线、变比），经试验正确后在投入栏中签字确认，待运维人员与调度人员核对无误后，执行定值单返还制度。根据电话通知整定值临时变更时，在执行后应在运行记录簿上做电话记录，并在收到修改后的正式整定通知单后，将试验报告与通知单逐条核对。

（13）在导引电缆及与其直接相连的设备上工作时，按带电设备工作的要求做好安全措施后，方可进行工作。在运行的高频通道上工作时，应核实耦合电容器低压侧可靠接地后，才能进行工作。

（14）对继电保护和电网安全自动装置的集成电路元器件检验时，要有防止静电感应电源引入元器件的措施，例如工作人员接触元器件时，人身要有接地线等。

### 4.1.2　互感器工作

（1）电压互感器的一次侧隔离开关断开后，其二次回路应有防止电压反送电的措施。对电压及功率自动调节装置的交流电压回路，应采取措施，防止电压互感器一次或二次侧断线时，发生误强励或误调节。

（2）交流电流和交流电压回路、不同交流电压回路、交流和直流回路、强电和弱电回路，以及来自开关场电压互感器二次的 4 根引入线和电压互感器开口三角绕组的 2 根引入线均应使用各自独立的电缆。

（3）现场工作时试验系统应与运行回路完全隔离。在向装置通入交流工频试验电源前，特别注意运行系统与试验系统的接地点应隔离，严禁运行系统中同时存在 2 个接地点。

（4）在运行的电压互感器二次回路上工作时，还应采取下列安全措施。

1）不应将电压互感器二次回路短路、接地和断线。必要时，工作前申请停用有关继电保护和电网安全自动装置。

2）对交流二次电压回路通电时，必须可靠断开至电压互感器二次侧的回路，防止对电压互感器反充电。

3）接临时负载时，应装有专用的隔离开关和熔断器。不应将回路的永久接地点断开。

（5）在运行的电流互感器二次回路上工作时，还应采取下列安全措施。

1）现场应有电流互感器校验相关标准化作业指导书及二次安全措施票。

电流二次回路工作的安全措施，应充分考虑检修工作可能对母差保护、稳控装置等运行设备的影响，可靠短接并断开与运行二次设备的联系，防止误碰情况发生。

2）不应将电流互感器二次侧开路。必要时，可在工作前申请停用有关继电保护及安全自动装置。

3）在电流互感器二次回路进行短路接线时，应用短路片或导线压接短路。

4）运行中的电流互感器短路后，仍应有可靠的接地点，工作中不应将回路的永久接地点断开，但在一个回路中禁止有 2 个或以上接地点。

5）对于母线保护装置的备用间隔电流互感器二次回路应在母线保护柜（屏）端子排外侧断开，端子排内侧不应短路。

（6）对于被检验保护装置与其他保护装置共用电流互感器绕组的特殊情况，应采取以下措施防止其他保护装置误启动。

1）核实电流互感器二次回路的使用情况和连接顺序。

2）若在被检验保护装置电流回路后串接有其他运行的保护装置，原则上应停运其他运行的保护装置。如确实无法停运，在短接被检验保护装置电流回路前、后，监测运行的保护装置电流应与实际相符。

3）对于和电流构成的保护，如变压器差动保护、母线差动保护和 3/2 接线的线路保护等，若某一断路器或电流互感器作业影响保护的和电流回路，作业前应将电流互感器的二次回路与保护装置断开，防止保护装置侧电流回路短路或电流回路两点接地，同时断开该保护跳此断路器的跳闸压板。

（7）互感器的接地。电流互感器或电压互感器的二次回路，均必须且只能有 1 个接地点。当 2 个及以上电流（电压）互感器二次回路间有直接电气联系时，其二次回路接地点设置应符合以下要求。

1）便于运行中的检修维护。

2）互感器或保护设备的故障、异常、停运、检修、更换等均不得造成运行中的互感器二次回路失去接地。

3）未在开关场接地的电压互感器二次回路，宜在电压互感器端子箱处将每组二次回路中性点分别经放电间隙或氧化锌阀片接地，其击穿电压峰值应大于 $30I_{max}$V（$I_{max}$ 为电网接地故障时通过变电站的可能最大接地电流有效值，单位为 kA）。应定期检查放电间隙或氧化锌阀片，防止造成电压二次回路出现多点接地。为保证接地可靠，各电压互感器的中性线不得接有可能断开的开关或熔断器等。

4）独立的、与其他互感器二次回路没有电气联系的电流互感器二次回路可在开关场 1 点接地，但应考虑将开关场不同点地电位引至同一保护柜时对二次回路绝缘的影响。

### 4.1.3　二次回路工作

（1）现场工作应按图纸进行，严禁凭记忆作为工作的依据。如发现图纸与实际接线不符时，应查线核对，如有问题，应查明原因，并按正确接线修改更正，然后记录修改理由和日期。

（2）对运行中的保护装置及自动装置的外部接线进行改动，即便是改动一根连线的最简单情况，也必须履行如下程序。

1）先在原图上做好修改，经主管继电保护部门批准。

2）按图施工，不准凭记忆工作；拆动二次回路时必须逐一做好记录，恢复时严格核对。

3）改完后，做相应的逻辑回路整组试验，确认回路、极性及整定值完全正确，然后交由值班运维人员验收后再申请投入运行。

4）施工单位应立即通知现场与主管继电保护部门修改图纸，工作负责人在现场修改图上签字，没有修改的原图应要求作废。

5）修改二次回路接线时，事先必须经过审核，拆动接线前先要与原图核对，接线修改后要与新图核对，并及时修改底图，修改运维人员及有关各级继电保护人员用的图纸。修改后的图纸应及时报送所直接管辖调度的继电保护机构。

6）保护装置二次回路接线变动或改进时，严防寄生回路存在，没用的线应拆除。

7）在变动直流二次回路后，应进行相应的传动试验。必要时还应模拟各种故障进行整组试验。

（3）试验工作要求。

1）二次回路通电或耐压试验前，应通知运维人员和有关人员，并派人到现场监守，检查二次回路及一次设备上确无人工作后，方可加压。

2）电压互感器的二次回路通电试验时，为防止由二次侧向一次侧反充电，除应将二次回路断开外，还应取下电压互感器高压熔断器或断开电压互感器一次隔离开关。

3）试验用隔离开关应有熔丝并带罩，被检修设备及试验仪器禁止从运行设备上直接取试验电源，熔丝配合要适当，要防止越级熔断总电源熔丝。试验接线要经第二人复查后，方可通电。

（4）在光纤回路上工作时，应采取相应防护措施防止激光对人眼造成伤害。

（5）二次回路电缆敷设应符合以下要求。

1）合理规划二次电缆的路径，尽可能避开高压母线、避雷器和避雷针的接地点，并联电容器、电容式电压互感器、结合电容及电容式套管等设备；避免或减少迂回以缩短二次电缆的长度；拆除与运行设备无关的电缆。

2）交流电流和交流电压回路、不同交流电压回路、交流和直流回路、强电和弱电回路、来自电压互感器二次的4根引入线和电压互感器开口三角绕组的2根引入线均应使用各自独立的电缆。

3）保护装置的跳闸回路和启动失灵回路均应使用各自独立的电缆。

4）重视继电保护二次回路的接地问题，并定期检查这些接地点的可靠性和有效性。

（6）测量工作要求。

1）测量电气设备的绝缘电阻，是检查设备绝缘状态简单直接的方法。绝缘电阻值的大小常能灵敏地反映设备及回路的绝缘情况，以及绝缘击穿和严重过热老化等缺陷。

2）用绝缘电阻表测量设备或回路的绝缘电阻，由于受介质吸收电流的影响，绝缘电阻表的指示值随时间逐渐增大，通常读取施加电压后稳定值作为绝缘电阻值。

3）绝缘电阻表的电压通常有 100、500、1000、2500、5000 及以上等多种。继电保护相关绝缘试验时应按照相关规程的有关规定选用适当输出电压的绝缘电阻表，一般外回路绝缘用 1000V，测屏柜内的绝缘用 500V，直流耐压试验用 2500V。

4）测量时应记录试验环境的温度、湿度等情况，并进行相应的折算。

5）绝缘电阻表应每年检验一次，检验结果应满足相关规定。

（7）测量二次回路绝缘的注意事项如下。

1）断开本回路交直流电源。

2）断开与其他回路的连线。

3）拆除电流回路接地点。

4）摇测完毕后，立即放电，恢复原状态。

（8）回路传动工作要求。

1）在开始试验前应告知运行值班人员及相关班组本次试验的内容及可能涉及的一、二次设备，并派专人到相应地点确认无异常后，方可开始试验。

2）所有的继电保护定值试验，都必须以符合正式运行条件（如加盖子，关好门等）为准。

3）在可靠停用相关运行保护的前提下，对新安装设备进行各种插、拔直流熔断器（开关）的试验，以确证没有寄生回路存在。

4）多套保护回路共用一组电流互感器，停用其中一套保护进行试验时，或者与其他保护有关联的某一套进行试验时，必须特别注意做好其他保护的安全措施，例如将相关的电流回路短接，将接到外部的接点全部断开等。

5）保护装置进行整组试验时，不宜用将继电器触点短接的办法进行。传动或整组试验后不得再在二次回路上进行任何工作，否则应做相应的试验。

6）对部分整定单正常停用，而特殊方式下需启用的保护功能回路，也应定期进行回路传动验证。

7）智能变电站取消了保护装置的硬压板，整组传动时需验证接收软压板、功能软压板、检修机制、通信链路等的对应性。

8）对于远程控制操作时，需加强操遥控操作与现场设备对应关系的验证性试验。

### 4.1.4 保护校验安全注意事项

#### 4.1.4.1 检修电源

检修电源注意事项见表 4-1。

**表 4-1　　检修电源注意事项**

| 内容 | 注意事项 |
|---|---|
| 电源接取位置 | 从就近检修电源箱接取；在保护室内工作，保护室内有继保专用试验电源屏，故检修电源必须接至继保专用试验电源屏的相关电源接线端子，且在工作现场电源引入处配置有明显断开点的隔离开关和剩余电流动作保护装置 |
| 接取电源 | 接取电源前应先验电，用万用表确认电源电压等级和电源类型无误后，先接隔离开关处，再接电源侧；在接取电源时由继电保护人员接取 |
| 检查电源要求 | 交流试验电源和相应调整设备应有足够的容量（不小于 10kVA），以保证在最大试验负载下，通入装置的电压及电流均为正弦波（不得有畸变现象），频率应为 50Hz，试验电源及电压的谐波分量不宜超过基波的 5% |

#### 4.1.4.2 线路保护

线路保护作业注意事项见表 4-2。

**表 4-2　　线路保护作业注意事项**

| 序号 | 注意事项 |
|---|---|
| 1 | 现场安全措施及图纸如有错误，可能造成做安全措施时误跳运行设备 |
| 2 | 拆动二次接线，如拆端子外侧接线，有可能造成二次交、直流电压回路短路、接地，联跳回路误跳运行设备 |
| 3 | 带电插、拔插件，易造成集成块损坏 |
| 4 | 频繁插、拔插件，易造成插件接插头松动 |
| 5 | 保护传动配合不当，易造成人员受伤及设备事故 |
| 6 | 拆动二次回路接线时，易发生遗漏及误恢复事故 |
| 7 | 保护室内使用无线通信设备，易造成保护不正确动作 |
| 8 | 断路器失灵可能启动母差、启动远跳，以及误跳运行断路器 |
| 9 | 中间电流互感器与相邻设备公用，电流可能通入运行设备，可能误拆运行设备电流回路接地点 |

续表

| 序号 | 注　意　事　项 |
|---|---|
| 10 | 中间断路器可能存在沟通运行断路器三跳回路 |
| 11 | 漏拆联跳接线或漏取压板，易造成误跳运行设备 |
| 12 | 电流回路开路或失去接地点，易引起人员伤亡及设备损坏 |
| 13 | 表计量程选择不当或用低内阻电压表测量联跳回路，易造成误跳运行设备 |

#### 4.1.4.3　主变压器保护

主变压器保护作业注意事项见表 4-3。

表 4-3　　主变压器保护作业注意事项

| 序号 | 注　意　事　项 |
|---|---|
| 1 | 典型安全措施及图纸如有错误，可能造成做安全措施时误跳运行设备 |
| 2 | 拆动二次接线，如拆端子外侧接线，有可能造成二次交、直流电压回路短路、接地，联跳回路误跳运行设备 |
| 3 | 带电插、拔插件，易造成集成块损坏 |
| 4 | 频繁插、拔插件，易造成插件接插头松动 |
| 5 | 保护传动配合不当，易造成人员受伤及设备事故 |
| 6 | 拆动二次回路接线时，易发生遗漏及误恢复事故 |
| 7 | 保护室内使用无线通信设备，易造成保护不正确动作 |
| 8 | 漏拆联跳接线或漏取压板，易造成误跳运行设备 |
| 9 | 220kV 旁路、母分、母联断路器均在运行，联跳回路可能误跳运行设备 |
| 10 | 220kV 旁路在运行，可能引起其电流互感器开路、电压互感器短路 |
| 11 | 保护继电器较多，插拔后可能放错位置，可能引起底座接触不良 |
| 12 | 表计量程选择不当或用低内阻电压表测量联跳回路，易造成误跳运行设备 |

#### 4.1.4.4　母差保护

母差保护作业注意事项见表 4-4。

表 4-4　　母差保护作业注意事项

| 序号 | 注　意　事　项 |
|---|---|
| 1 | 典型安全措施及图纸如有错误，可能造成做安全措施时误跳运行设备 |
| 2 | 拆动二次接线，如拆端子外侧接线，有可能造成二次交、直流电压回路短路、接地，联跳回路误跳运行设备 |

续表

| 序号 | 注意事项 |
| --- | --- |
| 3 | 带电插、拔插件，易造成集成块损坏 |
| 4 | 频繁插、拔插件，易造成插件接插头松动 |
| 5 | 保护传动配合不当，易造成人员受伤及设备事故 |
| 6 | 拆动二次回路接线时，易发生遗漏及误恢复事故 |
| 7 | 保护室内使用无线通信设备，易造成保护不正确动作 |
| 8 | 漏拆联跳接线或漏取压板，易造成误跳运行设备 |
| 9 | 电流回路开路或失去接地点，易造成人员伤亡及设备损坏 |
| 10 | 表计量程选择不当或用低内阻电压表测量联跳回路，易造成误跳运行设备 |

## 4.2 厂站自动化工作安全要求

### 4.2.1 远动终端设备工作

#### 4.2.1.1 工作前准备

（1）工作前应办理好自动化检修申请。

（2）工作实施前现场检修工作负责人应以电话方式向相关调度申请落实主站需要采取的配合措施，包括但不限于对调度主站及网安设备的封锁数据、通道切换或告警挂牌等。

（3）工作前做好远动终端设备（RTU）数据库的备份，对于老旧总控装置除了数据库文件外要做好远动装置的程序备份，具体备份要求见本书“网络信息安全要求”。

#### 4.2.1.2 远动终端设备（RTU）下装

（1）当变电站双总控运行时，现场检修工作负责人应先与相关调度自动化值班人员确认 2 个平面的通信均正常。若是单总控运行，总控重启全站工况将退出，故涉及总控修改数据库并重启的事宜需要向运行值班人员提出停运总控装置，由运行交接监控权。

（2）无论是消缺还是改扩建修改转发表，2 台总控装置的数据库都需在工作负责人的监护下分别修改，严禁修改完总控 A 的数据库后直接复制套用至另一台总控装置 B 上，以防出现通信异常。

（3）修改完总控装置 A 的数据库后需要重启装置。总控的网口板（CPU 板）上一般有对上（和调度通信的 104 规约）一根网线及对下（去站控层交换机 103/61850 规约）两根网线，为防止在总控装置启停期间对站内设备造成影响，应将对下的网线拔下后进行总控装置的启停。装置重启后将网线恢复，与地调自动化值班人员确认该总控对应的 104 个通道通信是否正常，以及 2 台总控对应的 2 个平面的数据（包括遥信与遥测数据）比对是否正常。一切正常的情况下依照同样的步骤修改另一台总控装置 B 的数据库并重启。

#### 4.2.1.3　信号核对并验收

（1）核对相应的遥信、遥测数据时需要与调度自动化值班人员确认两个平面遥信均正确变位，遥测数据也一致。如果扩建新间隔需要遥控核对，则遥控验收前需要运行人员申请将全站所有断路器设备“远方/就地”切换开关切换至“就地”位置，仅将受控装置切“远方”位置。监控人员对受控装置进行远方遥控预置，断路器反校成功，且受控装置显示报文正确，则说明遥控转发点表正确。再由监控人员实际遥控该间隔断路器，验收出口压板一一对应，则该装置遥控验收通过。

（2）当信号验收无异常、通道及报文也恢复正常后，单总控运行的变电站则通知运行人员与监控人员交接监控权。结票前，由运行人员确认该变电站无其他告警信号，确认无误后，方可进行工作终结。

### 4.2.2　测控装置工作

#### 4.2.2.1　遥测功能校验

（1）应具备根据三相电压计算零序电压功能和采集外接零序电压功能，优先采用外接零序电压。

（2）具备零值死区设置功能，当测量值在该死区范围内时为零。

（3）具备变化死区设置功能，当测量值变化超过该死区时上送该值，装置液晶应显示实际测量值，不受变化死区控制。

（4）应具备总召变化上送的功能，测量值上送的应该是实际值，不是经过死区抑制后的值。

（5）死区通过装置参数方式整定。

（6）应具备带时标上送测量值功能，测量数据窗时间不应大于 200ms，时标标定在测量数据窗的起始时刻。

（7）应具备 TA 断线检测功能，TA 断线判断逻辑为：电流任一相小于 0.5%$I_n$，且负序电流及零序电流大于 10%$I_n$。

4.2.2.2 遥信功能校验

硬触点状态量采集测试。

（1）硬件检查：当遥信采用硬触点时，检查遥信电路板，核查遥信输入回路应采用光电隔离，并有硬件防抖。

（2）防抖功能：状态量信号模拟器向被测装置的同一通道发送不同脉宽的脉冲信号，检查装置的防抖时间应与设置一致。通过装置屏幕核查状态量输入的防抖时间应可整定，整定范围为 10～100ms。

（3）SOE 功能：设置状态量信号模拟器两路状态量输出按一定的时延输出状态量变化，在装置屏幕和模拟监控后台上显示的信息应能分辨出遥信状态变化顺序。

4.2.2.3 遥控功能校验

（1）在监控后台或装置面板上对控制对象发出遥控命令，检测装置接收、选择、返校、执行遥控命令的正确性。

（2）检查遥控输出部分原理图和线路板，遥控输出端口应为继电器触点输出。遥控回路应采用控制操作电源出口回路和出口触点回路两级开放式抗干扰回路。

（3）遥控校验需监控人员对受控装置进行远方遥控预置，断路器反校成功，且受控装置显示报文正确，再将受控装置切换至“就地”位置，远方遥控预置，断路器反校不成功，则该装置遥控预置验收通过。对于运行设备，注意不可进行遥控执行操作。

4.2.2.4 同期功能

（1）具备电压差、相角差、频率差和滑差闭锁功能，阈值可设定。

（2）具备相位、幅值补偿功能。

（3）具备有压、无压判断功能，有压、无压阈值可设定。

（4）具备检同期、检无压、强制合闸方式。

（5）模拟量的同期检测方法如下。

1）检同期合闸：在测试仪上设置两路电压按一定的步长变化，频率按一定的步长变化，相角按一定的步长变化，当达到装置设定的动作电压、动作频率、动作角度时，装置应能实现检同期合闸。

2）检无压合闸：在测试仪上设置一路电压输出小于设定的额定值，另一路电压输出为额定值，检测装置应可合闸。

3）强制合闸：在测试仪上设置两路电压值不满足同期条件，在模拟监控后台或装置屏幕进行合闸操作，检测装置应可合闸。

4.2.2.5　逻辑闭锁功能校验

（1）间隔内闭锁逻辑：防止带负荷拉隔离开关的闭锁逻辑，防止带电挂接地线的闭锁逻辑，防止带接地线送电的闭锁逻辑，防止误入带电间隔的闭锁逻辑；模拟以上闭锁逻辑操作，在满足条件时和不满足条件时，检测装置动作的正确性，并返回正确的告警信息。

（2）间隔间逻辑闭锁：依据配置的逻辑闭锁关系（如使用其他间隔断路器/隔离开关位置信息作为本间隔闭锁条件），通过改变其他间隔的状态信息、遥测量，影响本间隔闭锁条件，判断装置间隔间闭锁功能的正确性，通过网络报文记录分析仪检测是否有相应的闭锁信息上送。

4.2.2.6　对时功能校验

1．基本对时功能检测要求

（1）应支持接收 IRIG-B 码或 1pps 与报文相结合的时间同步信号功能。

（2）应具有同步对时状态指示标识，且具有时间同步信号可用性识别的能力。

（3）应具有守时功能。

2．校验方法

（1）将装置的时间同步接口与北斗/GPS 同步时钟的 IRIG-B 码或 1pps 的输出

口连接，检查装置接收IRIG-B码或1pps与报文相结合的时间同步信号正确性。

（2）当装置与同步时钟同步或失步时，检查装置指示的正确性，检查装置识别同步信号可用性的正确性。

（3）当装置失步时，通过整秒触发遥信生成SOE报文，通过查看SOE时标确定装置是否具有守时功能。

### 4.2.3 交换机工作

#### 4.2.3.1 站控层交换机

（1）交换机要做好数据备份的工作，并根据交换机的业务做好台账管理，包括厂家、型号、电源模块数、光口模块等。

（2）当站控层交换机单个端口通信中断时，可开通空闲端口转移相关业务。

（3）如果出现站控层交换机损坏多端口导致多个间隔通信中断，则需要根据现有交换机情况（安装位置、交换机大小、光口类型）选择合适的交换机进行更换安装。

#### 4.2.3.2 调度数据网交换机

（1）调度数据网交换机要做好数据备份的工作，根据自动化定值单核对相应的配置文件。当确定是端口损坏时，则将空闲端口配置后接入相应的业务。

（2）当调度数据网交换机损坏时，则选择双电源模块的交换机进行更换安装，并根据备份文件重新配置。

## 4.3 智能变电站工作安全要求

### 4.3.1 过程层设备工作

#### 4.3.1.1 常规采样、GOOSE跳闸模式，220kV线路间隔校验及消缺安全措施案例（一次设备不停电情况下，220kV线路间隔装置缺陷处理时安全措施）

（1）缺陷处理时。

1）退出该间隔第一套智能终端出口硬压板，投入装置检修压板。退出该间隔第一套线路保护 GOOSE 出口软压板、启失灵发送软压板。

2）如有需要可投入220kV第一套母线保护该间隔的隔离开关强制软压板，解开至另外一套智能终端闭锁重合闸回路。

3）如有需要可断开智能终端背板光纤。

（2）缺陷处理后传动试验时。

1）退出该间隔第一套智能终端出口硬压板，投入装置检修压板。退出220kV 第一套母线保护内运行间隔 GOOSE 出口软压板、失灵联跳发送软压板，投入该母线保护检修压板。

2）投入该间隔第一套线路保护检修压板。

3）如有需要可退出该线路保护至线路对侧纵联光纤，解开至另外一套智能终端闭锁重合闸回路。

4）根据缺陷性质确认是否需将该间隔线路保护 TA 短接并断开、TV 回路断开。

5）可传动至该间隔智能终端出口硬压板，如有必要可停役一次设备做完整的整组传动试验。

4.3.1.2　SV 采样、GOOSE 跳闸模式，220kV 线路间隔校验及消缺安全措施案例（一次设备不停电情况下，220kV 线路间隔装置缺陷处理时安全措施）

1．间隔合并单元

合并单元缺陷时，申请停役相关受影响的保护，必要时申请停役一次设备。

2．智能终端

（1）缺陷处理时。

1）退出该间隔第一套智能终端出口硬压板，投入装置检修压板。

2）退出该间隔第一套线路保护 GOOSE 出口软压板、启失灵发送软压板。

3）投入 220kV 第一套母线保护内该间隔隔离开关强制软压板。

4）如有需要可断开智能终端背板光纤、解开至另外一套智能终端闭锁重合闸回路。

（2）缺陷处理后传动试验时。

1）退出该间隔第一套智能终端出口硬压板，投入装置检修压板。退出220kV 第一套母线保护内运行间隔 GOOSE 出口软压板、失灵联跳软压板，投入该母线保护检修压板。

2）投入该间隔第一套线路保护检修压板。如有需要可退出该线路保护至线路对侧纵联光纤，解开至另外一套智能终端闭锁重合闸回路。

3）可传动至该间隔智能终端出口硬压板，如有必要可停役一次设备做完整的整组传动试验。

### 4.3.2 间隔层设备工作

#### 4.3.2.1 常规采样、GOOSE 跳闸模式，220kV 线路间隔校验及消缺安全措施案例、安全措施实施细则（以 220kV 线路第一套保护为例）

1．一次设备停电情况下，220kV 线路保护校验安全措施

（1）退出 220kV 第一套母线保护该间隔 GOOSE 启失灵接收软压板，投入该母线保护内该间隔的隔离开关强制分软压板。

（2）退出该间隔第一套线路保护 GOOSE 启失灵发送软压板。

（3）投入该间隔第一套线路保护、智能终端检修压板。

（4）将该间隔线路保护 TA 短接并断开、TV 回路断开；并根据一次设备状态，确认是否需短接、断开 220kV 第一套母线保护该间隔 TA 回路。

2．一次设备停电情况下，线路保护与母线保护失灵回路试验时的安全措施

（1）退出 220kV 第一套母线保护内运行间隔 GOOSE 发送软压板、失灵联跳发送软压板，投入该母线保护检修压板。

（2）投入该间隔第一套线路保护、智能终端检修压板。

（3）将该间隔线路保护 TA 短接并断开、TV 回路断开；并根据一次设备状态，确认是否需短接、断开 220kV 第一套母线保护该间隔 TA 回路。

3．一次设备不停电情况下，220kV 线路间隔装置缺陷处理时安全措施

（1）线路保护缺陷处理时安全措施。

1）退出 220kV 第一套母线保护该间隔 GOOSE 启失灵接收软压板。

2）退出该间隔第一套线路保护 GOOSE 发送软压板、启失灵发送软压板，

并投入装置检修压板。

3）根据缺陷性质确认是否需将该线路保护 TA 短接并断开、TV 回路断开。

4）如有需要可断开线路保护至对侧纵联光纤及线路保护背板光纤。

（2）线路保护缺陷处理后传动试验。

1）退出 220kV 第一套母线保护内运行间隔 GOOSE 出口软压板，失灵联跳发送软压板，投入该母线保护检修压板。

2）退出该间隔第一套智能终端出口硬压板，投入该间隔保护装置、智能终端检修压板。

3）如有需要退出该线路保护至线路对侧纵联光纤，解开该智能终端至另外一套智能终端闭锁重合闸回路。

4）将该间隔线路保护 TA 短接并断开、TV 回路断开。

本安全措施方案可传动至该间隔智能终端出口硬压板，如有必要可停役一次设备做完整的整组传动试验。

#### 4.3.2.2　SV 采样、GOOSE 跳闸模式，220kV 线路间隔校验及消缺安全措施案例、安全措施实施细则（以 220kV 线路第一套保护为例）

1．一次设备停电情况下，220kV 线路保护校验安全措施

（1）采用电子式互感器（不校验合并单元）。

1）退出 220kV 第一套母线保护该间隔 SV 接收软压板、GOOSE 启失灵接收软压板，投入该母线保护内该间隔隔离开关强制分软压板。

2）退出该间隔第一套线路保护 GOOSE 启失灵发送软压板。投入该间隔第一套线路保护、智能终端、合并单元检修压板。

（2）采用传统互感器。

1）退出 220kV 第一套母线保护该间隔 SV 接收软压板、GOOSE 启失灵接收软压板，投入该母线保护内该间隔隔离开关强制分软压板。

2）退出该间隔第一套线路保护 GOOSE 启失灵发送软压板。

3）投入该间隔第一套合并单元、线路保护及智能终端检修压板在该合并单元端子排处将 TA 短接并断开、TV 回路断开。

2．一次设备停电情况下，线路保护校验时与220kV第一套母线保护失灵回路试验时的安全措施

（1）退出220kV第一套母线保护内运行间隔GOOSE软压板、失灵联跳软压板，投入该母线保护检修压板。

（2）投入该间隔第一套线路保护、智能终端、合并单元检修压板。

（3）在该合并单元端子排处将TA短接并断开，TV回路断开。

3．一次设备不停电情况下，220kV线路间隔装置缺陷处理时安全措施

（1）线路保护缺陷处理时安全措施。

1）退出220kV第一套母线保护该间隔GOOSE启失灵接收软压板。

2）退出该间隔第一套线路保护内GOOSE出口软压板，启失灵发送软压板，投入该线路保护检修压板。

3）如有需要可断开线路保护至对侧纵联光纤及线路保护背板光纤。

（2）线路保护缺陷处理后传动试验时。

1）退出220kV第一套母线保护内运行间隔GOOSE出口软压板、失灵联跳软压板，投入该母线保护检修压板。

2）退出该间隔第一套智能终端出口硬压板，投入该智能终端检修压板。

3）投入该间隔第一套线路保护检修压板。

4）如有需要退出该线路保护至线路对侧纵联光纤，解开至另外一套智能终端闭锁重合闸回路。

本安全措施方案可传动至该间隔智能终端出口硬压板，如有必要可停役一次设备做完整的整组传动试验。

# 第5章　典型安全措施及风险防范

## 5.1　一次检修工作安全措施

### 5.1.1　一般安全防范措施

（1）变电站部分停电，部分设备停电检修，其余设备仍带电运行，要做好防止触及带电设备的措施，检修过程中严格遵循 Q/GDW 1799.1—2013《国家电网公司电力安全工作规程　变电部分》中有关规定及公司有关安全生产的文件规定。

（2）施工前，组织全体工作人员学习本次工作的作业方案并进行讨论，对停电检修工作的项目、范围、技术要求、工艺要求及安全措施应做到每个工作人员都心中有数。严格执行工作票制度，每天开工前、收工后检查工作票中安全措施是否与现场一致，是否符合现场实际情况，明确分工责任到人，交代作业方法、工作顺序、安全及其他注意事项。分组工作明确分项工作负责人，开工前各分项负责人应结合工作特点进行危险点交代及任务交底。

（3）全体工作人员听从工作负责人的统一调配，每天执行开、收工会制度，开工会上明确分工，详细交代安全措施并宣读生产现场作业“十不干”，收工会上各工作负责人汇报工作完成情况，安全情况遗留问题，切实做到工作任务明白，现场安全措施和带电部位清楚，工作人员进退场及时向工作负责人汇报。

（4）现场作业人员应互相关心作业安全，工作中保持与带电部位的安全距离 220kV 不小于 3m、110kV 不小于 1.5m、35kV 不小于 1.0m、10kV 不小于 0.7m，施工现场与带电运行部分应有明显遮栏标志，非工作人员不得进入现场。

（5）设备材料进场后应堆放在指定位置，堆放位置应合适，不得影响正常车辆进出及设备巡视。

（6）对外来厂家人员及临时用工人员必须进行安全教育交底，详细交代安全注意事项，按公司有关规定执行，并且签订安全责任协议书，工作中加强监护。

（7）动火作业应填用动火工作票，由申请动火的工区动火工作票签发人签发，工区安监负责人、消防管理负责人审核，工区分管生产领导或技术负责人批准，必要时还应报当地公安消防部门批准方可实施。动火工作是指直接或者间接产生明火的作业，包括熔化焊接、切割、喷枪、钻孔、打磨、锤击、破碎、切割等。动火作业应设专人监护，动火作业前应清除动火现场及周围的易燃物品，采取有效的安全防火措施，配备足够的消防器。

（8）工作时注意断开各种电源，回路需联动试验时应与其他工作人员相配合、互相通气，确保人身和设备安全。

（9）在保护屏上工作时，应将周围运行设备与工作设备用临时遮栏隔开，空气开关应确认在分开位置，无法与电源断开的接线应在端子排上拆除，并用绝缘胶布包扎好，做好记录。

（10）变电站改造调试必须通过后台监控主机实现调试任务，调试之前需由监控厂家将运行中相关设备间隔做封闭操作处理，防止调试过程中对运行中设备间隔造成误操作。

（11）在运行设备上拆除二次线及在联跳回路上进行工作应编制好搭接方案并经变电检修室二次专职人员确认后实施，应填写好二次安全措施票，防止误跳断路器。

（12）检验继电保护、安全自动装置及自动化监控系统和仪表的作业人员，不准对运行中的设备，如信号系统、保护压板进行操作，但在取得运维人员许可并在检修工作屏两侧断路器把手上采取防误操作措施后，可拉合检修断路器。

（13）继电保护、安全自动装置及自动化监控系统做传动试验或一次通电或进行直流系统功能试验时，应通知运维人员和有关人员，并由工作负责人或由他指派专人到现场监视，方可进行。

（14）应填写好二次安全措施票，防止误跳断路器。

### 5.1.2　作业工器具安全注意事项

（1）所有进入现场的人员，必须穿工作服、穿绝缘鞋、戴安全帽，作业人员工作前必须对个人安全带、安全帽及个人工器具进行外观检查。

（2）手持电动工器具使用前应进行检查，如有绝缘损坏、电源线护套破裂、保护线脱落、插头插座裂开或有损于安全的机械损伤等故障时，应立即进行修理，在未修复前，不得继续使用。

（3）使用电气工具时，不准提着电气工具的导线或转动部分。在梯子上使用电气工具，应做好防止感电坠落的安全措施。在使用电气工具中，因故离开工作场所或暂时停止工作及遇到临时停电时，应立即切断电源。

（4）脚手架的安装、拆除和使用，应执行电力安全工作规程中的有关规定及国家相关规程规定。

（5）电动的工具、机具应接地或接零良好，检修临时电源应具有剩余电流动作保护，工具、机具用电应注意检修电源容量。

### 5.1.3　主变压器检修安全措施

（1）应拉开主变压器三侧断路器、隔离开关。

（2）应将主变压器低压侧断路器手车拉出仓外，并拔下二次电缆插头。

（3）应分开主变压器三侧断路器操作电源开关。

（4）应将主变压器三侧断路器控制选择开关切至就地位置。

（5）应分开主变压器三侧断路器弹簧储能电动机电源开关，并释放能量。

（6）应分开主变压器三侧隔离开关电动机电源空气开关。

（7）应分开主变压器有载调压电动机电源空气开关。

（8）应在主变压器各来电侧装接地线、合接地隔离开关。

（9）应将主变压器后备保护备自投出口、断路器出口等功能压板退出。

（10）注意保留带电部位及安全注意事项。

### 5.1.4 母线检修安全措施

（1）母线检修应拉开母联断路器，拉开同母线所有隔离开关。

（2）应分开检修间隔断路器操作电源开关。

（3）应将母联断路器控制选择开关切至就地位置。

（4）应分开母联断路器弹簧储能电动机电源开关，并释放能量。

（5）应分开母联间隔隔离开关电动机电源空气开关。

（6）应在各来电侧装接地线、合接地隔离开关。

（7）应拉开母线电压互感器保护、计量空气开关。

（8）注意保留带电部位及安全注意事项。

### 5.1.5 断路器检修安全措施

（1）户外断路器检修应拉开检修间隔断路器、隔离开关。

（2）断路器手车检修应将断路器手车拉出仓外，并拔下二次电缆插头。

（3）应分开检修间隔断路器操作电源开关。

（4）应将检修间隔断路器控制选择开关切至就地位置。

（5）应分开检修间隔断路器弹簧储能电动机电源开关，并释放能量。

（6）应分开检修间隔隔离开关电动机电源空气开关。

（7）应在检修断路器各来电侧装接地线、合接地隔离开关。

（8）应将保护测控屏上功能压板退出。

（9）注意保留带电部位及安全注意事项。

### 5.1.6 隔离开关检修安全措施

（1）户外隔离开关检修应拉开检修间隔断路器，母线隔离开关检修时应拉开同母线所有隔离开关及母联断路器、隔离开关。

（2）隔离手车检修应将断路器手车拉出仓外，并拔下二次电缆插头。

（3）应分开检修间隔断路器操作电源开关。

（4）应将检修间隔断路器控制选择开关切至就地位置。

（5）应分开检修间隔断路器弹簧储能电动机电源开关，并释放能量。

（6）应分开检修间隔隔离开关电动机电源空气开关。

（7）应在检修隔离开关各来电侧装接地线、合接地隔离开关。

（8）母线隔离开关检修时应拉开母线电压互感器保护、计量空气开关，线路隔离开关检修时应拉开线路电压互感器保护、计量空气开关。

（9）注意保留带电部位及安全注意事项。

### 5.1.7　开关柜检修安全措施

（1）应拉开检修间隔断路器。

（2）应分开检修间隔断路器操作电源空气开关。

（3）应将检修间隔断路器远近控切换开关切至就地位置。

（4）应拔下检修间隔断路器手车二次电缆插头，并将手车拉出至仓外。

（5）应分开检修间隔断路器弹簧储能电动机电源空气开关，并释放能量。

（6）应合上来电侧接地隔离开关或挂接地线。

（7）注意保留带电部位及危险点预控。

（8）开关柜母线检修时应将母联间隔手车断路器拉开并将手车摇至试验位置，检修母线上所有断路器断开并拉出仓外（一般不包括主变压器手车），拉开母线电压互感器保护、计量空气开关，验电确认无电后方可进仓工作。

### 5.1.8　组合电器检修安全措施

（1）应拉开检修间隔断路器、隔离开关。

（2）应分开检修间隔断路器第一套（第二套）智能终端操作电源开关。

（3）应将检修间隔断路器控制选择开关切至就地位置。

（4）应分开检修间隔断路器弹簧储能电动机电源开关，并释放能量。

（5）应分开检修间隔隔离开关电动机电源空气开关。

（6）应在检修断路器各来电侧装接地线、合接地隔离开关。

（7）户内组合电器检修前应通风至少 15min，检测气体含量合格后方可进入。

（8）应将保护测控屏上功能压板退出。

（9）注意保留带电部位及安全注意事项。

## 5.2 一次工作风险分析与防范

### 5.2.1 断路器检修、更换

断路器检修、更换作业危险源点及预控措施见表 5-1。

**表 5-1　　断路器检修、更换作业危险源点及预控措施**

| 序号 | 危险源点 | 预控措施 |
|---|---|---|
| 1 | 不规范使用检修电源导致低压触电 | 由 2 人共同接电源，接线前确定是否有电，不得乱搭乱拉，使用专用插头。检查触电保护器 |
| 2 | 登梯过程中坠落 | 梯子应绑牢、防滑；梯上有人作业时禁止移动。登高时严禁手持任何工器具 |
| 3 | 升降车斗臂伤及设备及人员 | 升降车使用需专人操作，严禁私自操作，并且需专人指挥。操作动作平稳 |
| 4 | 机构伤人 | 检修前，控制盘控制开关必须放于“断开”位置，断路器操作箱内“就地/远方”控制开关必须放于“就地”位置。机构分解前，应断开储能电源，将能量全部释放 |
| 5 | 起吊过程中发生重心偏移和失控 | 必须专人指挥起吊，并检查确认悬挂点稳固性，平稳起吊和转动；吊绳夹角不大于 60°；被吊件刚一吊起时应再次检查其悬挂和捆绑情况，确认可靠后再继续起吊 |
| 6 | $SF_6$ 设备上工作 | 室内 $SF_6$ 设备检修前应提前通风 15min。解体前，应尽量将设备内 $SF_6$ 气体回收干净 |

### 5.2.2 隔离开关检修、更换

隔离开关检修、更换作业危险源点及预控措施见表 5-2。

**表 5-2　　隔离开关检修、更换作业危险源点及预控措施**

| 序号 | 危险源点 | 预控措施 |
|---|---|---|
| 1 | 不规范使用检修电源导致低压触电 | 由 2 人共同接电源，接线前确定是否有电，不得乱搭乱拉，使用专用插头。检查触电保护器 |
| 2 | 高空坠落 | 梯子应绑牢、防滑；梯上有人作业时禁止移动。登高时严禁手持任何工器具。正确使用双保险安全带，检修前必须安装专用检修架 |
| 3 | 引线突然弹出打击 | 拆、装的引线应用绝缘绳传递，引线运动方向范围内不准站人 |
| 4 | 调整时动触头伤人 | 调整人站立位置应躲开触头动作半径，调整人发令，操作人配合，上下呼唱 |
| 5 | 隔离开关误动作 | 检修前必须断开本回路运行隔离开关操作电源 |
| 6 | 登梯过程中坠落 | 梯子应绑牢、防滑；梯上有人作业时禁止移动。登高时严禁手持任何工器具 |

### 5.2.3 联锁改造

联锁改造作业危险源点及预控措施见表5-3。

**表5-3　　联锁改造作业危险源点及预控措施**

| 序号 | 危险源点 | 预 控 措 施 |
| --- | --- | --- |
| 1 | 不规范使用检修电源导致低压触电 | 由2人共同接电源，接线前确定是否有电，不得乱搭乱拉，使用专用插头。检查触电保护器 |
| 2 | 电缆施放时脱落误碰有电设备 | 高型构架隔离开关电缆施放时应绑扎牢固可靠，与带电设备保持安全距离 |
| 3 | 隔离开关误动作 | 二次接线时认真核对图纸及电缆编号，一人接线，另一人监护复核。隔离开关操作手柄调换锁具时应注意隔离开关位置，严禁在更换过程中分、合隔离开关，并有专人把守 |
| 4 | 风、电焊易引起火灾 | 氧气及乙炔瓶摆放间距不得小于8m；动火点周围及地面运行电缆应有隔离防护措施；施工现场配备灭火器 |
| 5 | 误入有电间隔 | 工作过程中严禁打开柜门，并应设专人监护 |

### 5.2.4 变压器、站变检修、更换

变压器、站变检修、更换作业危险源点及预控措施见表5-4。

**表5-4　　变压器、站变检修、更换作业危险源点及预控措施**

| 序号 | 危险源点 | 预 控 措 施 |
| --- | --- | --- |
| 1 | 高空坠落 | 正确使用双保险安全带、防坠器 |
| 2 | 登梯过程中坠落 | 登梯过程中禁止手持杂物，有人挡梯 |
| 3 | 升降车斗臂伤及设备及人员 | 升降车使用需专人操作，严禁私自操作，并且需专人指挥。操作动作平稳 |
| 4 | 上下抛掷物件伤及设备及人员 | 禁止上下抛接物品，物件应上下传送 |
| 5 | 导线伤及设备及人员 | 应对拆除的导线进行有效绑扎 |
| 6 | 吊臂回转误碰邻近带电部位 | 必须专人指挥起吊，对吊车操作员事先明确有电部位 |
| 7 | 起吊过程中发生重心偏移和失控 | 必须专人指挥起吊，并检查确认悬挂点稳固性，平稳起吊和转动；吊绳夹角不大于60°；被吊件刚一吊起时应再次检查其悬挂和捆绑情况，确认可靠后再继续起吊 |
| 8 | 工具或杂物落入变压器器身 | 由专人负责对工具进行清点，进入器身的工作人员应清除口袋中的杂物 |
| 9 | 不规范使用检修电源导致低压触电 | 由2人共同接电源，接线前确定是否有电，不得乱搭乱拉，使用专用插头。检查触电保护器 |

续表

| 序号 | 危险源点 | 预控措施 |
|---|---|---|
| 10 | 擅自启动冷却系统伤人 | 启动冷却系统前，负责人应通知有关人员，并在启动前大声呼唱。确认无人后，方可启动 |
| 11 | 有载开关芯体碰撞损坏 | 芯体起吊速度适当平稳，扶持可靠，轻起轻放 |
| 12 | 防止工具或杂物落入变压器器身 | 由专人负责对工具进行清点，进入器身的工作人员应清除口袋中的杂物 |
| 13 | 电动操作不当损坏断路器 | 未检查挡位对应情况前，禁止电动操作。禁止在极限位置检查电流相序 |

## 5.2.5 电流互感器检修、更换

电流互感器检修、更换作业危险源点及预控措施见表 5-5。

**表 5-5　　电流互感器检修、更换作业危险源点及预控措施**

| 序号 | 危险源点 | 预控措施 |
|---|---|---|
| 1 | 登梯过程中坠落 | 登梯过程中禁止手持杂物，有人挡梯 |
| 2 | 上下抛掷物件伤及设备及人员 | 禁止上下抛接物品，物件应上下传送 |
| 3 | 电流互感器末屏开路 | 工作负责人应在工作结束前进行检查 |
| 4 | 电流互感器二次开路 | 工作负责人应在工作结束前进行检查 |
| 5 | 感应电伤人 | 使用临时接地线，或使用绝缘手套 |
| 6 | 吊臂回转误碰邻近带电部位 | 必须专人指挥起吊，对吊车操作员事先明确有电部位 |
| 7 | 起吊过程中发生重心偏移和失控 | 必须专人指挥起吊，并检查确认悬挂点稳固性，平稳起吊和转动；吊绳夹角不大于 60°；被吊件刚一吊起时应再次检查其悬挂和捆绑情况，确认可靠后再继续起吊 |
| 8 | 低压触电 | 由 2 人共同接电源，接线前确定是否有电，不得乱搭乱拉，使用专用插头。检查触电保护器。电焊机外壳接地 |

## 5.2.6 电压互感器检修、更换

电压互感器检修、更换作业危险源点及预控措施见表 5-6。

**表 5-6　　电压互感器检修、更换作业危险源点及预控措施**

| 序号 | 危险源点 | 预控措施 |
|---|---|---|
| 1 | 吊臂回转误碰邻近带电部位 | 必须专人指挥起吊，对吊车操作员事先明确有电部位 |

续表

| 序号 | 危险源点 | 预　控　措　施 |
| --- | --- | --- |
| 2 | 起吊过程中发生重心偏移和失控 | 必须专人指挥起吊，并检查确认悬挂点稳固性，平稳起吊和转动；吊绳夹角不大于60°；被吊件刚一吊起时应再次检查其悬挂和捆绑情况，确认可靠后再继续起吊 |
| 3 | 低压触电 | 由2人共同接电源，接线前确定是否有电，不得乱搭乱拉，使用专用插头。检查触电保护器。电焊机外壳接地 |
| 4 | 登梯过程中坠落 | 登梯过程中禁止手持杂物，有人挡梯 |
| 5 | CVTδ开路 | 工作负责人应在工作结束前进行检查 |
| 6 | 上下抛掷物件伤及设备及人员 | 禁止上下抛接物品，物件应上下传送 |
| 7 | 感应电伤人 | 使用临时接地线，或使用绝缘手套 |
| 8 | 二次接线错误 | 工作负责人应在工作结束前进行检查 |

### 5.2.7　电容器组检修

电容器组检修作业危险源点及预控措施见表5-7。

**表5-7　　电容器组检修作业危险源点及预控措施**

| 序号 | 危险源点 | 预　控　措　施 |
| --- | --- | --- |
| 1 | 电容器残余电荷对人体放电 | 对电容器逐个多次放电 |
| 2 | 高处坠物损坏设备 | 正确使用工器具，防止用力过猛 |
| 3 | 登梯过程中坠落 | 登梯过程中禁止手持杂物，有人挡梯 |
| 4 | 人员磕碰受伤 | 狭小空间内移动应缓慢，正确使用安全帽 |
| 5 | 机械伤害 | 隔离开关调试时应互唱 |

### 5.2.8　油化工作

油化作业危险源点及预控措施见表5-8。

**表5-8　　油化作业危险源点及预控措施**

| 序号 | 作业活动 | 危险源点 | 预控措施 |
| --- | --- | --- | --- |
| 1 | 油样采集 | 作业人员进入作业现场不戴安全帽，不穿绝缘鞋，走错间隔及误碰带电设备会发生人员伤害事故 | 作业人员进入作业现场应戴安全帽，穿绝缘鞋，确认间隔、加强监护，注意与带电设备的安全距离 |
|  |  | 登高作业可能会发生高空坠落或瓷件损坏 | 工作中如需使用梯子等登高工具时，应做好防止瓷件损坏和人员高空摔跌的安全措施 |

续表

| 序号 | 作业活动 | 危险源点 | 预控措施 |
|---|---|---|---|
| 1 | 油样采集 | 不了解采样阀结构，可能造成喷油，甚至造成事故 | 充分了解设备采样阀结构，演练操作步骤 |
| | | 大口径采样阀采样有时可能会影响主变压器瓦斯继电器，造成跳闸 | 重要设备必要时要求停瓦斯跳闸改为信号 |
| | | 互感器、消弧线圈等带电采样式可能安全距离有限，容易造成事故 | 互感器、消弧线圈等带电采样式可能安全距离有限，必须加强监护，必要时增加安全措施 |
| 2 | 油中气体在线监测装置巡检 | 作业人员进入作业现场不戴安全帽，不穿绝缘鞋，走错间隔及误碰带电设备会发生人员伤害事故 | 作业人员进入作业现场应戴安全帽，穿绝缘鞋，确认间隔、加强监护，注意与带电设备的安全距离 |
| | | 在线监测装置巡检操作过程中，可能对监测主设备产生影响，甚至发生事故 | 在线监测装置巡检操作过程中，必须充分了解对监测主设备可能产生影响，做好预控措施和对策，避免不良影响的发生 |
| | | 不了解设备结构原理及现场情况，可能造成误操作和设备损坏 | 装置巡检时必须充分了解设备结构原理及现场情况，加强监护和确认，避免误操作和设备损坏 |
| | | 进入数据终端设备机房时，认错屏位可能误碰其他设备，不熟悉系统功能及操作可能造成误操作，使用移动数据设备时可能造成计算机病毒感染 | 操作设备终端数据服务器时，应认真确认机柜屏位，避免误碰其他设备，认真学习和熟悉系统功能及操作，对使用移动数据设备预先进行计算机病毒查杀 |
| | | 对相关电源、网络等系统连接进行操作时可能影响其他设备 | 对相关电源、网络等系统连接进行操作时应了解影响其他设备可能，并做好相关措施 |

## 5.3 保护设备更换安全措施

### 5.3.1 线路保护更换安全措施

#### 5.3.1.1 220kV 线路保护更换二次安全措施

1．实施步骤

本安全措施是针对 220kV 一次主接线采用双母双分段带母联接线方式，采用合并单元采样和 GOOSE 跳闸模式的智能站线路保护更换。

（1）退出对应 220kV 第一套母线保护内该线路保护 GOOSE 启失灵接收软压板；退出对应 220kV 第二套母线保护内该线路保护 GOOSE 启失灵接收软压板。

（2）退出对应220kV第一套母线保护内该线路保护元件投入软压板并断开其直采光纤。

（3）退出对应220kV第二套母线保护内该线路保护元件投入软压板并断开其直采光纤。

（4）断开220kV第一套线路保护通道光纤；断开220kV第二套线路保护通道光纤。

（5）在合并单元A、合并单元B端子排将TA短接并划开，TV回路划开。

2．案例背景

本案例以500kV××变电站220kV天余2M71线路保护为例。

（1）停电范围。

1）一次停役设备：2M71断路器、天余2M71线。

2）二次停役设备：2M71断路器合并单元A、B；2M71断路器智能终端A、B，天余2M71线路保护A、B。

（2）虚端子示意图。线路保护虚端子示意图如图5-1所示。

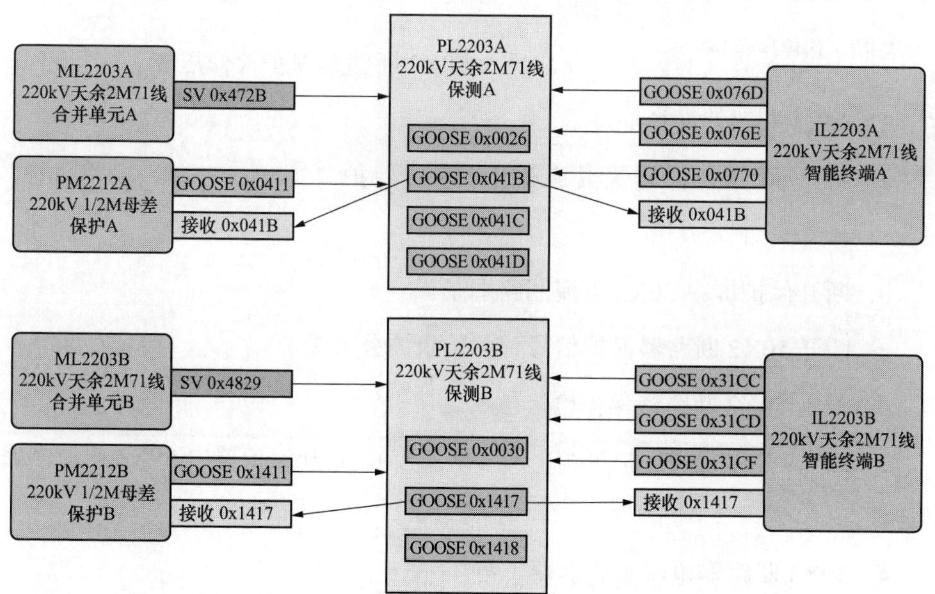


图5-1　线路保护虚端子示意图

5.3.1.2　500kV 线路保护更换二次安全措施

以 500kV××线路保护更换为例编制的二次工作安全措施票，其中一次系统图及停电范围如图 5-2 所示。

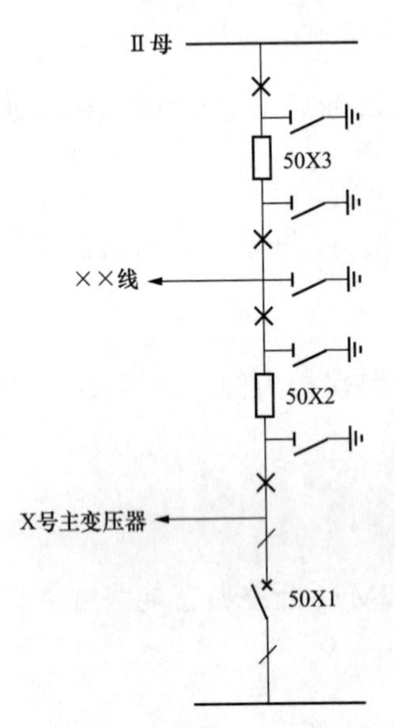


图 5-2　500kV 线路保护更换工作停电范围

（1）停电范围：50X2、50X3 断路器，××线。

（2）更换设备：××线第一套、第二套线路保护。

（3）二次安全措施实施原则如下。

1）50X2 断路器保护屏。

a．断开 50X2 断路器保护失灵跳 50X1 断路器相关回路、压板。

b．断开 50X2 断路器保护失灵联跳 X 号主变压器保护相关回路、压板。

c．断开保护屏中 50X2 电流回路端子。

d．断开 50X2 断路器保护信号、故障录波公共端。

e．投入 50X2 断路器保护检修压板。

2）50X3 断路器保护屏。

a．断开 50X3 断路器失灵启动Ⅱ母母线保护（第一、二套）相关回路、压板。

b．断开保护屏中 50X3 电流回路端子。

c．断开 50X2 断路器保护信号、故障录波公共端。

d．投入 50X2 断路器保护检修压板。

3）500kVⅡ母母线保护屏第一套（第二套）。断开保护屏中 50X3 电流回路端子。

4）50X3 断路器电流互感器端子箱。

a．断开端子箱中至××线路保护相关电流端子。

b．用红胶带封上其余电流回路端子。

### 5.3.2 主变压器保护更换安全措施

#### 5.3.2.1 220kV主变压器保护更换二次安全措施

1．实施步骤

本安全措施针是对220kV一次主接线采用双母线接线方式，采用合并单元采样和GOOSE跳闸模式的智能站主变压器保护更换。

（1）保护更换前安全措施如下。

1）退出对应220 kV 母线保护内该间隔SV接收软压板及直采光纤，GOOSE启失灵接收软压板，GOOSE失灵解复压接收软压板。

2）退出对应110kV母线保护内该间隔元件投入软压板及直采光纤。

3）退出对应220kV母联间隔智能终端、110kV母联间隔智能终端直跳光纤。

4）退出对应10 kV分段备自投装置内主变压器保护动作闭锁备自投开入GOOSE接受软压板。

5）投入220kV主变压器保护、测控、各侧断路器、本体合并单元及智能终端检修压板。

6）在合并单元端子排将TA短接并划开，TV回路划开。

（2）传动试验安全措施。

1）退出对应220kV母线保护内运行间隔GOOSE发送软压板，失灵联跳软压板，放上该母线保护检修压板。

2）退出对应110kV母线保护内运行间隔GOOSE发送软压板，投入该母线保护检修压板。

2．案例背景

本案例以220kV××变电站1号主变压器A套主变压器保护为例。

（1）停电范围。

1）一次停役设备：1号主变压器、2501断路器、701断路器、101断路器、102断路器。

2）二次停役设备：2501断路器合并单元、2501断路器智能终端；701断路器合并单元、701断路器智能终端；101断路器、102断路器合并单元、智能终端；1 号主变压器保护及本体智能终端。

（2）虚端子示意图。主变压器保护虚端子示意图如图 5-3 所示。

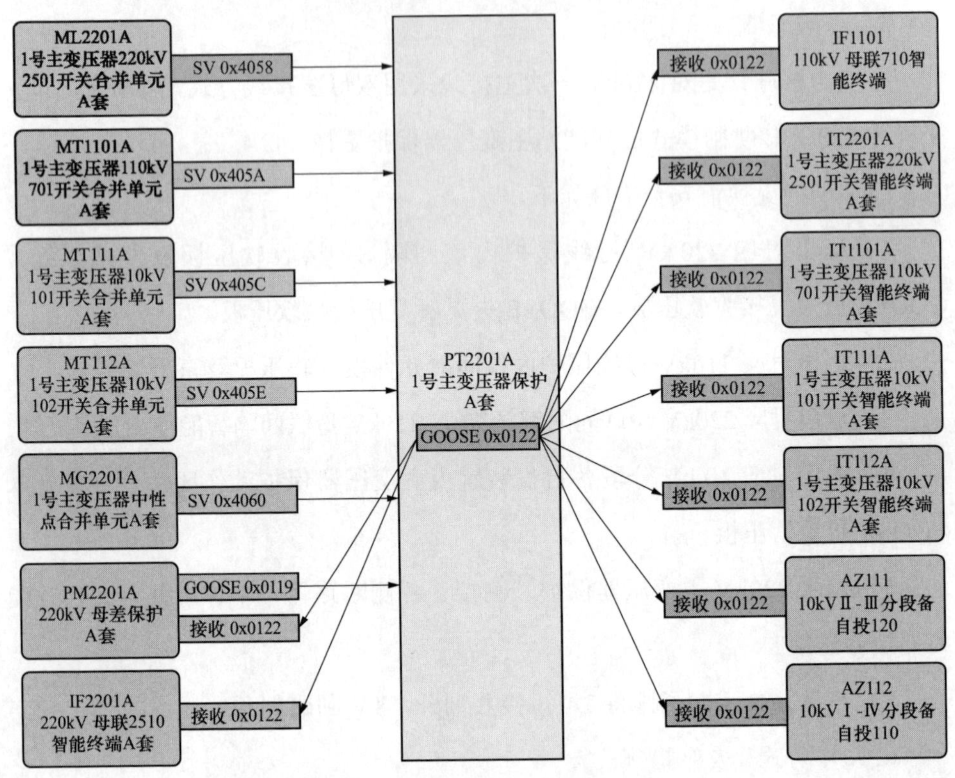


图 5-3　主变压器保护虚端子示意图

#### 5.3.2.2　500kV 主变压器保护更换二次安全措施

以 500kV X 号主变压器保护（六统一）更换为例编制二次工作安全措施，其中一次系统图及停电范围如图 5-4 所示。

（1）停电范围：X 号主变压器，50X1 断路器，50X2 断路器，260X 断路器，35kV X 母。

（2）更换设备：X 号主变压器保护 A、B、C 屏。

（3）二次安全措施实施原则。

1）50X2 断路器保护屏。

a．断开 50X2 断路器保护失灵跳 50X3 断路器相关回路、压板。

b．断开 50X2 断路器保护闭锁 50X3 断路器重合闸相关回路、压板。

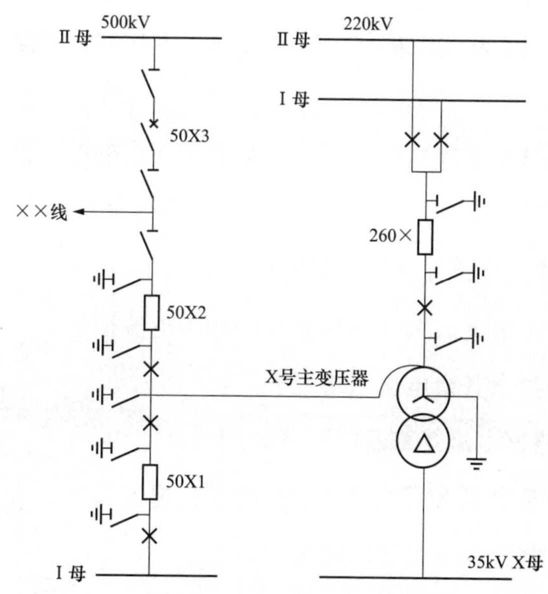


图 5-4　500kV 主变压器保护更换工作停电范围

c．断开 50X2 断路器保护失灵启动××线路远跳相关回路、压板。

d．断开保护屏中 50X2 电流回路端子。

e．断开 50X2 断路器保护信号、故障录波公共端。

f．投入 50X2 断路器保护检修压板。

2）50X1 断路器保护屏。

a．断开 50X1 断路器失灵启动Ⅰ母母线保护相关回路、压板。

b．断开保护屏中 50X1 断路器电流回路端子。

c．断开 50X1 断路器中央信号、故障录波信号公共端。

d．投入 50X1 断路器保护检修压板。

3）500kVⅠ母母线保护屏第一套（第二套）。断开保护屏中 50X1 断路器电流回路端子。

4）220kVⅠ/Ⅱ母第一套（第二套）母线保护屏。

a．断开 X 号主变压器保护启动失灵开入相关回路。

b．断开 X 号主变压器保护解复压闭锁相关回路。

c．断开保护屏中 260X 断路器电流回路端子。

5）220kV 母联断路器保护屏。断开 X 号主变压器保护跳 220kV 母联断路器相关回路。

6）220kV 分段断路器保护屏。断开 X 号主变压器保护跳 220kV 分段断路器相关回路。

7）50X1 断路器电流互感器端子箱。

a．断开端子箱中至 X 号主变压器保护相关电流端子。

b．用红胶带封上其余电流回路端子。

8）260X 断路器电流互感器端子箱。

a．断开端子箱中至 X 号主变压器保护相关电流端子。

b．用红胶带封上其余电流回路端子。

9）X 号主变压器本体端子箱。

a．断开端子箱中至 X 号主变压器保护相关电流端子。

b．用红胶带封上其余电流回路端子。

### 5.3.3 母线保护更换安全措施

#### 5.3.3.1 220kV 母线保护更换二次安全措施

1．实施步骤

本安全措施针是对 220kV 一次主接线采用双母双分段带母联接线方式，采用合并单元采样和 GOOSE 跳闸模式的智能站中母线保护 A 套更换。申请停役相关受影响的保护，必要时申请停役一次设备。

（1）退出 220kV 对应母线各间隔（线路、主变压器、母联、分段）保护 A GOOSE 出口软压板、启失灵软压板，放上各间隔（线路、主变压器、母联、分段）保护 A 检修压板。

（2）退出 220kV 对应母线各间隔（线路、主变压器、母联、分段）智能终端 A 出口硬压板，放上各间隔（线路、主变压器、母联、分段）智能终端 A 检修压板。

（3）放上 220kV 对应母线各间隔（线路、主变压器、母联、分段）合并单元 A 检修压板。

（4）在220kV对应母线各间隔（线路、主变压器、母联、分段）合并单元端子排将TA短接并划开，TV回路划开。

2．案例背景

本案例以500kV××变电站220kVⅠⅡ母第一套母线保护更换为例。

（1）停电范围。

1）一次停役设备：无。

2）二次停役设备：220kVⅠⅡ母所有间隔的合并单元A、220kVⅠⅡ母所有间隔的断路器智能终端A、220kVⅠⅡ母所有间隔保护A。

（2）虚端子示意图。母线保护虚端子示意图如图5-5所示。

5.3.3.2　500kV母线保护更换二次安全措施

以500kVⅠ母母差保护更换为例编制二次工作安全措施，其中一次系统图及停电范围如图5-6所示。

（1）停电范围：500kVⅠ母，50X1断路器，50Y1断路器。

（2）更换设备：500kVⅠ母第一套、第二套母差保护。

（3）二次安全措施实施原则。

1）50X1断路器保护屏。

a．断开50X1断路器失灵跳50X2断路器相关回路、压板。

b．断开50X1断路器保护闭锁50X2断路器重合闸相关回路、压板。

c．断开50X1断路器保护失灵联跳主变压器相关回路、压板。

d．断开保护屏中50X1断路器电流回路端子。

e．断开50X1断路器中央信号、故障录波信号公共端。

f．投入50X1断路器保护检修压板。

2）50Y1断路器保护屏。

a．断开50Y1断路器失灵跳50Y2断路器相关回路、压板。

b．断开50Y1断路器保护闭锁50Y2断路器重合闸相关回路、压板。

c．断开50Y1断路器保护远跳线路保护（第一、二套）相关回路、压板。

d．断开保护屏中50Y1断路器电流回路端子。

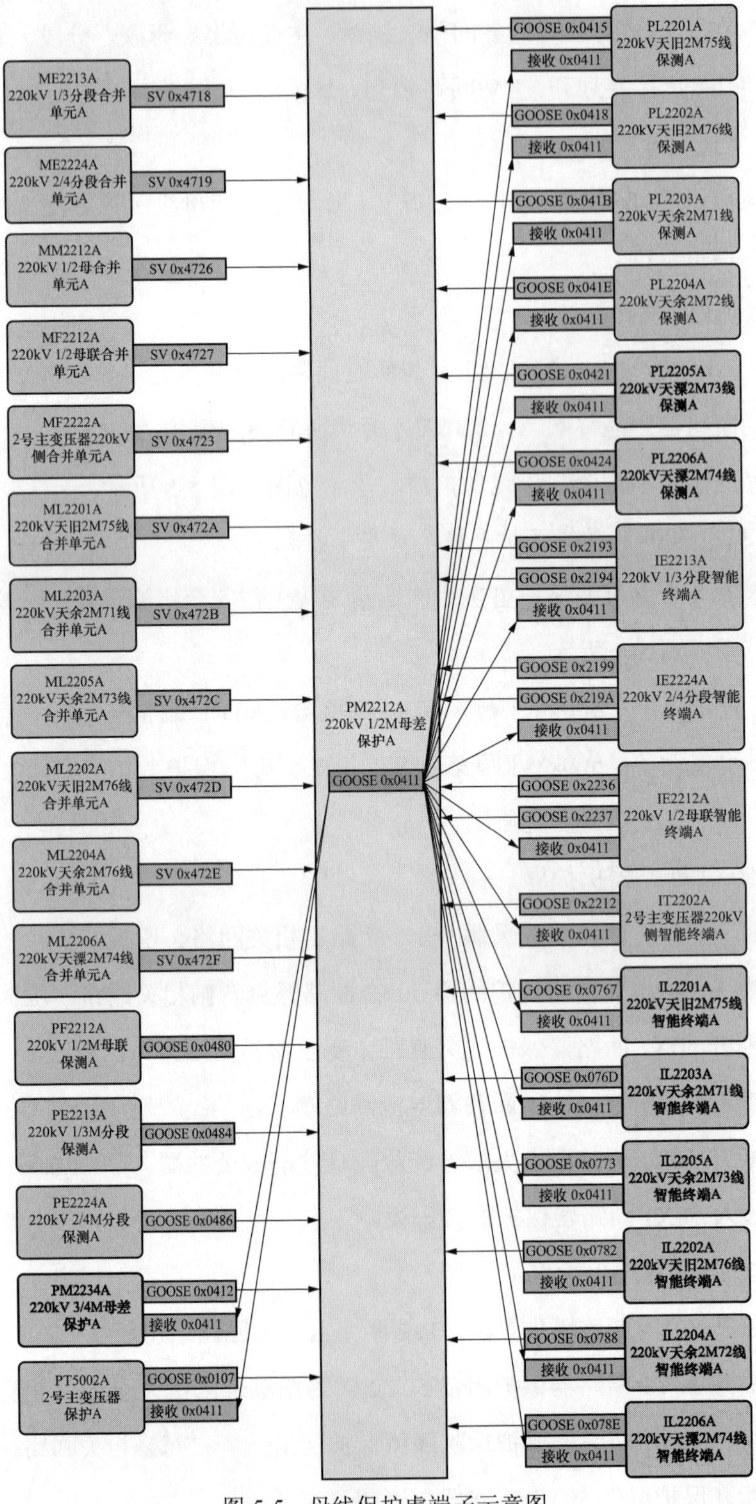

PM2212A
220kV 1/2M母差
保护A
GOOSE 0x0411

ME2213A
220kV 1/3分段合并
单元A
SV 0x4718

ME2224A
220kV 2/4分段合并
单元A
SV 0x4719

MM2212A
220kV 1/2母合并
单元A
SV 0x4726

MF2212A
220kV 1/2母联合并
单元A
SV 0x4727

MF2222A
2号主变压器220kV
侧合并单元A
SV 0x4723

ML2201A
220kV天旧2M75线
合并单元A
SV 0x472A

ML2203A
220kV天余2M71线
合并单元A
SV 0x472B

ML2205A
220kV天余2M73线
合并单元A
SV 0x472C

ML2202A
220kV天旧2M76线
合并单元A
SV 0x472D

ML2204A
220kV天余2M76线
合并单元A
SV 0x472E

ML2206A
220kV天溧2M74线
合并单元A
SV 0x472F

PF2212A
220kV 1/2M母联
保测A
GOOSE 0x0480

PE2213A
220kV 1/3M分段
保测A
GOOSE 0x0484

PE2224A
220kV 2/4M分段
保测A
GOOSE 0x0486

PM2234A
220kV 3/4M母差
保护A
GOOSE 0x0412
接收 0x0411

PT5002A
2号主变压器
保护A
GOOSE 0x0107
接收 0x0411

PL2201A
220kV天旧2M75线
保测A
GOOSE 0x0415
接收 0x0411

PL2202A
220kV天旧2M76线
保测A
GOOSE 0x0418
接收 0x0411

PL2203A
220kV天余2M71线
保测A
GOOSE 0x041B
接收 0x0411

PL2204A
220kV天余2M72线
保测A
GOOSE 0x041E
接收 0x0411

PL2205A
220kV天溧2M73线
保测A
GOOSE 0x0421
接收 0x0411

PL2206A
220kV天溧2M74线
保测A
GOOSE 0x0424
接收 0x0411

IE2213A
220kV 1/3分段智能
终端A
GOOSE 0x2193
GOOSE 0x2194
接收 0x0411

IE2224A
220kV 2/4分段智能
终端A
GOOSE 0x2199
GOOSE 0x219A
接收 0x0411

IE2212A
220kV 1/2母联智能
终端A
GOOSE 0x2236
GOOSE 0x2237
接收 0x0411

IT2202A
2号主变压器220kV
侧智能终端A
GOOSE 0x2212
接收 0x0411

IL2201A
220kV天旧2M75线
智能终端A
GOOSE 0x0767
接收 0x0411

IL2203A
220kV天余2M71线
智能终端A
GOOSE 0x076D
接收 0x0411

IL2205A
220kV天余2M73线
智能终端A
GOOSE 0x0773
接收 0x0411

IL2202A
220kV天旧2M76线
智能终端A
GOOSE 0x0782
接收 0x0411

IL2204A
220kV天余2M72线
智能终端A
GOOSE 0x0788
接收 0x0411

IL2206A
220kV天溧2M74线
智能终端A
GOOSE 0x078E
接收 0x0411

图 5-5 母线保护虚端子示意图

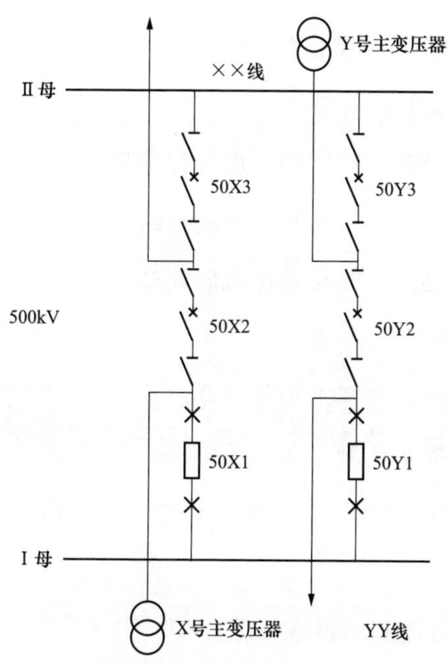


图 5-6 500kV 母线保护更换工作停电范围

e. 断开 50Y1 断路器中央信号、故障录波信号公共端。

f. 投入 50Y1 断路器保护检修压板。

3）50X1 断路器电流互感器端子箱。

a. 断开端子箱中至母差保护相关电流端子。

b. 用红胶带封上其余电流回路端子。

4）50Y1 断路器电流互感器端子箱。

a. 断开端子箱中至母差保护相关电流端子。

b. 用红胶带封上其余电流回路端子。

### 5.3.4 开关保护更换安全措施

以 500kV 50X1 断路器保护更换为例编制二次工作安全措施，其中一次系统图及停电范围如图 5-7 所示。

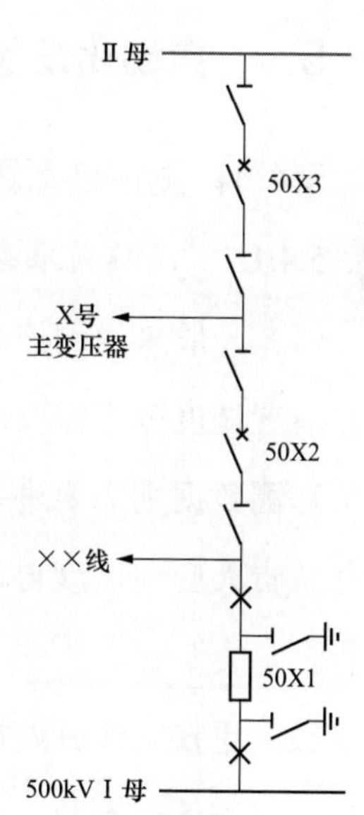


图 5-7 500kV 开关保护更换工作停电范围

（1）停电范围：50X1 断路器。

（2）更换设备：50X1 断路器保护。

（3）二次安全措施实施原则。

1）500kV Ⅰ母第一套（第二套）母线保护屏。

a．断开 50X1 失灵启动母差开入相关回路。

b．断开保护屏中 50X1 断路器电流回路端子。

2）50X2 断路器保护屏。

a．断开 50X1 失灵联跳开入相关回路。

b．断开 50X1 闭锁重合闸开入相关回路。

3）××线线路保护屏第一套（第二套）。断开 50X1 失灵启动线路远跳开入相关回路。

4）50X1 断路器电流互感器端子箱。

a．断开端子箱中 50X1 断路器保护相关电流端子。

b．用红胶带封上其余电流回路端子。

## 5.4 自动化设备更换安全措施

### 5.4.1 测控装置更换安全措施

#### 5.4.1.1 工作前准备

（1）一般来说测控装置更换工作是结合技改项目一起进行的，停电间隔的测控装置调度侧不需要进行数据封锁。但如果涉及非停电设备尤其是 220kV 间隔的遥测数据则需要进行数据替代或者数据封锁。测控装置工况退出前，现场工作负责人应向调度自动化值班员及运维单位提出申请，经批准后，方可退出运行。

（2）更换工作开始前先进行测控装置数据备份，包括逻辑闭锁文件、通信地址、遥测遥信参数、通信参数等。

#### 5.4.1.2 执行二次回路安全措施票

（1）根据图纸核实外部接线，确保图实一致的情况下核对二次回路安全措施票。

（2）退出该间隔遥控出口压板。

（3）短接电流互感器二次回路，2人至端子箱进行电流互感器短接，一人查看测控装置及后台监控同步核对遥测数据变化是否一致。

（4）拉开电压空气开关，查看测控装置及后台监控遥测数据变化是否一致。

（5）拉开测控装置电源，测控装置断电。

（6）做好拆复线记录，确认外部接线套管标记完好，解开外部接线并用绝缘胶布包裹，若套管标记不完整须做好相应标记。

（7）断开装置A、B网通信网线并做好标记。

（8）拆除测控装置背后接线后将旧测控装置拆除。

5.4.1.3　更换新的测控装置

（1）安装新的测控装置并恢复新测控装置背部接线。

（2）根据拆复线记录恢复外部接线，并根据实际情况更改图纸。

（3）装置恢复供电，查看装置开入量是否一一对应。

（4）参数设置，恢复备份数据（包括逻辑闭锁文件、通信地址、遥测遥信参数、通信参数等）。

（5）拆除短接电源线2人至端子箱进行电流互感器短接，一人查看测控装置核对遥测数据变化是否一致。

（6）恢复输入测量电压，查看测控装置遥测数据变化是否一致。

（7）恢复测控装置的A、B网通信，与后台及监控核对遥信遥测数据，查看逻辑闭锁状态是否正确。

（8）遥控验收。遥控验收前需要运行人员申请将全站所有断路器设备“远方/就地”切换开关切换至“就地”位置，仅将受控装置切“远方”位置。监控人员对受控装置进行远方遥控预置，断路器反校成功，且受控装置显示报文正确，再将受控装置切“就地”位置，远方遥控预置，断路器反校不成功，则该装置遥控预置验收通过。对于运行设备，注意不可进行遥控执行操作。

（9）恢复遥控压板。

### 5.4.2 总控装置更换安全措施

#### 5.4.2.1 更换A套总控装置

更换前先进行原A套总控装置的数据备份。A套总控装置工况退出前，现场工作负责人应向调度自动化值班员及运维单位提出申请，经批准后，方可退出运行。在运行屏柜穿通信网线时应加强监护，严禁进行产生振动的工作，严防误碰、误跳运行断路器。

#### 5.4.2.2 A套总控装置调试

调试前应对新的信息库与原信息库进行比较核对，确保调度信息表与现场下装的转发表一致后，方可进行下装操作。调试过程中，断开新总控装置对下的所有连接，严禁接入运行设备进行试验，防止调试过程中误遥控。

#### 5.4.2.3 A套总控装置的验收、投运

调试完毕后，自动化值班人员先进行验收，无误后方可进行运行和监控验收工作。运行人员进行功能验收，然后由监控人员进行“遥控、遥信、遥测、遥调”验收。

（1）遥测数据在调度自动化端由调度自动化值班人员对A总控装置与B总控装置进行数据比对验收。现场运行人员与监控人员进行厂站后台监控系统与调度D5000监控系统进行遥测数据比对验收。

（2）遥信验收：核对现场设备实际状态（现场后台监控画面）与主站监控主画面是否一致。断路器位置与监控显示一致，考虑到变电站设备均在运行状态，部分遥信（如保护动作信号、断路器分合闸信号、控制回路断线、弹簧未储能信号、母线绝缘降低等信号）无法现场实做，如装置具备虚发遥信功能，在运行人员现场监护的条件下，虚发信号验证，如不具备虚发遥信功能的装置信号，则核对遥信状态与后台监控画面是否一致即可。具备现场模拟条件的可进行模拟验证。

（3）遥控验收：根据监控遥控转发表逐点进行验收。能够实做则实做，不具备实做条件的进行遥控预置。遥控验收前需要运行人员申请将全站所有断路器设备“远方/就地”切换开关切换至“就地”位置，仅将受控装置切“远方”

位置。监控人员对受控装置进行远方遥控预置，断路器反校成功，且受控装置显示报文正确，再将受控装置切“就地”位置，远方遥控预置，断路器反校不成功，则该装置遥控预置验收通过。对于运行设备，注意不可进行遥控执行操作。

（4）验收工作完毕后，新设备方可进行投运。

5.4.2.4　B 套总控装置的更换

同 5.4.2.1 更换 A 套总控装置。

5.4.2.5　B 套总控装置的调试

同 5.4.2.2A 套总控装置调试。

5.4.2.6　B 套总控装置的验收、投运

同 5.4.2.3A 套总控装置的验收、投运。

5.4.2.7　验收完毕后的数据备份

运行及监控人员验收完毕后，工作负责人应告知自动化值班人员，现场工作已结束，相关数据通道解除封锁，相关检修流程闭环。

## 5.5　二次工作风险分析与防范

### 5.5.1　二次检修工作风险分析

二次工作风险主要存在于误碰、误动、误接线 3 个方面，其定义如下。

1．误碰

（1）直接误碰：走错间隔、回路短接错误、误动按键压板、误拉空气开关、野蛮施工等引发运行设备动作。

（2）间接误碰：安全风险隔离不彻底、两点接地、工作引发震动、设备干扰等引发运行设备动作。

2．误整定

（1）整定计算：设备参数、互感器变比与实际不符，定值失配，人员计算错误等引发设备不正确动作。

（2）定值执行：版本、定值项、定值区等执行不到位引发设备不正确动作。

3．误接线

（1）专业验收：回路图实不符、施工工艺不足、监护不力等隐埋隐患，造成后期装置不正确动作。

（2）安全措施执行、应急消缺：安全措施票编制不细致、风险隔离有遗漏、安全措施恢复不到位等引发设备不正确动作。

### 5.5.2 二次检修工作误碰防范措施

#### 5.5.2.1 定校、抢修、消缺、反事故措施、专业巡视中发生误碰行为

1．误碰运行设备

（1）误碰相邻运行设备，导致运行保护设备误动。

（2）在端子箱、汇控柜等空间相对狭小的地方工作时，身体误碰运行回路，导致回路误导通或者发生危害人身安全事件。

（3）联跳回路端子间或者线芯误短接，导致联跳回路误导通。

（4）误拉电源空气开关，导致运行设备失电。

（5）工器具使用不当导致短路、接地等。

（6）误将装置复位，导致装置参数恢复出厂设置。

应对措施如下：

（1）相邻运行屏柜、屏内运行设备及端子排工作前应用红布幔做好遮挡，并检查确认。

（2）狭小空间内作业应加强监护，作业时谨慎小心。

（3）作业过程应小心谨慎，防止因螺丝刀、试验线、钥匙等误碰端子或者线芯导致回路导通。

（4）认清空气开关标识，正确拉开相应空气开关。

（5）螺丝刀等工具的金属部分应做好绝缘处理，万用表使用前应确认打在正确的挡位。

（6）切勿擅自复位装置。

2．抢修作业安全措施执行不当

（1）未认清二次回路，直接通过短接点等方式验证，导致误跳运行断

路器。

（2）未有效隔离影响运行设备的回路，导致运行设备误动。

（3）以投退智能终端出口硬压板的方式，进行本间隔保护投退，可能导致母差保护无法出口跳闸。

应对措施如下：

（1）认清间隔回路，周全防范关联运行设备误动风险，验证时加强监护，做好隔离。

（2）可靠拆除或隔离影响运行设备的回路，并做好记录。

（3）智能变电站本间隔保护投退应采用投退保护出口软压板的方式。

3．直流接地处置不当

对带电回路进行摇绝缘，导致保护设备烧毁，误跳运行设备。

应对措施：进行电缆摇绝缘时，确保电源拉开，或电缆两头拆除，试验后应进行放电处理。

#### 5.5.2.2　基建、技改现场勘察

1．重要回路勘察不全面

（1）联跳回路、启动失灵回路、低周回路勘察不全面，安全措施不到位，导致施工过程中误跳运行断路器。

（2）和电流回路未查清，电缆拆除时误碰运行间隔电流。

应对措施如下：

（1）设计交底会考问施工单位技术人员存在误跳风险回路及和电流情况，确认技术要点，与实际核对并保证正确。

（2）现场勘察时，派出专业骨干会同设计、施工单位一同查验。

2．屏顶小母线勘察不全面

（1）交流电压屏顶小母线、电压重动并列回路勘察不全面，施工过程中，造成运行间隔的保护或测控装置失压，距离保护误闭锁等情况。

（2）直流电源屏顶小母线勘察不全面，造成误中断运行屏柜的电源。

应对措施如下：

（1）设计交底会考问施工单位有关交流电压、直流电源小母线情况，并与实际情况对比。

（2）现场勘察时，派出专业骨干会同设计、施工单位一同查验。

3．运行状况勘察不全面

（1）相邻带电设备状况未完全掌握，施工过程中发生人身触电或误停运行设备。

（2）操作继电器屏内运行间隔未查清，可能造成误碰运行端子，导致断路器跳闸。

应对措施如下：

（1）设计交底会考问施工单位相邻带电设备情况，并要求施工单位出具安全措施布置图，标注带电设备，并与实际情况对比；同时，考问施工单位操作继电器屏内端子排接线情况，要求施工单位汇报屏内作业计划，并与实际对比。

（2）查勘时，派出专业骨干会同设计、施工单位一同查验。

4．危险点未提出管控措施

“三措一案”审查未明确预放至运行间隔电缆的管控措施，如预放电缆离端子排过近，造成运行设备误动。

应对措施：施工方案审查，明确预放电缆危险点管控措施，做好绝缘处理，远离运行设备端子排。

5.5.2.3　安全交底不到位造成误碰

1．施工安全要点交底不到位

二次安全措施执行情况未交底，造成施工人员破坏二次安全措施。

应对措施：二次安全措施执行完毕后进行施工交底，拍照留存并定期核对相关安全措施。

2．未交代电源接入工作要求

待接入回路未检查是否存在短路或接地。

应对措施：待接入回路应仔细检查回路绝缘情况，严防短路或接地。

3．未交代小母线跨接搭接工作要求

（1）未交代检查线间和对地绝缘情况，未测量搭接母线对地电压及压差，可能造成直流接地或回路失去功能。

（2）小母线跨接搭接工作时未考虑操作空间，可造成因操作空间狭小导致电压短路。

（3）未交代交直流小母线施工要求，如交直流小母线端子排距离过近，可能导致直流接地。

（4）未交代工器具使用要求。

应对措施：正式开工前召开施工交底会，检修人员讲解要求，并给出书面版交底记录，施工单位人员签字。复印件由施工人员张贴于现场，搭接前认真核实现场状况。工器具裸露部分应用绝缘胶布裹好。

4．未交代其他安全注意事项

未交代检修设备与运行设备交会点隔离措施，可导致运行设备跳闸。

应对措施：正式开工前召开施工交底会，检修人员讲解要求，并给出书面版交底记录，施工单位人员签字。复印件由施工人员张贴于现场。

5.5.2.4　现场管控不到位造成误碰

未有效把控施工作业安全。

（1）现场施工危险点分析不到位，关键过程（如保护联跳试验等）监护不到位，可造成误跳运行设备。

（2）运行屏柜预放电缆未做绝缘隔离措施或露铜，可造成直流接地或误动。

（3）在运行设备屏柜工作时，未将相关联跳压板断开，未将相关联跳回路隔离清楚。

（4）施工工艺不规范，可造成运行设备误动或给后期运维埋下安全隐患。

应对措施如下：

（1）对一些关键过程，须 2 人工作，专人监护。

（2）应检查预放电缆，保证绝缘可靠并远离端子排。

（3）督促二次安全措施票严格执行到位。

（4）加强安全管控力度，督促作业人员严格按照工艺规范作业。

#### 5.5.2.5 验收不到位造成误碰

联跳试验风险管控不到位，验收质量不高。

（1）未把控各种联跳试验危险点，如无关的跳闸压板应绝缘包裹封死上口，单端试验时纵差通道未自环等，可能造成本站其他断路器或对侧站断路器误动。

（2）验收时未一一核对主变压器联跳相关间隔的压板，导致误跳运行断路器。

（3）空气开关标签意思不明确或定义不准确，不符合规范，导致误碰。

应对措施如下：

（1）与运行屏柜有关联跳电缆接线，须检修人员到场持票监护并做传动试验。

（2）主业人员应及时核查，验收时压板要一一验证对应关系。

（3）验收时与运行人员共同核对空气开关和标签。

### 5.5.3 二次检修工作误整定防范措施

#### 5.5.3.1 收资环节出现问题造成误整定

1．保护装置型号版本信息核对有误

未认真核对保护软件版本，导致非入网许可装置入网运行；或定值单版本信息存在错误。

应对措施：加强现场核对，软件版本、校验码、硬件都应与检测合格公示设备一致。

2．误报或漏报线路实测参数

应实测数据未进行实测，或实测数据有误而直接报送虚假数据，导致保护定值错误。

应对措施：加强现场督察，保证施工方使用合格仪器，正确完成参数实测，实测参数报告应同一来源、同一版本，在与理论参数比对无误后，出具正式版本，并经设备主人确认（签字并加盖单位公章）。

3．电容器及其相关设备资料不全

电容器及其相关一次设备资料不全，导致保护定值错误。

应对措施：对报送的电容器及其相关设备资料加强核对，如电容器、电抗器、放电绕组等出厂试验报告是否齐全，对电容器内部单元接线情况等资料不全的，应联系厂家出具书面材料予以补充。

4．互感器参数未核实准确

未准确核实现场互感器变比、串并联、安装位置等参数，上报互感器参数错误，导致现场接线错误，整定人员整定错误。

应对措施：调试单位应核对保护使用的二次绕组变比与定值单一致，设计单位应保证保护使用的二次绕组接线方式和电流互感器的类型、准确度和容量满足要求，相关上报资料应经项目管理单位审核盖章，并附铭牌照片及试验报告。

5.5.3.2　整定计算错误

1．定值上下级配合考虑不周全

（1）整定原则考虑不全面，导致整定值与上下级不配合。

（2）遇有运行方式较大变化或重要设备变更时，未及时调整定值，导致定值不配合致使保护误动。

应对措施如下：

（1）建立全网统一协调的继电保护整定原则；整定交界面责任明确、定期交换参数、严格执行限额。

（2）遇有运行方式较大变化或重要设备变更时，及时校核相关设备及外围设备保护定值；及时编制年度继电保护整定方案，同时加强复算审批流程的规范执行。

2．定值项有明显错误

（1）未核对系统最大短路电流，选择电流互感器变比不符合10%误差要求。

（2）定值单一、二次值折算错误。

（3）定值单中定值项或控制字含义与装置实际不一致；定值单说明存在歧义等情况，导致现场整定有歧义而整定错误。

应对措施如下：

（1）项目管理单位提供电流互感器励磁曲线及10%误差计算报告，整定人员依据报告选择适当的变比抽头。

（2）定值单上应分别有一、二次整定值，定值单的复算审批环节应对一、二次值折算进行复核；现场执行时怀疑定值单二次值存在折算错误应及时与整定人员沟通。

（3）现场调试人员收到调试定值单后应核对定值清单及控制字含义是否与装置实际一致，对说明内容是否存在疑义，发现问题及时与整定人员沟通。

#### 5.5.3.3 调试定值出错

现场试验未全面验证调试定值。

（1）现场调试人员未按调试定值完成所有校验项目，调试单反馈不正确，导致整定错误。

（2）现场调试、检修、运行人员对调试定值单重视程度不够，导致未发现调试单错误，致使误整定。

应对措施如下：

（1）应按照继电保护及安全自动装置检验规程的相关要求，对继电保护装置、二次回路所有的保护项目进行整组验收，须包含调试定值单上未启用的保护项目，现场验收前必须经过三级验收，检修单位不得随工验收，确保相关保护项目无遗漏。

（2）加强现场调试过程技术监督，调试人员应对调试定值单的每一项内容进行核对，并做好记录，对调试定值单有疑问的或与现场实际不符的及时与整定人员沟通。

#### 5.5.3.4 正式定值执行出错

1．定值项执行错误

（1）未严格按照定值单要求执行各定值区定值。

（2）未按最新专业要求放置定值区。

（3）定值项执行错误，检修人员、监护人员未及时发现。

（4）未核对定值单电流互感器变比与现场是否一致。

应对措施如下：

（1）执行人员应一次性执行各区定值，认真核对各定值区及对应定值项与定值单一致，并及时做好记录。

（2）将定值合理保存至正确定值区，并做好签字记录。

（3）定值执行应经过输入、复核等流程，由 2 人操作，1 人输入，1 人监护核对，输入完成后，应再次复核。

（4）执行人员在执行时应确认定值单变比与实际电流互感器变比一致性。

2．版本号、校验码错误

（1）未核对版本号、校验码及相应硬件配置，致非入网许可装置入网运行。

（2）保护装置固件升级或更换，造成保护装置与定值单版本号、校验码不符。

应对措施如下：

（1）定值执行时，应先核对装置版本号、校验码与定值单一致性。

（2）保护装置升级或插件更换前，检修人员需提前确认影响范围，如造成校验码、版本号变更，应按相关管理要求提前提交相关申请和资料。

3．定值说明（备注）执行错误

定值单说明（备注）中要求根据现场实际自行整定、确认运方进行功能投退等内容，执行人员未核对现场情况导致功能缺失或与定值单要求不符。

应对措施：执行人员应正确执行定值单说明（备注）内容，必要时与运行人员共同确认现场实际运行方式等，保证定值执行全面性，并签字确认。

4．装置参数错误

（1）消缺、反事故措施等涉及插件升级、更换的工作完成后，装置参数定值恢复默认。

（2）定值执行时漏执行、未核对装置参数等基础数值，导致装置参数与实际不符。

应对措施如下：

（1）保护装置涉及插件更换工作完成后，应再次履行定值核对流程，确保全部定值与定值单一致。

（2）执行人员执行定值应注意基础参数设置，与运行人员共同核对，并经双方签字确认。

5.5.3.5　出口矩阵整定出错

1．出口矩阵与定值单出口要求不对应

出口矩阵对应断路器与定值单要求不一致，导致断路器误动、拒动。

应对措施如下：

（1）现场定值执行人员可根据定值单合理调整出口矩阵对应接线，保证两者一致；或将现场情况及时上报整定人员，由定值整定人员出具相应的出口矩阵。

（2）定值单未出具出口矩阵时，执行人员应根据装置说明书及现场接线，厘清出口矩阵对应逻辑关系，保证出口矩阵与定值单各定值项中对应出口断路器一致。

2．出口矩阵与实际情况不对应

（1）出口矩阵对应接线未经断路器传动试验，实际出口回路无效。

（2）未核对闭锁备自投等至其他装置的回路，导致部分功能无法实现。

应对措施如下：

（1）出口矩阵执行后，应进行一次设备传动试验，验证正确后不得更改。

（2）出口矩阵执行后，应进行备自投传动、闭锁试验，全面验证出口矩阵、二次回路的正确性。

5.5.3.6　临时定值整定出错

1．临时定值整定不合理

临时定值中电流、时间、控制字等整定错误。

应对措施：临时定值整定应严格按照整定规程开展整定工作，在保证上下级配合、灵敏度的基础上，可适当上调部分电流值，并充分考虑启动时的各种情况，保证保护相关功能启、停用的正确性。

2．临时定值执行、切换错误

（1）检修人员未严格按照临时定值要求执行，临时定值区记录错误或未正确交接，致运行人员切换错误。

（2）临时定值切换时，运行人员未按要求正确切换，致保护发生不正确动作。

应对措施如下：

（1）执行人员应按照正式定值标准执行临时定值，在现场定值单及工作记录簿上记录临时定值整定区号，并与运行人员进行交接及确认。

（2）运行人员应严格按照操作要求正确进行临时定值切换，切换后应进行复核并做好记录。

#### 5.5.3.7 定值核对出错

1．定值核对不全面

（1）现场修改、核对定值未使用最新定值单，导致定值整定错误。

（2）跳闸矩阵、设备参数等未在定值单中体现的定值项没有核对，可能导致保护不正确动作。

（3）施工、检修人员输入定值后，未进行变比核对，导致变比错误。

（4）当有多个定值区时，施工、检修人员工作完成后，未核对定值运行区，可能导致保护不正确动作。

（5）检修、运行人员未仔细阅读定值单上的备注信息，导致某些软压板未按照调度要求投退，可能导致保护不正确动作。

（6）外协作业结束后，定值未进行再次核对。

应对措施如下：

（1）要求在定值单流转系统内打印最新版定值单，并仔细核对定值单起用和作废编号。

（2）定值核对时，施工、检修人员应主动将保护功能涉及的参数与运行人员核对清楚。

（3）施工、检修人员在定值整定时须再次核对TA变比。

（4）运行人员与检修人员应仔细核对定值单，检修人员须在定值单上注明当前定值运行区，双方履行签字确认手续。

（5）检修、运行人员应仔细阅读、核对定值单备注信息，必要时与调度部门沟通，确认每一条备注信息理解、执行准确。

（6）应加强外协作业的监护和验收，工作结束前，须与运行人员核对定值，双方签字确认。

2．定值交代不清

（1）与运行人员进行变压器定值核对时，未交代联跳回路，操作时退出备自投等注意事项，造成运行误操作致使保护不正确动作。

（2）未交代硬压板投（退）说明，导致运行人员硬压板操作错误，致使保护功能与实际要求不符。

（3）对整定说明中要求根据现场实际自行整定部分未交代运行人员，导致该部分定值未整定。

（4）由于改造或反事故措施，部分保护功能相应变更。施工、检修人员未及时告知运行人员投（退）保护功能压板，修改运行规程，导致设备送电后，保护部分功能未及时更新。

应对措施如下：

（1）应与运行人员逐项核对变压器定值，并交代涉及的联跳回路、操作注意事项等。

（2）应与运行人员交代硬压板投（退）说明。

（3）现场检修人员应结合现场实际正确完成整定，不得遗漏，并按照要求与运行人员交接清楚。

（4）保护功能变化后应及时告知运行人员，及时投（退）保护功能压板，修改运行规程，确保保护功能变更正确。

5.5.3.8 定值维护

1．消缺引起误整定

保护 CPU 板件更换后，定值整定出错，可能导致保护不正确动作。

应对措施：消缺应注意定值核对，并特别注意核对所有定值区。

2．定校试验缺、漏项

主变压器出口矩阵未按定值单一一验证，导致误整定隐患未排除，可能导致保护不正确动作。

应对措施：定校试验时，应按定值单要求逐一验证主变压器出口矩阵。

3．专业巡视缺、漏项

专业巡视未认真核对保护定值，误整定隐患未排除。

应对措施：提升专业巡视质量，全面核对保护定值。

### 5.5.4 二次检修工作误接线防范措施

#### 5.5.4.1 现场勘察不到位造成误接线

1．未有效组织现场勘察

（1）未进行现场实地勘察，套用以往二次安全措施票，导致二次安全措施填写错误。

（2）现场勘察流于形式，未发现图实不一致或图纸缺失的隐患，导致二次安全措施票错误；关键回路无法正确隔离，增大误动风险。

应对措施如下：

（1）严格组织现场勘察，应开具现场勘察单及第二种工作票，并保留勘察记录作为后续工作开展依据。

（2）提前研究图纸，严密组织，认真比对图纸与实际接线，编写拆搭表并由工作负责人签字确认，确保勘察到位，严保二次安全措施票的正确性。

2．设计、施工勘察缺失

勘察流于形式，设计人员套用模板，施工人员未提前核查，导致回路功能缺失。

应对措施：组织检修、设计、施工人员三方进行现场勘察，加强勘察质量，保留勘察记录。

3．重要回路未查清

（1）未辨识图纸与实际接线不符，造成施工风险。

（2）与运行设备相关联的电流电压回路、跳合闸回路、启失灵回路未查，屏顶小母线未查清。

应对措施如下：

（1）应做好图实一致核查，对于不一致的地方应思考原因，并制订计划及时整改。

（2）应编制贴合现场工作的勘察记录表，对重要回路逐一核查并打勾确认。

5.5.4.2　二次安全措施不到位造成误接线

未正确实施二次安全措施。

（1）安全措施票执行时误拆线、漏拆线，导致运行设备误动作或误发告警。

（2）安全措施票恢复时，由于漏记或错记，导致恢复状态与原状态不一致，隐埋设备误动、拒动安全隐患。

（3）交流回路安全措施执行时，电压回路未完全断开，电流回路未在外侧有效短接，导致电压回路短路、电流回路开路。

（4）风险辨识不到位，短接需退出运行的电流回路时造成二次接地点失去，危害人身、设备安全。

应对措施如下：

（1）应强化二次安全措施票的刚性执行，监护人应严格履行监护、检查职责。

（2）安全措施执行应及时逐条做好相应记录，严禁提前在“已执行”栏打勾或最后一次性全部打勾。

（3）交流回路安全措施执行时，应断开电压回路空气开关，必要时须解开相关线芯，以保证插件背板处无电压；电流回路在端子排外侧短接后，应通过钳形表测量确已短接紧固，以保证插件背板处无电流。

（4）短接需退出运行的电流回路时，应确保每个次级有且仅有一个接地点。

5.5.4.3　抢修、消缺不到位造成误接线

1．消缺、抢修作业不规范，工艺质量不过关

（1）消缺、抢修过程中，拆除的回路线芯，恢复时未拧紧或误接线，导致保护误动、拒动。

（2）消缺、抢修接线时，正电源与跳合闸回路未隔离，导致误跳运行断路器。

（3）消缺、抢修过程中未按图纸进行现场检查，凭记忆工作，导致误动断

路器或误发信号。

应对措施如下：

（1）回路线芯拆除应及时做好记录，恢复回路线芯应加强复查。

（2）消缺、抢修接线时，控制回路正电源与跳合闸回路应有可靠安全的隔离措施。

（3）严格按照现场竣工图纸开展现场检查，严禁凭记忆工作，相关回路改动后应及时在图纸上正确修改。

2．抢修过程中，试验验证不到位

（1）隔离开关辅助接点故障处理时，更换接点后未试验验证，导致动合、动断接点接反，影响相关回路状态判断及隔离开关联闭锁。

（2）智能站保护设备抢修时，重新配置 SCD 后未验证相关回路，导致断路器拒动、误动。

应对措施如下：

（1）隔离开关辅助接点更换应实际验证其正确性，无法实际验证的应脱开电动机电源，通过模拟继电器动作验证。

（2）SCD 重新配置后应加强实际试验验证，对于无法实际试验验证的，应采取 SCD 比对等有效手段验证其配置正确性。

3．直流接地处置不当

（1）误拆、接运行中控制回路接线进行查验，导致运行断路器误跳、误发信。

（2）二次控制电缆芯线破损致绝缘降低，处置时仅采用胶布包裹，未能有效根治直流接地。

（3）直流接地故障点隔离时，仅拆除触点的一端，当设备状态翻转后，造成直流接地复发。

应对措施如下：

（1）认清相关回路，严禁拆、接运行中设备控制回路。

（2）保护用二次控制电缆芯线破损时应通过更换电缆备用芯线处置

到位。

（3）直流接地故障点隔离时，必须拆除触点的两端，用绝缘胶布包好并认真做好记录。

5.5.4.4　图纸、三措一案审查不到位造成误接线

1．图纸设计有误，审核把关不严

存在回路接线设计错误，审核时未能查出。

应对措施：应组织业主、设计、施工三方参与图纸交底会，共同审核图纸；如审查出设计问题较多应书面告知其设计单位，并督促整改到位。

2．未针对现场实际制订合理的施工方案

“三措”编制人员专业技术能力不足，施工方案中工作危险点针对性不强，工期计划不合理，无法保障项目安全、进度。

应对措施：工前施工交底会上，施工负责人应细致汇报具体施工方案，同时应通过考问等举措进一步加强施工风险宣贯。

3．关键环节未交代清楚

联跳电缆未提及何时接入，分阶段停电的安全措施未说明变更时间等。

应对措施：加强审查施工方案审核力度，密切关注间隔联跳电缆的处理、分阶段停电情况下的安全措施变更情况等。

5.5.4.5　现场安全管控、验收不到位造成误接线

1．施工工艺交接不清，安全交底不到位

（1）未交代电压小母线跨接搭接要求。电压小母线搭接前，如未测试交流电压回路绝缘，可能造成交流电压失电；搭接小母线时如未执行工作监护制度，造成安全风险不可控。

（2）交流电流回路接地点不规范，存在两点接地的安全隐患。

应对措施如下：

（1）电压搭接工作前应提前高质量编制完善搭接表，细化电压小母线搭接安全措施，对待接入交流电压回路进行绝缘测试，在实施时应注意搭接顺序，先搭接无源端再搭接有源端，同时加强工作监护。

（2）施工交底会应明确交流电流回路一点接地要求，主变压器差动、备自投、内桥接线方式的主变压器高后备保护等有多个电流回路直接电气联系的，其回路接地点应设置在保护屏内，独立的、与其他交流电流回路没有电气联系的，其回路接地点应就地设置在开关场端子箱或汇控柜内；应结合二次回路绝缘验收一点接地情况。

2．安全管控、作业工艺管控不到位

（1）工作负责人或专责监护人暂离现场，任由施工人员在无监护下作业。

（2）工作负责人或专责监护人风险辨识能力不足，未能辨识作业风险并及时制止。

（3）校对电缆线芯时未逐芯核对，导致接线错误。

（4）保安接地线与抗干扰屏蔽接地线混接，导致二次地网带高电压，造成雷击等情况，干扰电流回路运行，引起保护不正确动作。

应对措施如下：

（1）工作负责人或专责监护人应带领施工人员提前加强作业安全风险分析，做好安全宣教，落实同进同出。

（2）对高风险、复杂的作业行为，应安排经验丰富的专业骨干进行全过程管控。

（3）应督促作业人员严格按照要求将线芯逐根核对保证接线正确。

（4）保安接地线应与变电站主地网可靠连接，抗干扰屏蔽接地线应接于保护屏、开关场端子箱或汇控柜下方的接地铜排上，并由铜排与等电位接地网可靠连接。

3．未进行有效的验收

工作结束时，验收项目不全，未全面检查安全措施恢复及试验接线拆除情况。

应对措施：工作票终结前，应按照标准化验收表验收并打勾确认，对照安全措施票全面核实安全措施恢复情况，核对装置信号灯、压板、空气开关、试验接线等状态，并拍照留存。

#### 5.5.4.6 启动过程中发生的误接线

1．启动前，保护运行方式不满足启动条件要求

（1）启动前新上保护未按要求开展二次通流工作，未发现电流回路开路，导致电流互感器故障或者临时过流保护不能正确动作。

（2）启动前故障录波相关电流回路、开入量回路未正确接入，导致故障后录波器无相关数据参考分析。

应对措施如下：

（1）启动前严格按要求检查电流回路，严格保障电流回路正确且不开路。

（2）启动前检查相关录波器回路正确接入，加强核实以确保故障后录波功能正常。

2．临时过流保护安装、调试不符合相关标准规范

（1）安装临时过流保护时，电流回路串接时造成回路开路或分流，导致临时过流保护实际不起作用。

（2）安装临时过流保护时，跳闸出口回路接线不正确，导致临时过流保护动作后不能正确出口。

（3）串接临时过流保护时临时过流保护三相中性线短接，恢复试验端子时未拧紧端子连片，可能导致下一级保护失去电流。

应对措施如下：

（1）检修人员应加强验收，必要时进行二次通流试验。

（2）施工人员应充分熟悉二次回路，确保接线正确；检修人员应加强验收，进行实际传动。

（3）检修人员加强对临时过流保护电流回路验收，确保电流回路正常。

3．临时过流保护验收、恢复作业不规范

拆除临时过流保护跳闸回路时未拧紧端子螺栓，导致跳闸回路虚接，保护故障时拒动。

应对措施：检修人员加强验收，对拆除范围内的二次回路加强检查，并做好传动试验。

4．定相、核相作业不符合相关标准

定相、核相未按标准执行，存在缺项、漏项未能把开口三角回路二次端子引入端子排，造成开口三角电压测量困难，无法验证开口三角回路接线正确性，导致电压并列回路及相关保护存在较大安全风险。

应对措施：应将开口三角回路二次端子全部引入端子排，便于对电压按相进行测量，防止由于开口三角正常运行时电压很小，而无法判断开口三角极性及接线是否正确，保证电压并列等回路是否正确。

# 第6章 故障及异常处理

## 6.1 现场应急处置

### 6.1.1 低压触电应急处置方案

#### 6.1.1.1 事件特征

作业人员在1000V以下电压等级的设备上工作，发生触电，造成人员伤亡。

#### 6.1.1.2 岗位应急职责

1．工作负责人

（1）组织作业人员迅速将伤者脱离电源，避免事故扩大。根据伤者的伤情，采取必要的救助措施。

（2）拨打“120”急救电话。

（3）将触电事件现场情况报告本单位部门主管领导。

2．工作班人员

（1）在工作负责人的指挥下，迅速将伤者脱离电源。

（2）根据伤者情况，做好触电伤员的先期急救工作。

（3）维护触电突发事件现场秩序。

#### 6.1.1.3 现场应急处置

1．现场应具备条件

（1）通信工具、照明工具、安全工器具等工器具。

（2）安全帽、急救箱及药品等防护用品。

2．现场应急处置程序

（1）使触电者脱离电源。

（2）对伤员进行现场抢救。

（3）联系医疗急救部门救助，向本单位部门主管领导汇报。

（4）送医院抢救。

3．现场应急处置措施

（1）使触电者脱离电源。一是拉开电源开关、拔出插头或用绝缘工具剪断触电线路，断开电源。二是用绝缘物作为工具，使触电者脱离电源。

（2）现场抢救伤员，具体措施是：对神志清醒的触电者采取静卧、保暖并严密观察；对神志不清醒的触电者有心跳但呼吸停止的用人工呼吸法抢救；对神志丧失的触电者心跳停止有微弱呼吸的应立即施行心肺复苏法抢救；触电者心跳、呼吸停止时应立即用心肺复苏法抢救。在杆塔上或高处触电，要及早将触电者营救至地面进行抢救。

（3）及时拨打“120”急救电话，讲清事件发生的具体地点、伤员情况和联系方式等，必要时安排人员接应救护车。

（4）及时向本单位部门主管领导汇报人员受伤抢救情况。

（5）安排人员陪同前往医院，协助医院抢救。

#### 6.1.1.4 注意事项

（1）救护人不可直接用手、其他金属及潮湿的物体作为救护工具，以防自己触电。

（2）防止触电者脱离电源后可能的摔伤，当触电者在高处的情况下，应考虑防止坠落的措施，救护者应做好自身防触电、防坠落安全措施。

（3）在医务人员未接替救治前，不应放弃现场抢救。

### 6.1.2 高压触电应急处置方案

#### 6.1.2.1 事件特征

作业人员在电压等级1000V及以上的设备上工作，发生触电事件，造成人员伤亡。

6.1.2.2　岗位应急职责

1．工作负责人

（1）组织作业人员迅速将伤者脱离电源，避免事故扩大。根据伤者的伤情，采取必要的救助措施。

（2）及时拨打“120”急救电话。

（3）及时将触电事件现场情况报告本单位部门主管领导。

2．工作班人员

（1）在工作负责人的指挥下，迅速将伤者脱离电源。

（2）根据伤者情况，做好触电伤员的先期急救工作。

（3）维护触电突发事件现场秩序。

6.1.2.3　现场应急处置

1．现场应具备条件

（1）通信工具、照明工具、安全工器具等工器具。

（2）安全帽、急救箱及药品等防护用品。

2．现场应急处置程序

（1）使触电者脱离电源。

（2）现场抢救伤员。

（3）向医疗急救部门求助，向本单位部门主管领导汇报。

（4）送医院抢救。

3．现场应急处置措施

（1）立即使触电者脱离电源。一是立即通知有关供电单位（调度或运行值班人员）或用户停电。二是戴上绝缘手套，穿上绝缘靴，用相应电压等级的绝缘工具按顺序拉开电源开关或熔断器。三是采取相关措施使保护装置动作，断开电源。

（2）对触电者开展现场急救，对神志清醒的触电者采取静卧、保暖并严密观察；对神志不清醒的触电者有心跳但呼吸停止的用人工呼吸法抢救；对神志丧失的触电者心跳停止有微弱呼吸的应立即施行心肺复苏法抢救；触电者心跳、呼吸停止时应立即用心肺复苏法抢救，再行处理外伤。

（3）在杆塔上或高处触电，要争取时间及早开始抢救。

（4）触电者衣服被电弧光引燃时，应迅速扑灭其身上的火源，着火者切忌跑动，可利用衣服、被子、湿毛巾等方法灭火，必要时可就地躺下翻滚，使火扑灭。

（5）拨打“120”向医疗急救中心求助，安排人员到路口接应或送往医院救治。

（6）向本单位部门主管领导汇报人员受伤抢救情况。

#### 6.1.2.4 注意事项

（1）救护人不可直接用手、其他金属及潮湿的物体作为救护工具，以防自己触电。

（2）防止触电者脱离电源后可能的摔伤，当触电者在高处的情况下，应考虑防止坠落的措施，救护者应做好自身防触电、防坠落安全措施。

（3）救护过程中要注意自身和被救者与附近带电体之间的安全距离，防止再次触及带电设备。

（4）在医务人员未接替救治前，不应放弃现场抢救。

（5）如遇外人围观，则应安排专人维持现场秩序。

### 6.1.3 高空坠落应急处置方案

#### 6.1.3.1 事件特征

作业人员在高空作业时，从高处坠落至地面、高处平台或悬挂空中，造成人身伤亡。

#### 6.1.3.2 岗位应急职责

1．工作负责人

（1）组织抢救伤员。

（2）向医疗机构求助。

（3）向本单位部门主管领导汇报。

2．工作班人员

（1）协助工作负责人开展现场处置。

（2）抢救伤员，保护现场。

#### 6.1.3.3 现场应急处置

1．现场应具备条件

（1）通信工具、照明工具、安全工器具、防坠差速器等工器具。

（2）安全帽、急救箱及药品等防护用品。

2．现场应急处置程序

（1）现场抢救伤员。

（2）拨打“120”“110”电话请求援助。

（3）汇报本单位部门主管领导。

（4）送医院抢救。

3．现场应急处置措施

（1）作业人员坠落在高处或悬挂在高空时，尽快使用绳索或其他工具将坠落者解救至地面，然后根据伤情进行现场抢救。

1）外伤急救措施：包扎止血。

2）内伤急救措施：平躺，抬高下肢，保持温暖，速送医院救治。

3）骨折急救措施：肢体骨折采取夹板固定。颈椎、腰椎损伤采取平卧、固定措施。搬动时应数人合作，保持平稳，不能扭曲。

4）颅脑外伤急救措施：平卧，保持气道畅通，防止呕吐物造成窒息。

（2）及时拨打“120”急救电话，说清楚事件发生的具体地址和伤员情况，安排人员接应救护车，保证抢救及时。及时拨打“110”电话，请求援助。

（3）在救护人员未到达现场时候，若发现受害者处于昏迷状态但呼吸心跳未停止，应立即进行人工呼吸，同时进行胸外心脏按压。

（4）及时向本单位部门主管领导汇报人员受伤抢救情况。

（5）协助专业救护人员前往医院抢救。

#### 6.1.3.4 注意事项

（1）对坠落在高处或悬挂在高空的人员，施救过程中要防止被救和施救人员出现高坠。

（2）在伤员救治和转移过程中，防止加重伤情。

（3）在医务人员未接替救治前，不应放弃现场抢救。

### 6.1.4 $SF_6$泄漏应急处置方案

（1）人员撤离：现场人员立即撤离至户外通风良好地带。

（2）室内通风：打开变电站内排气扇进行空气交换，同时打开门窗进行通风，持续时间15min以上。

（3）转移伤员：出现轻微中毒症状的人员，迅速转移至通风良好、空气新鲜的地方；对中毒症状严重的人员，及时送往医院救治。

（4）现场负责人、班长、工区负责人逐级向上报告。

### 6.1.5 机械伤人应急处置方案

（1）发生机械伤害后，现场施工负责人应立即报告项目部应急救援小组（工地现场指挥部）及应急救援指挥部，应急指挥部应立即拨打“120”救护中心电话与医院取得联系（医院在附近的直接送往医院），应详细说明事故地点、严重程度，并派人到路口接应。在医护人员没有来到之前，应检查受伤者的伤势，心跳及呼吸情况，视不同情况采取不同的急救措施。

（2）对被机械伤害的伤员，应迅速小心地使伤员脱离伤源，必要时，拆卸机器，移出受伤的肢体。

（3）对发生休克的伤员，应首先进行抢救。遇有呼吸、心跳停止者，可采取人工呼吸或胸外心脏挤压法，使其恢复正常。

（4）对骨折的伤员，应利用木板、竹片和绳布等捆绑骨折处的上下关节，固定骨折部位：也可将其上肢固定在身侧，下肢与下肢缚在一起。

（5）对伤口出血的伤员，应让其以头低脚高的姿势躺卧，使用消毒纱布或清洁织物覆盖伤口上，用绷带较紧地包扎，以压迫止血，或者选择弹性好的橡皮管、橡皮带或三角巾、毛巾、带状布巾等。对上肢出血者，捆绑在其上臂1/2处，对下肢出血者，捆绑在其腿上2/3处，并每隔25～40min放松1次，每次放松0.5～1min。

（6）对剧痛难忍者，应让其服用止痛剂和镇痛剂。

采取上述急救措施之后，要根据病情轻重，及时把伤员送往医院治疗。在送达医院的途中，应尽量减少颠簸并密切注意伤员的呼吸、脉搏及伤口等的情况。

### 6.1.6 人员中暑应急处置方案

发现高温中暑人员，应立即将病员从高温或日晒环境转移到阴凉通风处休息。用冷水擦浴，湿毛巾覆盖身体，电扇吹风，或在头部放置冰袋等方法降温，并及时给病员口服盐水。严重者送医院治疗。

### 6.1.7 电力二次系统安全防护异常现场处置方案

#### 6.1.7.1 适用范围

适用于电力二次系统安全防护异常突发事件的现场应急处置。

#### 6.1.7.2 事件特征

（1）二次系统遭受黑客或恶意代码通过与省调相连的链路攻击，导致我厂上传下达信息突变。

（2）二次系统调度数据网纵向加密装置失效，遭受黑客及恶意代码通过调度数据网相连的微机攻击，导致我厂上传下达信息突变。

（3）调度数据网用户使用的U盘含有木马软件、恶意病毒，导致二次系统异常或瘫痪。

#### 6.1.7.3 应急处置

（1）发生二次系统安全防护异常时，立即向当值值长（电话号码××××）、信息中心经理（电话号码××××，手机××××）或通信班班长（电话号码××××，手机××××）报警。

（2）应急原则：当电力生产控制大区出现安全事件，尤其是遭受黑客或恶意代码的攻击时，应当立即向其上级电力调度机构报告，并联合采取紧急防护措施，防止事件扩大，同时注意保护现场，以便进行调查取证。

（3）操作措施：首先根据故障现象及影响范围判断故障是软件故障还是硬件故障。

1）如果是软件故障，重新启动系统，看能否恢复；不能恢复则寻求厂家技术支持，并立即汇报省局通信调度，在通信调度的指导下进行相关操作，以避免故障扩大。

2）如果是硬件故障，先外接笔记本PING相应端口地址，以确定是否网络故障，是内网故障还是外网故障，若内网不通，则检查硬件设备，将故障定位到具体的设备，更换备用的设备以尽快消除故障；若内网通、外网不通则联系中调协助查找原因，定位并修复。

3）如果是线路问题，检查线路并定位故障位置，携带相应的熔接光缆或接续电缆的仪器设备到现场抢通线路。

4）如果发现或怀疑二次系统感染计算机病毒或恶意代码攻击，应立即通知信息中心启动全网查杀病毒和恶意代码检测。若病毒或恶意代码无法清除，影响电力调度业务正常运行时，维护人员应立即根据事件可能影响的调度业务，通知省调自动化科进行相关业务的中断工作，迅速隔离事件源，对感染的系统进行恢复。若病毒或恶意代码无法清除且仅影响部分站点正常运行时，维护人员将受影响站点关闭，从网络上脱离，避免故障扩大。

5）如果发现二次系统网络有反动有害信息的传播或利用网络从事违法犯罪活动等事件，应立即对事件进行阻断，并保留相关数据。

#### 6.1.7.4 安全注意事项

（1）必须严格执行检修申请制度，关停二次系统设备检修必须向电网调度申请检修相关设备，电网调度批准后方可执行相应检修。

（2）严格执行工作票制度，履行工作许可手续，落实、执行安全措施后组织进行抢修处理。

## 6.2 故障及异常处理规范

### 6.2.1 一次故障及异常处理原则

（1）严格遵守电力安全工作规程、调度规程、现场运行规程及有关安全工作规定。

（2）如果对人身和设备的安全没有构成威胁，首先应保证人身安全，并应尽力设法保持其设备运行，一般情况下，不得轻易停运设备；如果对人身和设备的安全构成威胁，应尽力设法解除这种威胁；如果危及人身和设备的安全，应立即停止设备运行。

（3）检修人员应在第一时间将本站情况向工区领导汇报，汇报内容包括汇报人的姓名、变电站名称、跳闸时间及现象、断路器跳闸情况、继电保护及自动装置动作情况，在异常及故障处理完后，应再次将处理的情况向工区领导汇报。检修人员在汇报时应用词准确，不允许使用含糊的术语。

（4）在处理事故时，应根据现场情况和有关规程规定启动备用设备运行，采取必要的安全措施，对未造成事故的设备进行必要的安全隔离，保持其正常运行，防止事故扩大。

（5）在处理事故过程中，首先应保证站用电的安全运行和正常供电，当系统或有关设备事故和异常运行造成站用电停电事故时，应首先处理和恢复站用电的运行，以确保其供电。

（6）现场严禁无计划、无票工作，严禁接受任何临时性工作。

### 6.2.2　二次故障及异常处理原则

（1）开展变电二次设备及异常处理时应先全面检查现场，保存现场照片、后台报文、故障录波信息等资料。检查时应注意保持现场的完好性，不得采取破坏性试验等办法。

（2）作业人员在现场工作过程中，凡遇到异常情况（如直流系统接地等）或断路器（开关）跳闸、阀闭锁时，不论与本身工作是否有关，应立即停止工作，保持现状，待查明原因，确定与本工作无关时方可继续工作；若异常情况或断路器（开关）跳闸、阀闭锁是本身工作所引起，应保留现场并立即通知运维人员，以便及时处理。

（3）常见的变电二次异常处理方法有替换法、电路参数测量法、对比法、综合分析法、顺序拆除法、分段处理法，需要二次检修人员综合、灵活应用继电保护各知识点。

### 6.2.3　故障及异常处理流程

（1）现场做好安全措施，填写事故应急抢修单。

（2）迅速对故障范围内的设备进行外部检查，并将事故现象、特征和检查情况向工区领导汇报。

（3）根据事故特征，分析判断故障范围和事故停电范围。

（4）采取措施，限制事故的发展，解除对人身和设备安全的威胁。

（5）对故障所在范围迅速隔离或排除故障。

（6）对无故障部分恢复供电。

（7）填写各种记录，编写跳闸报告。

## 6.3 一次设备典型故障及异常处理

### 6.3.1 一般故障异常处理

#### 6.3.1.1 断路器 $SF_6$ 气体压力系统故障

（1）故障类型：气体压力偏低，密度继电器未发报警信号。

（2）可能引起原因：密度继电器故障、报警回路故障。

（3）检查方法：断开报警接线测量密度继电器自身触点。

（4）处理方案：触点不通则更换密度继电器，若排除密度继电器自身故障，则检查报警回路接线。

#### 6.3.1.2 断路器储能系统故障

（1）故障类型：合闸弹簧不能电动储能。

（2）可能引起原因：电动机插头虚接、电动机烧损，端子接线松动。

（3）检查方法：用万用表检查储能回路。

（4）处理方案：如果电动机插头松动，插紧即可，若电动机烧毁，则更换电动机，排查并复紧二次回路端子接线。

#### 6.3.1.3 断路器分、合闸回路故障

（1）故障类型：断路器拒动，远方或就地切换开关已检查，控制电源未见异常。

（2）可能引起原因：分、合闸回路元器件损坏。

（3）检查方法：测量分、合闸回路电阻。

（4）处理方案：查出故障元件并更换。

#### 6.3.1.4 主变压器末屏发热

（1）故障类型：主变压器末屏发热严重，红外测温与正常温度相差较大。

（2）可能引起原因：末屏接地不良导致末屏接地电阻增大发热。

（3）检查方法：拆开末屏防雨罩检查末屏接地是否良好。

（4）处理方案：更换主变压器末屏或对末屏接地进行改造。

#### 6.3.1.5 主变压器溶解氢气和总烃超标

（1）故障类型：主变压器溶解氢气和总烃超标。

（2）可能引起原因：主变压器内部缺陷，油中可能存在水分。

（3）检查方法：持续跟踪分析气体趋势，进行油色谱试验。

（4）处理方案：若气体含量持续增大，可对变压器停电检查。

### 6.3.2 复杂故障异常处理

#### 6.3.2.1 复杂故障一

1．故障概述

220kV××变电站2×××断路器发生跳闸故障。故障期间，现场无任何操作、线路无任何故障、保护装置无任何动作信号。

故障设备信息：设备型号，LTB245；操动机构型号，BLK222，弹簧操作，分相操作，DC 220V；生产日期，2009-01-01；投运日期，2009-09-24。

2．现场检查情况

由于本次偷跳故障为无故障情况下三相同时动作，怀疑因断路器非全相保护动作引起。经查阅断路器非全相保护二次原理图，发现断路器非全相保护共涉及两路跳闸回路，分别为图6-1中所示的K37所在的跳闸回路1及K38所在的跳闸回路2。

由图6-1可知，当断路器发生非全相故障时，时间继电器K36将启动，并引起跳闸回路1（K37）及跳闸回路2（K38）导通，进而造成断路器三相跳闸。且当跳闸回路1（K37）导通引起断路器跳闸时，LW（FA31）指示灯将点亮；而由于跳闸回路2（K38）未配置指示灯，因此该回路导通引起断路器跳闸时，无法通过指示灯说明回路导通情况。

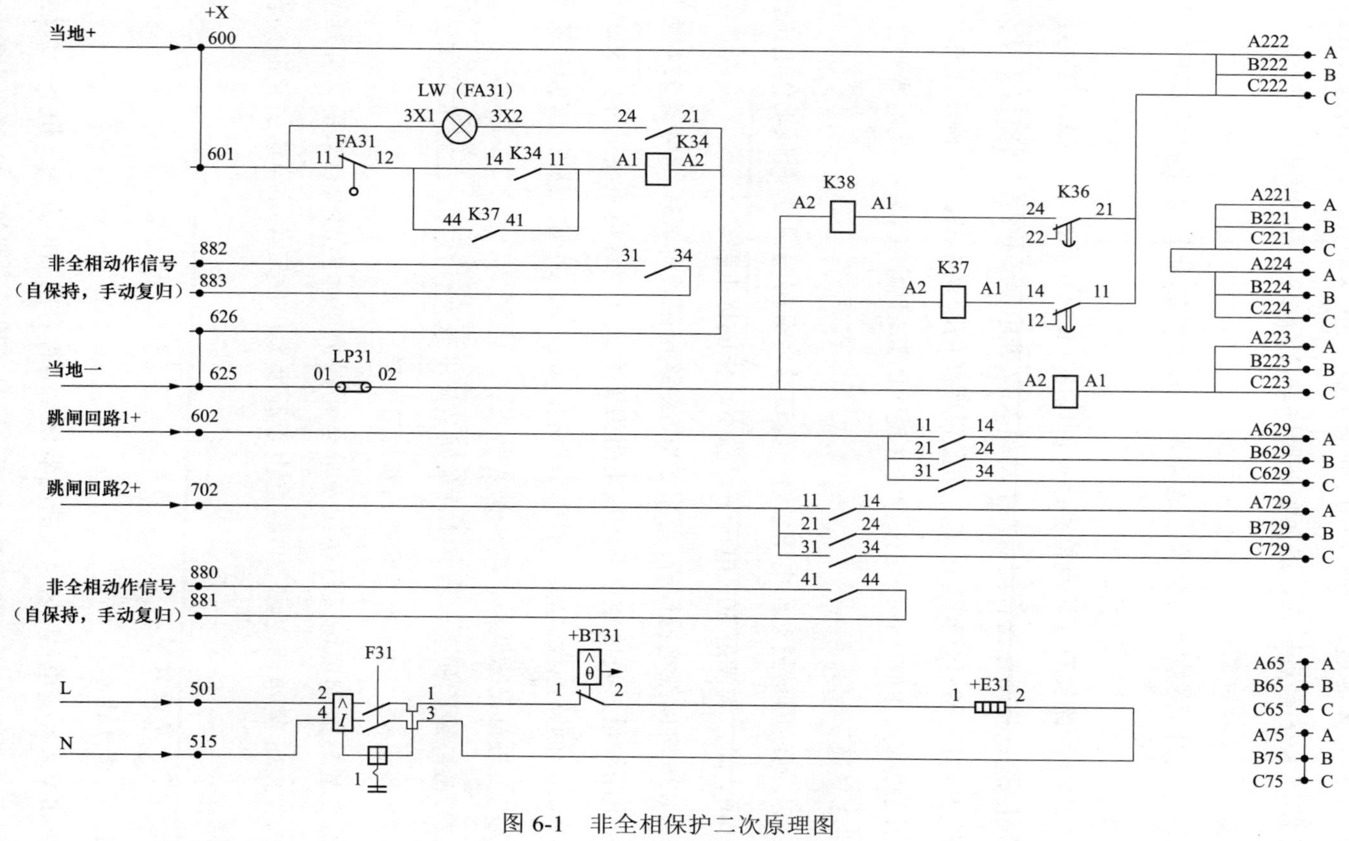


图 6-1 非全相保护二次原理图

本体偷跳发生后，检修分公司检查发现：LW（FA31）未点亮，说明跳闸回路 1（K37）未导通，进而说明时间继电器 K36 未动作。因此怀疑 2W21 断路器偷跳因 K36 触点导通，进而使跳闸回路 2（K38）导通引起。

3．故障原因分析

（1）二次回路检查与试验。故障发生后，检修分公司开展了如下检查及试验：

1）跳闸回路检查［重点检查跳闸回路 1（K37）及指示灯 LW（FA31）是否工作正常］：将断路器合闸后，手动使 K37 继电器动作时，断路器正常分闸，且 LW（FA31）指示灯正常点亮。由此说明跳闸回路 1（K37）确实工作正常；说明偷跳故障发生时，该回路未导通（说明断路器偷跳因 K38 继电器所在的跳闸回路 2 导通引起）。

2）分闸线圈最低动作电压检查：经试验，分闸线圈 2 最低动作电压介于 110～140V 间，均满足 30%电压下可靠不动作的标准要求。

3）K36 时间继电器检查：使用 500V 绝缘电阻表对 K36 继电器 224 触点进行绝缘电阻测量，发现触点间绝缘电阻为无穷大（绝缘电阻表量程为 500M）。

4）二次回路绝缘试验：对跳闸回路 1（K37）、跳闸回路 2（K38）所在回路二次电缆进行绝缘试验，均未见异常。

（2）故障原因初步分析。本次偷跳故障非永久性故障，偷跳故障发生后，断路器恢复正常，因此难以准确判断故障原因。

结合故障前期现场天气情况及非全相保护箱体内部检查情况，怀疑故障原因为：K36 继电器 24、21 触点由于湿度大出现氧化并导通引起断路器三相跳闸。

6.3.2.2　复杂故障二

1．故障概述

500kV××变电站 5×××断路器恢复运行合闸后即发生三相不一致动作，后台显示 A 相未合闸，跳开 B、C 相；同时发现断路器第一组控制回路断线或失直流，断路器第二组控制回路断线或失直流，断路器非全相（二），检同期失败，事故总信号见图 6-2（a）。

2．现场检查情况

现场检查断路器三相均在分闸位置，非全相继电器时间整定值正确，A 相 $SF_6$压力、操动机构油压均在额定范围，机构内 K12LA 合闸总闭锁继电器动作。A 相合闸回路线圈阻值 40Ω（线圈正常），合闸回路电位均正常，就地试操作，A 相未动作，B、C 相正确动作，三相不一致动作。单独对 A 相合闸回路加直流脉冲电压，升压到 110V，断路器未动作。第二天，继续对 A 相合闸回路检查，合闸线圈有 2 组（A1A2、B1B2），现场使用 A1A2（B1B2 备用），现场按压合闸铁芯，发现按压时有点卡涩，将线圈引出线接至 B1B2 备用端子，A 相断路器能正常合闸，再接回 A1A2，断路器能正常合闸。间隔一小段时间，会发现铁芯按压时有轻微卡涩。故障设备信息为：断路器型号：3AT3EI。生产厂家：西门子公司（德国）。出厂编号：03/35078044A。出厂日期：2003 年 5 月。投运时间：2005 年 12 月 6 日。

3．故障原因分析

将 A 相合闸线圈整体拿到西门子（杭州）高压开关有限公司分析，合闸铁芯按压卡涩明显，再次按压时，铁芯动作灵活、无卡涩，解体合闸线圈见图 6-2（b），发现合闸铁芯连接螺杆表面涂有黄绿色胶状物（分析认为是防松胶），调整铁芯行程的固定块表面（铁芯侧）有一层淡黄色油膜，铁芯表面用手接触有黏性的感觉，固定块表面淡黄色油膜黏性感觉更明显［见图 6-2（c）］。模拟铁芯未吸合状态，铁芯与铁芯行程固定块吻合在一起，等待时间稍长，就会发现按压铁芯感觉卡涩，因此初步分析认为铁芯表面有黏性物质是连接螺杆上的黏合剂引起的，分、合闸线圈安装在密闭的箱体内，加热器处于常投工作状态，分、合闸线圈排列安装见图 6-2（d），铁芯处于水平放置状态。断路器长期运行，螺杆表面的防松胶受热、氧化、铁芯合闸运动中螺杆表面的胶液逐步在铁芯表面积累，形成解体中看到的一层淡黄色油膜。分析认为铁芯卡涩的原因是由黏性物质造成的，车坊变 5042 断路器停电 2 天时间（没有检修工作），A 相合闸铁芯在上一次合闸后（2013 年 6 月 14—16 日，断路器保护全校工作），在复位弹簧作用下铁芯与铁芯行程固定块间黏合更紧密，时间又长，形成一个整体，导致断路器在 12 月 10 日操作时 A 相合闸铁芯无法动作。B、C 相合闸后断路器三相位置不对应，启动非全相动作，同时 K12 继电器线圈失电，串接在合闸回路的 K12 继电器动合触点（13、14）返回，断开合闸回路，所以 A 相机构合闸线圈没烧坏。

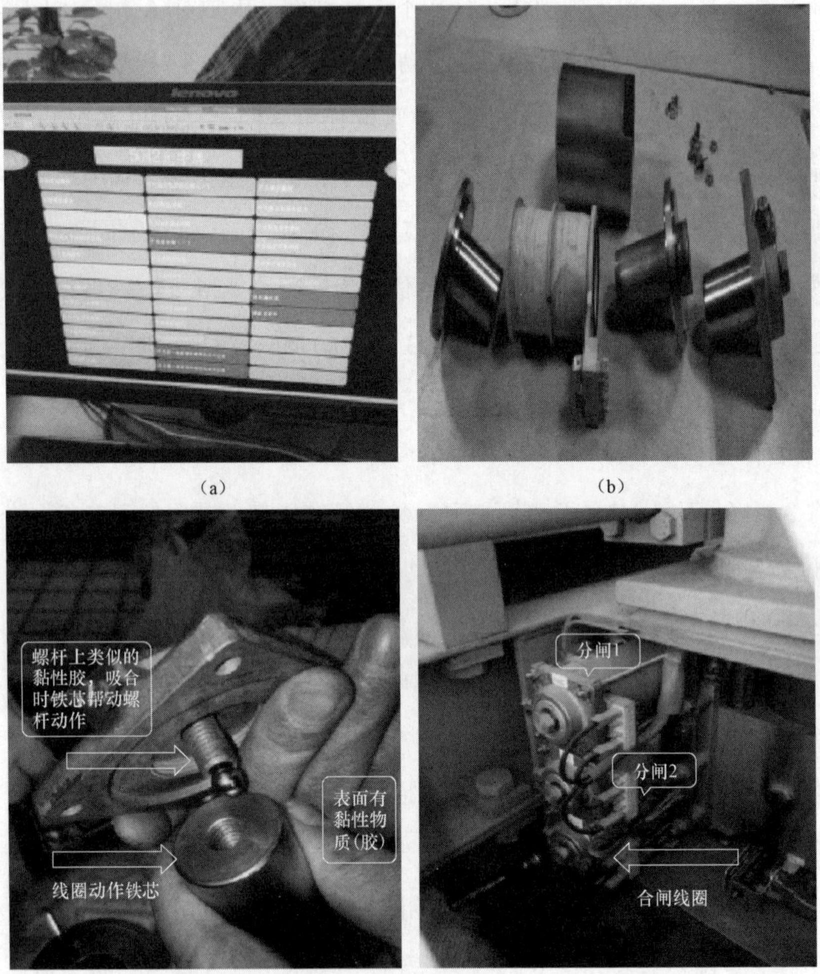

（a） （b）



（c） （d）

图 6-2 故障分析图

（a）事故总信号图；（b）解体的合闸线圈；（c）合闸铁芯连接螺杆；（d）分、合闸线圈排列安装

5××断路器在更换合闸线圈后进行机械特性测试，测试中发现 A、B 相

分闸 1，C 相分闸 2 不同期超过 10ms，进一步检查后发现这三只分闸线圈铁芯按压时有轻微卡涩，解体后检查发现调整铁芯行程的固定块表面（铁芯侧）也有一层黏性物质，导致铁芯动作时迟缓，不同期超标。用 WD40（清洁除锈）对铁芯表面黏性物质清洗，装配后进行断路器分合闸特性测试分闸 1 不同期 1ms、分闸 2 不同期 0.9ms，合闸不同期 2ms（标准：分闸不同期不大于 3ms，合闸不同期不大于 5ms，）；动作电压合闸 A：55V，B：45V，C：45V；分闸 1：A：55V，B：55V，C：50V；分闸 2：A：55V，B：50V，C：50V（标准：30%～65%U，U：110V），测试数据均合格。

## 6.4 二次设备典型故障及异常处理

### 6.4.1 一般故障异常处理

#### 6.4.1.1 整定计算错误

（1）事故经过：当时电厂主变压器中性点处于直接接地方式，某电厂机组保护显示无故障跳闸。

（2）可能引起原因：整定计算错误。

（3）原因分析：调用保护装置动作数据发现三相差动电流分别为 1.31、1.237、1.330A，三相均超过定值（定值为 1.2A），经与设计和验收方确认发现，现场错误地整定了运行方式。

（4）处理方案：重新计算新定值单，现场整定值。

#### 6.4.1.2 定值整定错误

（1）事故经过：××变电站 66kV 线路发生倒杆故障，主变压器二次侧（66kV）方向过流保护先于线路保护越级跳闸（失去选择性），造成变电站 66kV 系统全停。原因为主变压器二次方向过流保护时间定值为 3.5s，而实际动作值为 3.01s（线路保护过流时间 3s，实际动作值为 3.09s）。

（2）可能引起原因：定值整定错误。

（3）原因分析：现场核对定值，发现整定错误。

（4）处理方案：现场重新整定值。

6.4.1.3 装置元器件损坏直接引起的事故

（1）事故经过：××220kV线路保护装置无故障跳闸，保护装置无动作信息，接入录波的跳闸开关量显示三次保护跳闸变位（断路器跳开前后均有）。

（2）可能引起原因：装置元器件损坏。

（3）原因分析：检查发现保护装置出口密封继电器损坏，触点黏连。

（4）处理方案：接近或超过运行使用年限上限的保护装置，存在较大安全隐患，应密切监视其运行状态，并及早安排予以改造。

6.4.1.4 回路绝缘损坏引起的事故

（1）事故经过：××220kV变电站主变压器运行中无故障跳闸，重瓦斯保护动作。同时变电站内有直流接地信号。

（2）可能引起原因：回路绝缘损坏。

（3）原因分析：检查发现变压器重瓦斯保护启动跳闸中间继电器的控制电缆很长，约400m，对地绝缘只有几欧姆。在此情况时，由于电缆芯线对地电容较大，通过线间电磁耦合过来的干扰电压作用于跳闸中间继电器上，发生了重瓦斯保护无故障跳闸事故。

（4）处理方案：尽快消除直流接地故障，危急缺陷应在48h内处理。

6.4.1.5 接线错误引起的事故（误接线）

（1）事故经过：××电厂220kV出线由于外单位铲车误碰，造成A相故障，线路两侧保护装置正确动作，但在重合闸时电厂侧断路器产生“跳跃”现象。

（2）可能引起原因：接线错误。

（3）原因分析：该电厂侧操作箱中防跳继电器电压保持线圈极性接反。该分相操作箱中的防跳继电器在运行中曾经烧损，继电保护人员在更换继电器时没认真核对电压保持线圈的接法，将线圈接反。

（4）处理方案：完善异常处理环节，不遗留隐患，利用定检对保护进行完整性校验。新建、改扩建工程中接线改动较多，需要调试人员细致认真，更需要验收人员严格把关。

6.4.1.6 二次回路干扰造成的事故

（1）事故经过：××变电站一回220kV线路C相发生雷击故障，保护正确动作跳闸，C相断路器重合成功，再经30ms后无故障三相跳闸，此时没有保护动作的三相跳闸信号。

（2）可能引起原因：二次回路干扰。

（3）原因分析：事故后模拟故障，现象复原，用示波器监测，发现启动STJ回路在合闸脉冲消失瞬间有一个正跃变干扰脉冲（220V脉宽为6ms，满足STJ继电器动作条件）。同时发现STJ回路上接有很长电缆（三相不一致跳闸回路）。重合闸动作瞬间STJ端电压有小干扰（32V左右），在重合闸脉冲消失瞬间STJ端有一个正跃变干扰脉冲，该脉冲幅值为220V，脉宽为6ms，原因是在断路器辅助触点切断合闸电流瞬间，合闸线圈中的储能通过长电缆间电容产生干扰脉冲施加于STJ上。措施：避免跳闸启动回路接有很长电缆，三相不一致保护就地跳闸，防止线间电磁干扰误动作。

（4）处理方案：执行反事故措施，通过更换大功率且动作时间稍慢继电器解决。

6.4.1.7 误碰与误操作的引起的事故（误触误碰）

（1）事故经过：××变电站继电作业人员在清理工作现场时，主变压器一次侧断路器跳闸。

（2）可能引起原因：误碰与误操作。

（3）原因分析：检查发现现场搬运工具箱时，碰到主变压器保护屏引起震动，造成手跳继电器触点连接出口，导致断路器三相跳闸且无保护信号。

（4）处理方案：严格执行防“三误”规定，在有运行设备的屏柜上进行工作时，须认真谨慎，加强监护，做好必要的安全措施，避免看错位置造成误启失灵、误触误碰、误跳运行设备、交直流接地和短路现象。

6.4.1.8 工作电源问题引起的事故

（1）事故经过：××变电站110kV线路发生出口故障，全站停电，并影响7座变电站。

（2）可能引起原因：工作电源问题。

（3）原因分析：在故障发生后，中央信号直流小开关跳开，引发220kV电压小母线失电，后备保护失去交流电压。距离保护失压动作出口（后备距离保护已经启动，TV失压闭锁逻辑在保护启动后不再起作用，须待整组复归后），导致4回220kV联络线先后跳开。

（4）处理方案：尽快消除直流接地故障，危急缺陷应在48h内处理。

### 6.4.2 复杂故障异常处理

#### 6.4.2.1 复杂故障一：主变压器保护误动

1．故障简述

2016年2月27日14时05分，某110kV线路C相故障，距离Ⅰ段保护动作，C相跳闸后延时重合成功。线路跳闸的同时1号主变压器两套差动保护均动作，1号主变压器2601、701、301开关跳闸。

2．故障前系统运行方式

（1）220kV所有线路、母联、主变压器断路器均在运行位置，220kV均为联络线，其中1号主变压器2601、2号主变压器2602均运行于220kV正母线，3号主变压器2603开关均运行于220kV副母线，1号主变压器中性点直接接地，3号主变压器中性点直接接地运行，1号主变压器容量为120MVA，铁芯结构为三相三柱式，接线组别为Nyny＋d-12接线。

（2）110kV母联710断路器在热备用；1号主变压器701运行于110kV正母线，2号主变压器702热备用于110kV副母线，3号主变压器703运行于110kV副母线；110kV线路均正常运行，其中110kV线路运行于正母线，110kV侧无电源，且对侧馈供主变压器中性点经间隙接地。

（3）35kV系统分列运行，且均无电源，所有线路正常运行。

3．现场检查情况

（1）变电站内110kV线路间隔及1号主变压器本体及主变压器差动保护范围内其他一次设备无异常。

（2）查看相关保护装置动作报文如下。

110kV 线路保护装置：

2 月 27 日 14 时 05 分 46 秒，7A2 保护启动，23ms 后距离Ⅰ段保护动作，故障相为 C 相，开关跳闸，二次故障电流 20.75A（一次值为 4980A），故障测距为 3.4km，1591ms 后重合闸动作，重合成功（故障录波及分析见图 6-3）。

PRS-711型微机线路保护装置动作录波波形分析

装置地址：033　　打印时间：2016-02-27　17:22:26　　××××科技有限公司

录波数据

| 故障序号 | 17868 |
|---|---|
| 启动绝对时间 | 2016-02-27　14:05:46:902 |
| 跳闸　时间 | 23　ms |
| 重合闸　时间 | 1591　ms |
| 返回　时间 | 1849　ms |

录波波形

通道说明：

TZ　跳闸　　HZ　合闸　　SX　收信

FX　发信　　$U_a$　A相电压　　$U_b$　B相电压

$U_c$　C相电压　　$3U_0$　零序电压　　$I_a$　A相电流

$I_b$　B相电流　　$I_c$　C相电流　　$3I_0$　零序电流

$I_L$　邻线电流　　$U_x$　同期电压

电压标度：63.70 V/格　　电流标度：20.80 A/格　　时间标度：20ms/格

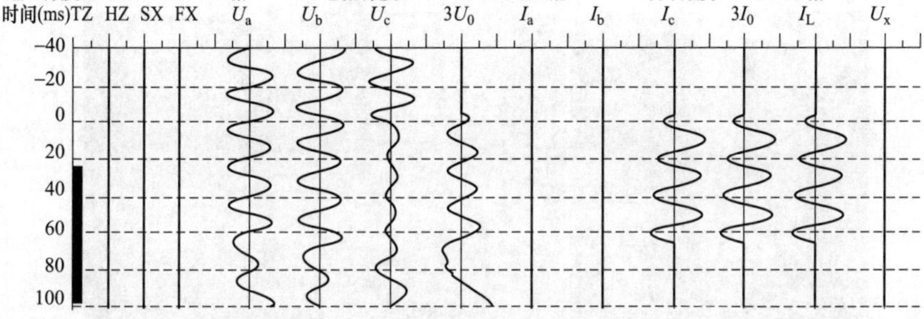

时间(ms) TZ HZ SX FX $U_a$ $U_b$ $U_c$ $3U_0$ $I_a$ $I_b$ $I_c$ $3I_0$ $I_L$ $U_x$

−40 −20 0 20 40 60 80 100

图 6-3　110kV 线路动作录波波形分析图

1 号主变压器保护 A 屏：

2 月 27 日 14 时 05 分 46 秒，××变电站 1 号主变压器第一套差动保护启动，20ms 后差动保护动作，跳开 1 号主变压器 2601、701、301 开关，差动动作电流为 A 相差流为 0.76A，B 相差流为 0.69A，C 相差流为 1.413A（动作整定值 0.756A）。

1 号主变压器保护 B 屏与 A 屏相同（故障录波见图 6-4、图 6-5）。

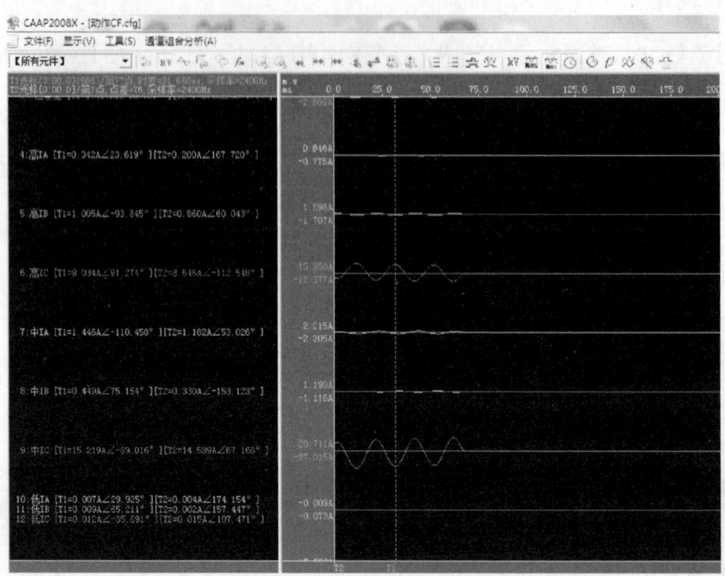


图 6-4　1 号主变压器保护录波三侧电流波形图

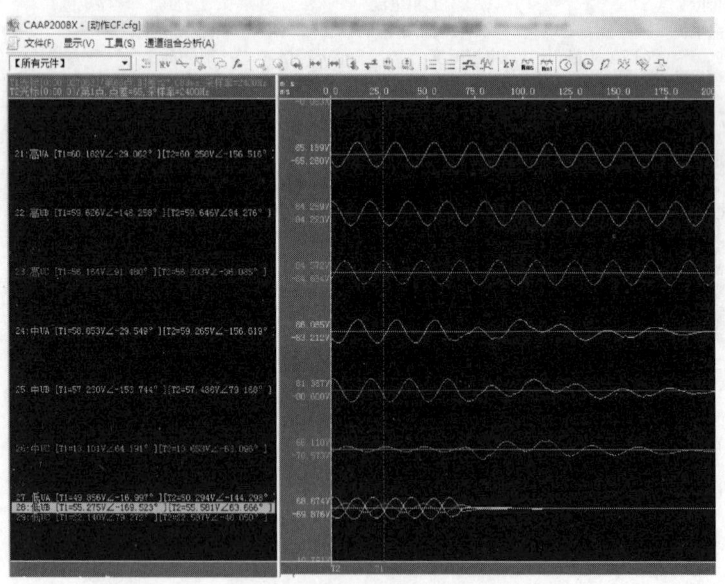


图 6-5　1 号主变压器保护录波三侧电压波形图

装置参数定值见表 6-1。

表 6-1 装置相关参数定值

| 参数 | 定值 | 参数 | 定值 |
|---|---|---|---|
| 变压器高中压侧容量 | 120MVA | 中压侧额定电压 | 118kV |
| 变压器低压侧容量 | 60MVA | 低压侧额定电压 | 37.5kV |
| 中压侧接线方式钟点数 | 12 | 高压侧 TA 一次值 | 1250A |
| 低压侧接线方式钟点数 | 12 | 中压侧 TA 一次值 | 1600A |
| 高压侧额定电压 | 220kV | 低压侧 TA 一次值 | 2000A |

当主变压器高压侧平衡系数为 1 时，主变压器中压侧平衡系数为：$\frac{1600\times118}{1250\times220}=0.686$。

从上述保护波形图上可以明显的看出：110kV 线路发生正方向的 C 相接地故障（$3I_0$ 超前 $3U_0$ 约 100°），此时 1 号主变压器高中压侧电流为穿越性电流，高压侧故障电流 9.86A（一次值 2465A），中压侧故障电流 15.7A（5024A），高、中压侧方向相反，符合区外故障的特征。但是同时注意到 1 号主变压器三相电流均存在差流，且方向相同，C 相差流最大，A、B 两相差流较小且基本相当。发生区外故障的时候主变压器中压侧 C 相电流中非周期分量较大。

那么区外故障的时候，主变压器的差流是从哪来的呢？根据三相均有差流且方向基本相同，怀疑是由于零序电流造成的差流。于是，做了两个实验：第一次仅在变压器保护中压侧加入 A 相 2A 的电流，此时仅 A 相差流为 1.372A（中压侧平衡系数为 0.686），显然不对。又做了第二个实验，在中压侧加入三相 2A 的零序电流，此时三相均有 1.372A 差流（中压侧平衡系数为 0.686），显然保护装置没有对 Y 侧电流进行“转角、滤零”。

主变压器区外故障时的零序序网图如图 6-6 所示。

其中 $X_{10}$ 为主变压器高压侧零序阻抗，$X_{20}$ 为主变压器中压侧零序阻抗，$X_{u0}$ 为主变压器零序励磁阻抗，$X_{40}$ 为主变压器平衡绕组零序阻抗，$X_{s10}$ 为主变压器高压侧系统零序阻抗。中压侧系统不接地，所以中压侧零序阻抗未画出。零序电流的关系为：

$$I_{20}=I_{10}+I_{40}+I_{u0}$$

由于变压器为三相三柱式内铁磁结构，$X_{u0}$ 较小，因此 $I_{u0}$ 不能忽略。由于没有滤零，差流应该就是 $I_{40}+I_{u0}$。

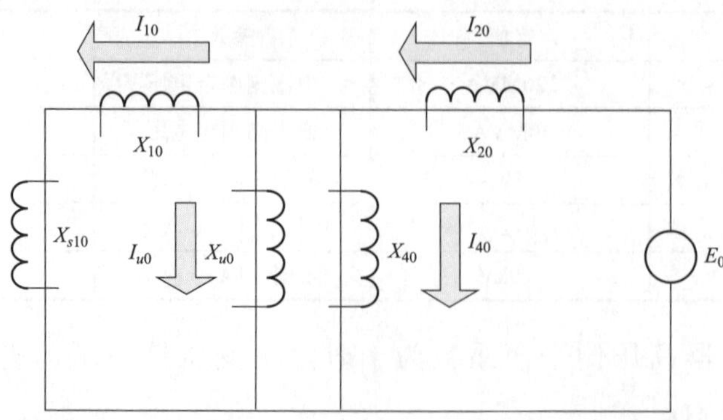


图 6-6　110kV 线路 C 相接地时 1 号主变压器零序序网图

保护厂家现场检查后发现，现场主变压器保护装置版本为 1.00JS（A）/A9DC，该版本程序当“中、低压侧接线方式钟点数”均整定为 12 时，差动将会按分相差动算法计算差流（即不转角、不滤零，三侧相电流乘以平衡系数后直接相加），由于现场主变压器接线方式为 YNyny＋d-12 型接线，铁芯结构为三相三柱式，在发生单相穿越性故障时，无法滤除零序电流，会产生差动电流，该差流为角形平衡绕组中的零序电流与零序励磁阻抗中的零序电流之和，由此导致主变压器差动保护动作，也进一步验证了之前的分析。同时，用分相差动算法算出的差流波形图如图 6-7 所示。

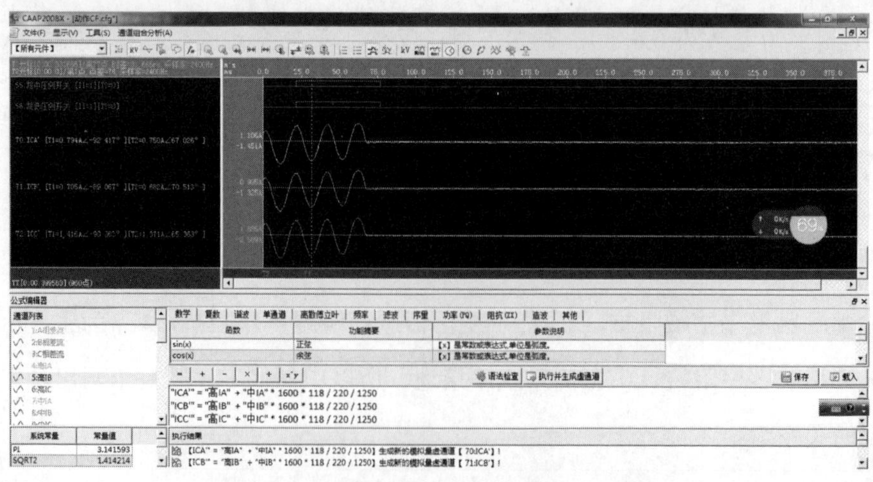


图 6-7　分相差动算法计算出的差流波形图

$I_{CA}$—A 相差流；$I_{CB}$—B 相差流；$I_{CC}$—C 相差流

可见，与主变压器保护装置内的差流波形完全一致。

另外有人对本案例提出存在下个疑问和观点。

（1）如果变压器没有平衡绕组，则可以不需要“滤零、转角”。

（2）区外故障的时候为什么C相差流比A、B两相差流大？

针对第一个问题，如果变压器没有平衡绕组，也需要“转角、滤零”，因为变压器为三相三柱式结构，发生区外接地故障的时候，励磁绕组上也存在零序电流流过，即$I_{10} \neq I_{20}$如果不“转角、滤零”，这部分电流就是差流，同样存在区外故障误动的可能性。即便是三相五柱式如果没有平衡绕组，也需要“转角、滤零”，虽然正常情况下，$X_{u0}$很大，零序励磁电流可以忽略，但是防止在特殊运方下，如果零序电压很大造成变压器磁路饱和后，零序励磁阻抗变小，导致区外故障的时候$I_{10} \neq I_{20}$。

第二个问题，区外故障的时候，主变压器中压侧C相电流互感器非周期分量较大，造成二次电流不能线性传变，导致C相差流偏大，从波形图中也可以看出C相差流当中含有直流分量。

4．整改措施及经验教训

（1）将1号主变压器两套保护版本由1.00JS（A）升级到1.00JS（A）.01，并做了相关整组试验，动作结果正确，同时排查本地区其他主变压器保护是否存在同样的问题。

（2）本次事故的主要原因是主变压器差动保护版本错误，这个问题在基建验收的时候应该就存在了，说明验收和历次的校验工作不仔细，现场存在“重回路轻保护”的现象，往往校验差动保护的时候，只要加个量让其能够动作就行，而忽略其原理性的内容。其实该缺陷可以在高压侧只加A相电流时就能发现问题了。由于Y侧没有转角、滤零，显示的A相差流为应有的差流的$\sqrt{3}$倍，且C相无差流。

在今后的工作中我们应加强基建新投保护的验收，切实提高理论知识水平，提高定校质量，避免此类事故的发生。

#### 6.4.2.2 复杂故障二：TV二次回路异常处理

1．故障简述

2016年4月12日，220kV××变电站运维人员在完成“将220kV副母线停用”操作后，在后台发现220kV副母线电压却显示正常，于是电话二次人员到现场检查处理。

2．现场检查情况

二次人员接到电话后立即赶赴变电站。到了变电站后，先在现场核实一次设备实际运行情况：该变电站4条220kV线路和2台主变压器高压侧开关均运行于220kV正母线，220kV母联处于断开位置。220kV正母线三相电压正常，均为127kV左右，220kV副母线三相电压也均为127kV左右（一次值）。现场220kV副母电压互感器停用且二次电压空气开关已经拉开。

现场220kV副母已经处于停用状态，且电压互感器停用、二次电压空气开关拉开。副母电压异常的原因初步判断为220kV正、副母二次电压之间存在并列的情况。二次人员先到220kV TV并列屏检查，检查发现220kV副母的二次电压并非是从TV并列装置里面出来的，而是从外部电缆过来的。于是着重检查各个间隔的电压切换回路是否存在问题，依次对每个间隔的640回路进行检查，最终发现在线路4964间隔内发现640电压回路的电压是从保护装置内出来的，且把外部电缆解开后，后台副母电压显示为0，母线测控电压也为0。因此判断该线路间隔的电压切换回路存在问题。接着二次人员对4964线的副母隔离开关进行检查时，发现4964端子箱内163′电缆线头存在松动现象（49642隔离开关动断触点至端子箱电缆线头松动），紧固后4964间隔640电压为零。

3．原因异常分析

由于4694开关端子箱内46942隔离开关163′电缆线头松动，造成4694开关在从Ⅱ母线热倒Ⅰ母线运行时，二次电压切换双位置继电器2YQJ4、2YQJ5、2YQJ6、2YQJ7失电（切换原理见图6-8），双位置继电器触点无法返回，Ⅰ母线、Ⅱ母线电压互感器二次通过1YQJ6、2YQJ6继电器触点形成并列回路（并列原理见图 6-9），致使拉开母联 2610 断路器后，电压二次并列回路仍然存在，没有断开联系。

因此造成了Ⅱ母线停用后，后台仍然显示母线电压正常的现象。

异常发生前，变电站内没有任何预警信号发出，给二次人员对异常性质的判断带来一定的困难。

从图 6-9 不难得出结论：由于设计上的原因，在 4697 断路器 46972 隔离开关端子箱 B 相 163′电缆线头松动脱离情况下，是不会发出任何预警信号的。220kV 双母线接线方式下，电压二次切换的信号和遥信回路采用的是 1YQJ1、1YQJ2、1YQJ3（2YQJ1、2YQJ2、2YQJ3）非双位置继电器的动合和动断触点（如图 6-8、图 6-10 所示），46972 隔离开关端子箱 163′电缆线头松动脱离，影响 2YQJ4、2YQJ5、2YQJ6、2YQJ7 双位置继电器的正确动作，对信号和遥信回路没有任何影响，致使所有信号和遥信反应正常，未发出任何预警信号。

4．整改措施及经验教训

（1）针对发生此异常现象前，电缆线头松了无相关报警信号，建议利用 1YQJ4-7 与 2YQJ4-7 分别来替代图 6-8 中的 1YQJ1、1YQJ2 触点，这样类似的情况发生前就会有告警信号报出，便于及时处理。

（2）可以看出，双位置继电器的不正确动作是本次异常情况的根本原因，这也暴露出它的致命缺点：倒闸操作中一旦隔离开关回路有问题，其不能正确的动作返回，容易造成电压二次回路存在并列回路，甚至可能导致反充电异常的发生。

根据国家电网标准化设计规范中要求：为了简化电压切换回路，提高运行可靠性，双母线接线间隔宜装设三相线路 TV。这样每个间隔电压回路完全独立，不会存在电压切换问题。同时“十八项反事故措施”当中，也对双重化的保护电压回路提出了明确要求：两套保护交流电压宜分别取自电压互感器互相独立的绕组。其保护范围应交叉重叠，避免死区。因此最近几年新上的常规站的电压回路基本都采用线路电压互感器的电压，避免了此类现象的发生。

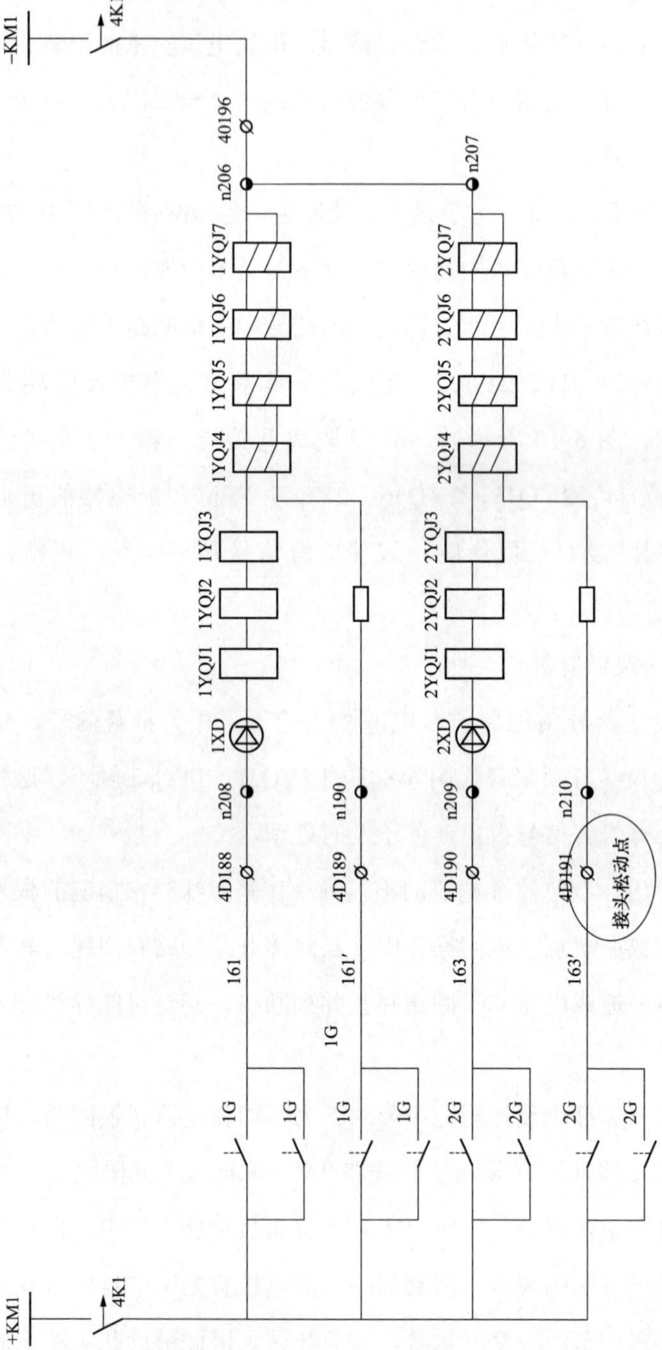

图 6-8 220kV 电压切换回路原理图

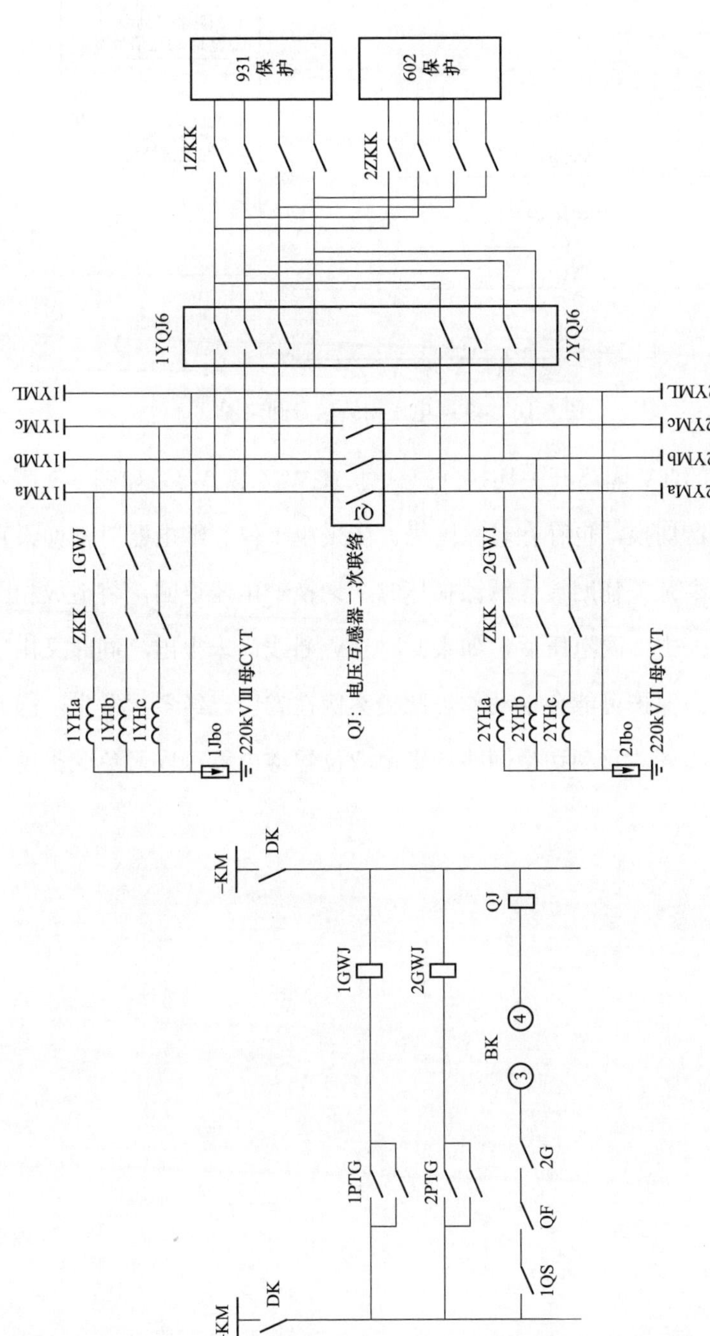


图 6-9 4964线电压并列回路原理图

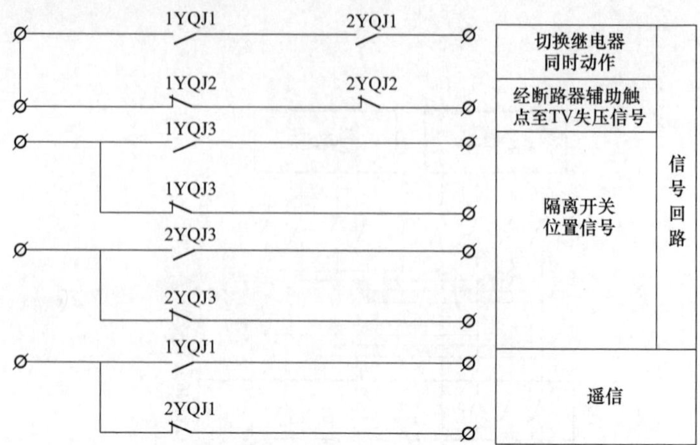


图 6-10　4964 电压相关信号回路图

另外现场的 TV 隔离开关切换回路（即 1GWJ、2GWJ）如图 6-9 所示，采用单位置继电器切换，也存在较大隐患。当采用单位置继电器时，如果直流电源消失或者隔离开关辅助接点锈蚀损坏时，切换继电器返回，将造成相关母线所有保护装置失去二次电压后，如果此时 TV 断线尚未报出，同时又出现区外故障，此时距离保护可能会误动作。此类案例在省内已经多次发生。因此现行的母线 TV 隔离开关重动切换回路均采用双位置继电器可以避免此类现象，建议结合技改更换。

# 第 7 章　典型违章及事故案例分析

## 7.1　典型违章案例分析

### 7.1.1　行为违章

#### 7.1.1.1　案例一：工作终结，作业人员仍在工作地点作业

1．事故经过

2021 年 5 月 2 日，××发电公司当值电气运行人员在进行发电机并网前检查过程中，发生一起人身触电事故，造成 1 人死亡。

5 月 2 日，××发电公司机组 C 级检修工作全部结束，锅炉已点火，准备进行汽轮机冲转前的检查确认工作。1 时 40 分左右，电气副值曹某、孟某在进行发电机并网前检查过程中，发现发电机出口断路器 101 柜内有积灰，遂进行柜内清扫工作，1 时 46 分，曹某在强行打开柜内隔离挡板时，触碰发电机出口 10kV 断路器静触头，导致触电，经抢救无效死亡。

2．暴露问题

（1）安全责任落实不到位。未统筹好安全、质量与工期的关系，安全责任清单未做到“一组织一清单、一岗位一清单”，生产人员对清单内容不清楚、不掌握，安全培训存在缺失，现场工作人员安全意识严重不足。

（2）安全风险管控不到位。对“五一”期间不停工风险作业未进行提级管控，现场安全风险辨识不到位，“五防”管理不规范，运行人员不清楚设备带电状态及危险点，安全风险辨识、分析、防控形同虚设。

（3）作业人员安全意识淡薄。现场习惯性违章问题突出，运行人员未严格执行“两票”管理规定，超范围工作，违规打开发电机出口开关柜内隔离挡板进行清扫。

（4）检修组织管理不到位。电气检修承载力不足，当值运行人员参与电气检修作业，运行与检修工作界面不清、组织分工不明，保证安全的组织措施无法有效落实。

（5）事故信息报送不及时。《国家电网有限公司安全事故调查规程（2021年版）》宣贯培训不到位，事故单位对报送要求不熟悉不掌握，事故发生后各层级未按照规定时限要求报送事故信息。

3．整改措施

（1）严格落实安全责任。落实公司党组会议部署，认真编制执行省公司和地市公司级单位领导班子成员安全生产责任清单和2021年安全生产工作清单。坚持“党政同责、一岗双责、齐抓共管、失职追责”“管行业必须管安全、管业务必须管安全、管生产经营必须管安全”要求，强化各级领导人员安全责任担当，严格工作要求，切实“照单履责”、到岗到位。通过抓住关键人，带动一班人，一级抓一级，层层抓落实，逐级拧紧安全责任链条。

（2）深刻反思立即整顿。要组织各类生产施工作业现场立即停产整顿，开展专题安全日活动，全面排查安全管理中存在的薄弱环节，严格履行验收程序，合格一项复工一项。立即组建安全帮扶工作组进驻发电公司，督促指导风险隐患排查和员工安全素养提升工作。建立健全适应综合能源全业务的安全管理体系，提升安全管理穿透力。按照“四不放过”原则，认真组织事故调查分析，深入排查安全管理深层次问题，采取有效措施，认真抓好整改。公司系统各单位要立即开展对照排查，举一反三消除隐患，杜绝类似事故再次发生。

（3）严肃安全生产纪律。认真落实“月计划、周安排、日管控”要求，严禁无计划开展作业，加强领导干部和管理人员到岗到位、安全督查、作业班组承载力分析，严禁超范围、超能力工作，严禁盲目赶工期、抢进度。

（4）强化风险管控。落实建设施工和运维检修项目各层级安全风险辨识及管控责任，确保风险辨识无死角、措施无遗漏、过程严管控。严肃作业现场“两票三制”“五防”管理制度的刚性执行。对于节假日期间不停工作业、夜间作业等特殊情况要提高风险等级进行管控。

（5）加强监督检查。利用视频督查、“四不两直”安全督查、三级安全督查等手段，加大检修作业现场安全监督检查力度，重点查处无计划作业、超承载力作业等冲击当前安全底线的突出问题，深挖各级管理责任，严肃责任追究。

（6）加强应急管理。完善事故应急预案，针对性地开展应急演练，加强触电急救培训，确保现场作业人员掌握必要的应急救援知识和能力。严格事故信息报送，发生安全事故，相关单位要严格按照《国家电网有限公司安全事故调查规程（2021 年版）》要求及时报告，杜绝迟报、瞒报。

7.1.1.2 案例二：安全措施不完备

1．事故经过

2021 年 3 月 16 日，由××工程局承建的×××抽蓄电站一期尾水系统工程 1 号调压井灌浆作业过程中发生一起 1 死 1 伤人身事故。该工程建设单位为×××抽水蓄能有限公司，监理单位为×××询有限公司，劳务分包单位为××工程有限责任公司。发生事故的 1 号尾水调压井高度 98.4m，分为大井段和小井段，大井段高度 69.2m，直径 10m，小井段高度 29.2m，直径 4.3m，作业平台高程约为 1008.35m（如图 7-1、图 7-2 所示）。3 月 15 日 19 时 30 分，劳务分包单位马××带领 4 名作业人员在作业平台上进行灌浆作业。3 月 16 日 4 时左右，作业人员完成灌浆平台单个作业循环提升后的锁定工作，准备进行大井段第三个循环段的灌浆作业，5 时左右，锁定作业平台的其中一根（共 4 根）钢丝绳绳卡松动，灌浆平台发生倾斜，导致平台上的 2 台注浆泵侧向滑移打击、挤压到现场 2 名作业人员，其中 1 人送医途中经抢救无效死亡，1 人轻伤。

2．暴露问题

（1）现场安全技术措施落实不到位。作业人员未将钢丝绳绳卡紧固到位，现场缺失有效的核验手段；平台上 2 台注浆泵未采取有效的固定措施，导致注浆泵在灌浆平台倾斜过程中发生滑移。

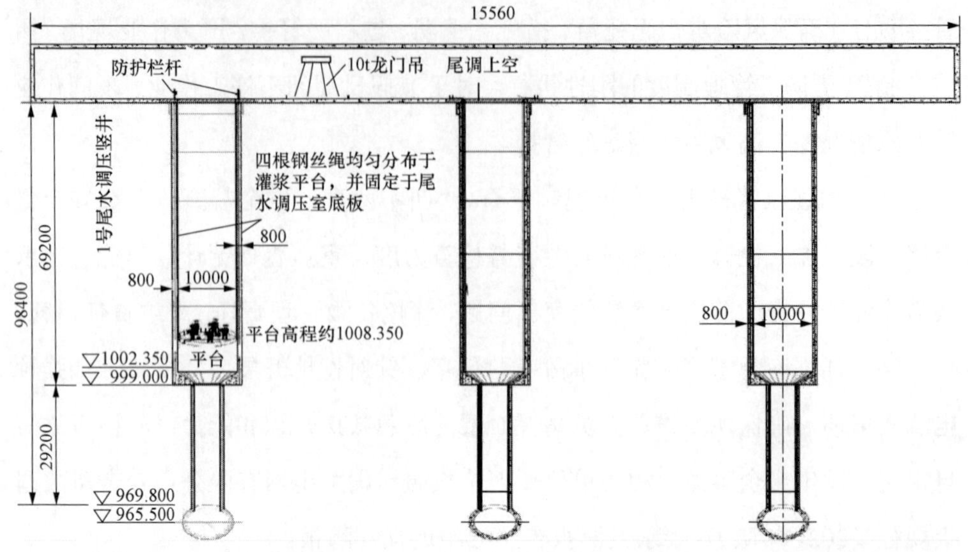


图 7-1　一期尾水调压井灌浆施工示意图

（2）安全风险辨识不到位。施工方案中未辨识出平台倾斜、灌浆设备挤压伤害等安全风险，未制定针对性的管控措施，未制定平台施工机具固定措施，未明确平台关键技术措施审核把关具体要求。

（3）关键人员安全履责不到位。该施工作业为三级安全风险，夜班作业现场仅安排劳务分包单位兼职安全员代为履行监护职责，事发时兼职安全员未在平台作业面履行监护职责。钢丝绳绳卡紧固后，监理、施工项目部也未及时派人到场复核。

3．整改措施

（1）深刻反思立即整顿。事故单位要立即停工整顿，各单位要深刻吸取事故教训，组织开展专题安全日活动，全面排查整治作业现场各类自制作业平台、施工机械器具、特种设备和特种作业、施工方案编制执行等方面的问题隐患。特别是要对三级以上风险作业安全措施落实情况进行逐一排查，落实本质安全要求，杜绝因单人失误、单项安全措施失效引发事故。

（2）强化安全履责。参建各方要认真对照《电力建设工程施工安全监督管理办法》(〔2015〕国家发改委令第 28 号)，全面梳理排查安全责任落实情况，重点排查建管单位是否明确参建各方责任、参建各方尤其是管理人员是否知晓安全责任、各级管理人员是否履责到位、是否有监督履责到位的管控手段、现场是否将风险管控和隐患排查责任落实到位，确保各层级、参建各方履责到位。

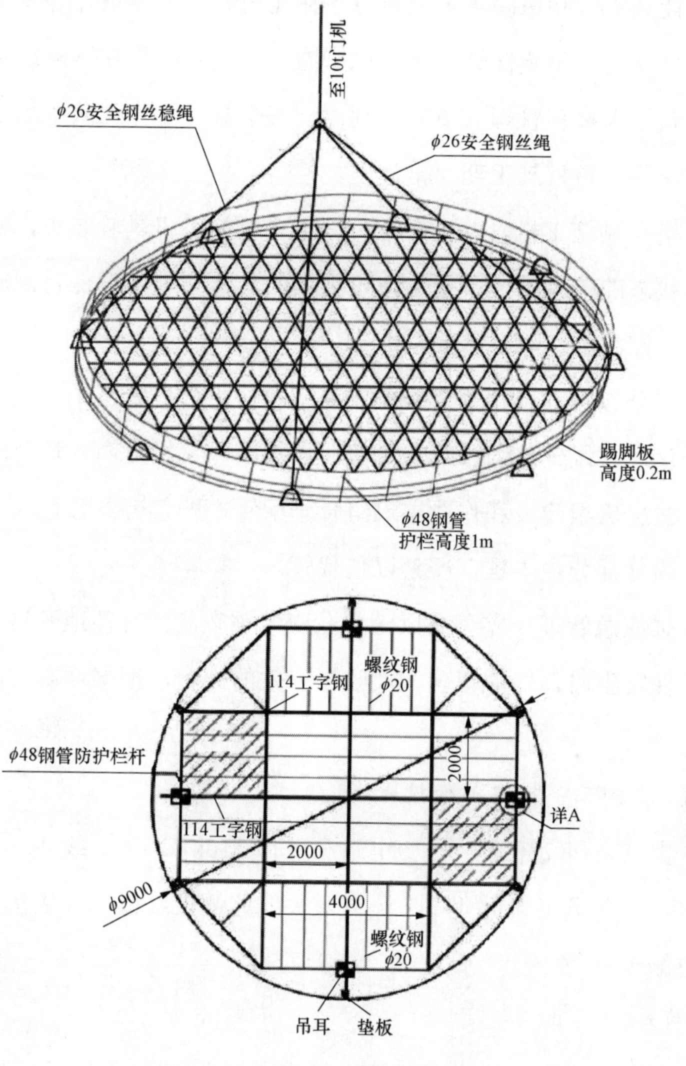


图 7-2　调压井大井灌浆平台布置图

（3）强化风险管控。对建设工程全过程风险辨识情况进行全面梳理，对辨识出的安全风险进行全面评估，确保风险辨识无死角、措施无遗漏、过程有管控。加强施工作业安全技术管理，严格施工方案编审批，结合现场实际制订施工方案，加强关键安全技术措施复核和审查，刚性执行方案各项安全技术措施，对恶劣天气、连续工作超过 8h、夜间作业等特殊情况要提高风险等级进行管控。

（4）严格计划管控。认真落实“月计划、周安排、日管控”要求，将“日管控”作为计划管理和风险管控的重点，作业内容、现场条件等发生变化的，要重新制订日计划、重新部署安全管控措施。认真开展作业风险识别、评估和定级，加强领导人员和管理人员到岗到位、安全督查、作业队伍承载力分析，严禁超能力作业、盲目赶工期、抢进度。

（5）严格自制施工机具安全管理。严把自制施工机具验收关，明确自制施工机具安全状态的核验手段，提出审核把关的具体要求，确保自制施工机具始终处于安全可控状态。

（6）严格分包管理。各单位要督促施工单位将分包队伍纳入自身安全管理体系，统一管理，统一培训、统一考核。严把准入关，提高入场前培训的针对性。加强作业层班组建设和作业层班组骨干配置，严禁劳务分包人员独立承担危险性较大的分部分项工程，严禁以包代管。

（7）加强应急管理。完善高风险作业应急预案，针对性地开展应急演练，确保突发事件发生时，能够正确、及时、有效的处置，把事件影响和损失降到最低限度。

#### 7.1.1.3 案例三：擅自拆除接地线

×××供电公司 220kV××变电站在进行 110kV××二线 113-2 隔离开关检修工作时，一名员工误拆 113-2 隔离开关线路侧接线板，失去接地线保护，发生感应电触电事故。

1．事故经过

按照国网××供电公司 4 月份停电检修计划安排，4 月 1 日，××供电公司变电检修室变电检修三班进行 220kV××变电站×××二线 113-2 隔离开关检修工作，×××二线停运（×××一、二双回线同杆并架 39.02km，×××一线在运行中）。变电运维人员在 113-2 隔离开关周围装设遮拦，向内挂“止步，高压危险！”标示牌，并设出入口及检修通道；在 113-2 隔离开关处悬挂“在此工作！”标示牌；在相邻 112、114 间隔设备架构、113-5、113-4 隔离开关架构上悬挂“禁止攀登、高压危险！”标示牌及带电标示旗；在 113-5、113-4 隔离开关操动机构上悬挂“禁止合闸，有人工作！”标示牌；合入 113-17、113-27、113-47 接地隔离开关。11 时，运维人员许可变电第一种工作票，并履行工作许可手续。工作负责人芮×组织工作班成员（共 4 人）列队唱票并分配工作任务，工作班人员陈××（死者，男，54 岁，高中文化，1981 年参加工作，全民工，变电检修高级工）、陈××负责隔离开关连杆轴销的加油、检查，孟××负责机构清扫，芮×负责监护。陈××在 113-2 隔离开关架构上工作。11 时 30 分左右，陈××在打开 113-2 隔离开关 A 相线路侧连接板时，失去接地线保护，造成感应电触电。15 时 10 分左右陈××经抢救无效死亡。

2．暴露问题

事故暴露出责任单位安全生产还存在诸多薄弱环节和管理漏洞，从领导层、管理层到作业层在安全管理和技术管理上还存在诸多问题。

（1）电力安全工作规程执行不严，现场存在违章。作业人员安全意识淡薄，擅自增加工作内容、扩大工作范围，作业行为严重违章。

（2）现场监护不到位。工作负责人责任心不强，对现场作业人员监护不到位，未能正确安全地组织工作，有效履行现场安全监护和管控责任。工作班成员在作业中未能相互关心工作安全，并监督电力安全工作规程的执行和现场安全措施的落实，未能及时有效制止不安全行为。

（3）风险分析不到位。工作组织、工作实施过程中，相关人员风险辨识能力不强，安全风险未能及时识别，未认识到同杆并架运行线路产生的感应电影响，未辨识出拆除线路侧连接板失去接地线保护导致触电风险，未采取针对性措施，安全风险分析、辨识、防控能力与安全工作要求存在差距。

（4）现场管控不到位。工作票填写、审核、批准等环节未起到把关作用，工序质量控制卡、风险事件与控制措施单套用模板，指导性、针对性不强，现场作业人员作业危险点不清楚，现场标准化作业工作未得到认真执行，管理人员到岗到位缺失、履责不到位。

（5）安全检查不到位。对违章行为管控力度和覆盖面不足，尤其对小型作业现场反违章覆盖面不够。开展春季安全大检查不力，监督检查不细，隐患排查治理不实，安全管理失之于宽、失之于软。

（6）国网×××供电公司安全管理工作不力。在长期稳定的安全生产局面下管理有所松懈，安全生产责任制落实不到位，规章制度执行不严格，安全、技术培训不到位，安全工作基础不牢，存在薄弱环节和漏洞。

3．防止对策

（1）迅速通报×××公司“4·1”人身死亡事故，深入剖析事故原因，深刻吸取血的教训，提高全员安全意识。组织开展安全生产“五个深入到位”专项整治活动，全公司系统停产1天，×××公司停产1周，深入开展思想整顿和反思，认真分析当前安全生产工作存在的突出问题，制订切实可行的整改计划和防范措施，稳定公司安全生产局面。

（2）立即同步开展安全大检查暨专项整治活动督查。由公司领导带队，组织10个督查组，对各单位生产、基建、农配网、信息安全、交通消防等方面全面开展督查，重点检查涉及人身安全的隐患和安全风险。对检查出的问题和隐患逐一建档，落实整改方案、责任人和整改时间，逐一销号，确保不留死角，闭环整治。确保思想整治深入到位、事故反思深入到位、自查自纠深入到位、现场管控深入到位、改进提高深入到位。

（3）开展反违章专项行动，切实加强对现场违章查处力度。开展“两票”执行情况、地线管理情况等专项督查，加强现场作业工作组织，加强危险点分析，认真开展安全交底，严格落实“三种人”和工作成员安全职责，从严考核“两票”管理不规范、管理工作不落实等违章行为，严禁擅自增加工作内容和扩大工作范围。切实加强现场安全管控，确保人员到位、责任到位、措施到位。

（4）落实检修施工作业防感应电措施，针对有可能产生感应电压情况，必须加装安全可靠的工作接地线或使用个人保安线。带接地线拆装设备时，严格执行接地线移动或拆除相关规定，确保作业人员在接地线保护范围内工作。公司各单位重新梳理了春季安全大检查工作计划，针对同杆塔架设的输电线路、邻近或交叉跨越带电体附近的相关作业场所，落实防感应电措施。

（5）强化“不按精益化管理就是失职、不按照标准化作业就是违章”的理念，纠正管理缺失、自行其是的问题。认真开展作业前现场勘察，针对每一项工作都要根据现场实际编制具有针对性的、可操作性的指导书和控制卡，风险因素分析和危险点源分析、管控措施要与现场实际工作相符合，真正起到指导作用，避免流于形式。

（6）切实做好员工安全防护和生产技能培训。×××公司于 4 月 10 日完成了对本单位的工作票签发人、工作负责人、工作许可人重新全员培训考核，考核不合格的取消相应工作资格。公司各单位针对设备设施不熟悉、作业过程和操作技能不熟练的员工，重新组织开展安全知识和生产技能培训与考核，增强员工自我保护意识和能力。

（7）组织开展安全事故“回头看”活动，在专题安全活动中对本次事故及近几年的典型国家电网公司系统人身事故案例组织进行学习、分析，学习公司编制的电力生产典型事故案例警示教育培训资料，深刻汲取事故教训，剖析不同岗位工作中存在的安全隐患，规范不同岗位的现场作业行为，制定重要危险点、源辨识和风险因素控制的专项措施，坚决杜绝发生人身事故，做到安全管理、警钟长鸣。

#### 7.1.1.4　案例四：转移过程中失去保护

××检修公司在 330kV×××变电站开展带电检测零值瓷质绝缘子工作中，一名作业人员在构架上转移作业位置时未使用后备保护绳，失去安全保护，发生高空坠落死亡事故。

1．事故经过

按照工作计划，2 日，国网×××检修公司输电检修中心在 330kV×××变电站开展 330kV×硖Ⅰ、×硖Ⅱ、×汤、×段Ⅰ、×雍 5 个间隔带电检测零值瓷质绝缘子工作。输电检修中心带电班于 1 日勘察了作业现场。

2 日 8 时 50 分，工作负责人邵×与工作班成员赵×（死者，男，29 岁，大学本科，2010 年参加工作，国网×××检修公司输电检修中心职工，2013 年取得带电作业资格）、马××和到岗到位干部王××（输电检修中心副主任）到站办理了编号为输检带电2016090101的带电作业工作票许可手续，在开展安全交底、检查防护用具后，邵×负责监护，赵×、马××依次开展工作。9时40分，马××完成×硖Ⅰ、×硖Ⅱ、×汤间隔的检测工作。9时45分，工作班成员赵×穿戴好带后备保护绳的安全带，由×段Ⅰ间隔南侧爬梯上构架开始工作，作业过程中，赵×在未系安全带未挂后备保护绳的情况下，采用手扶门形构架上横梁，脚踩下横梁的方式进行作业位置转移，工作负责人邵×和到岗到位干部王××在距离工作门形构架正下方约6m远，对赵×工作进行监护，未制止违章行为。10时05分，赵×完成马段Ⅰ间隔检测工作，准备跨越立柱开展下一间隔的检测，在距离立柱约0.5m位置时，突然从马段Ⅰ间隔横梁上（距地面18m）坠落到地面。现场立即开展心肺复苏急救，并送赵××高新医院，11时38分，经医院抢救无效死亡。

2．暴露问题

事故暴露出责任单位安全生产中还存在诸多薄弱环节和管理漏洞，从领导层、管理层到作业层在安全管理和技术管理上还存在诸多问题。

（1）作业中严重违章。作业人员高处作业中违反Q/GDW 1799.1—2013《国家电网公司电力安全工作规程　变电部分》18.1.9“高处作业人员在转移作业位置时不得失去安全保护”的规定，在没有系好安全带和后备保护绳的情况下转移作业位置，安全措施不落实，作业严重违章。

（2）现场安全监护不到位。工作负责人和到岗到位人员安全履责不到位，对作业人员移位中未正确使用安全带的严重违章行为未及时制止，安全意识淡薄，作业现场安全管理存在严重漏洞。

（3）国网×××检修公司安全基础管理存在薄弱环节，安全规章制度执行不严格，班组日常安全管理不到位，生产作业组织和现场监督检查工作不扎实。

3．防止对策

（1）国网×××省电力公司于9月2日下发紧急通知，要求9月2—5日组织开展全系统停产整顿，在停产整顿期内，除连续性必须继续开展的工作外，原则上其他各现场作业全部停止。对于确实需要连续开展的作业务必加强现场安全管理和监督，在确保万无一失的前提下进行，并经过本单位领导批准，报国网×××省电力公司备案。各单位认为有必要的，可以继续延长整顿时间。

（2）针对事故暴露出的问题，各单位在9月5日组织召开安委会，9月7日召开公司系统事故分析会，集体研议、深刻汲取事故教训，举一反三查找本单位责任制落实和制度执行方面存在的漏洞，各级领导班子都要进行深刻反省，绝不能抱有侥幸思维，要相互提醒提示思想中存在的不足；每个人都要对照工作岗位和工作任务，深刻反思安全生产中存在的松懈麻痹思想，查找还有哪些制度条款没有严格执行、哪些工作要求没有落实到位。

（3）迅速组织开展反违章专项安全活动。针对当前安全生产极端严峻形势，制订反违章专项安全行动方案，从9月5日至年底，持续开展以“反违章、禁事故、保安全”为主题的安全专项行动，要把反违章工作贯穿到秋检秋查和迎峰过冬的全过程，贯穿到每一天、每个现场、每项工作、每个人员，确保安全责任落实，规章制度严格执行。

（4）严查电力安全工作规程等安全规章制度的执行情况，各部门、各单位对照前期梳理完善的规程制度清单进行自查自纠，确保配备到位、学习到位、掌握到位，执行到位。要求领导学制度、懂规程、守规定，做按制度办事的表率，要求专业管理人员要懂业务、精专业、当专家，做严格执行制度的法官，进而推动一线员工守规矩、熟设备、精技术，做用规程制度保护自己和他人的岗位楷模。

（5）严格落实各级人员安全职责，加强安全教育培训，强化到岗到位履职尽责，切实落实“三种人”安全职责，加大飞行检查力度，持卡开展监督检查，增加深度和专业性，重点查现场勘察、作业方案和“三措”的有效性及现场落实执行情况，加强现场安全监护，对违章行为绝不姑息迁就。严厉安全责任考核，加大考核奖惩力度，实行重奖重罚，引导干部职工踏踏实实做好安全工作。

（6）严格落实高空作业和带电作业的安全技术措施，严格执行输电专业安全规定和工作标准，提升输电专业管理精细化程度。组织开展高空作业和带电作业安全防护措施落实情况专项检查，规范编制、审批作业方案，严肃作业方案的执行，严查包括带电作业屏蔽服、安全带、后备安全绳、验电器、绝缘杆在内的各类安全工器具维护和使用。针对变电站门形架构高空作业特点，完善制定作业方法，选择适合的安全带和后备保护绳，加强作业人员培训和演练。

（7）严格检修计划刚性管控，强化对小型、三类工作的安全风险分析，健全小型作业风险分析审核流程，严细划分风险等级，提高“小作业、大风险”的现场管控级别，坚决查处降低等级进行管控的行为。组织重新梳理2016年秋检工作计划，充分进行安全风险辨识，制订整改计划和整改措施，严抓严管安全生产，确保每项计划可控、再控、能控。

（8）严格落实现场勘察制度。作业前必须按照《国家电网有限公司生产作业安全管控标准化工作规范（试行）》规定认真组织开展现场勘察工作，并形成书面记录。各类作业方案、“三措”的编制必须在现场勘察工作的基础上进行，即“不勘察、无三措、不开工”。

### 7.1.2 装置违章

#### 7.1.2.1 案例一：电缆相间故障

×××35kV×××Ⅲ电缆发生相间故障，事故越级扩大造成330kV×××变电站（110kV×××变电站）发生主变压器烧损事故

1．运行方式

事故前，×××电网全网负荷为1264万kW，×××地区负荷331万kW，各控制断面潮流均满足稳定限额要求。

330kV×××变电站主接线为3/2接线，共6回330kV出线，3台容量为240MVA的主变压器（2、3号主变压器），110kV主接线为双母线带旁母接线。共址建设的110kV×××变电站有2台50MVA主变压器（4、5号主变压器）及一台31.5MVA移动车载变压器（6号主变压器），其中4、5号主变压器接于×××变电站110kV母线，6号主变压器接于×××变电站110kV旁母，6号主变压器10kV母线与4、5号主变压器10kV母线无电气连接。

330kV×××变电站2、3号主变压器负荷分别为11、11、10万kW，110kV×××变电站4～6号主变压器负荷分别为1.5万、1.5万、1.2万kW。

2．事故经过

0 时 25 分，×××市长安区凤栖路与北长安街十字路口（距 330kV×××变电站约 700m）电缆沟道井口发生爆炸；随即，110kV×××变电站 4、5 号主变压器及 330kV×××变电站 3 号主变压器相继起火；约 2min 后，330kV×××变电站 6 回出线（南寨Ⅰ，南柞Ⅰ、Ⅱ，南上Ⅰ、Ⅱ，南城Ⅰ）相继跳闸。

0 时 28 分，×××电网调度自动化系统相继推出 330kV 南寨Ⅰ，南柞Ⅰ、Ⅱ，南上Ⅰ、Ⅱ，南城Ⅰ线故障告警信息，同时监控系统报出上述线路跳闸信息。

0 时 29 分，×××省电力调控中心通知国网×××检修公司安排人员立即查找故障。

0 时 38 分，330kV×××变电站现场人员确认全站失压，站用电失去，断路器无法操作。

0 时 40 分，×××地调汇报×××省电力调控中心，110kV 锦业路变电站、文体变电站、瓦胡同变电站、长安西变电站、×××变电站、兰川变电站、葛牌变电站、尧柏变电站（用户变电站）共 8 座 110kV 变电站失压。

0 时 55 分～1 时 58 分，×××地调陆续将除×××变电站外的 7 座失电压变电站倒至其他 330kV 变电站供电。×××变电站所供 1.2 万户用户陆续转带恢复，至当日 12 时，除 700 户不具备转带条件外的，其他全部恢复。

1 时 20 分，站内明火全部扑灭，×××省电力调控中心要求现场拉开所有失压断路器，并检查站内一、二次设备情况。

2 时 55 分，经检查确认，110kV×××变电站 4、5 号主变压器烧损，330kV×××变电站 3 号主变压器烧损，2 号主变压器喷油，均暂时无法恢复。

5 时 18 分，330kV×××变电站完成三台主变压器故障隔离。

6 时 34 分～9 时 26 分，×××变电站 330kV6 回出线及 330kVⅠ、Ⅱ母线恢复正常运行方式。

3．暴露问题

（1）国网××省电力公司检修公司和×××送变电工程公司。

1）国网××省电力公司检修公司作为330kV×××变电站运维检修管理单位，负责×××变电站本次技术改造项目涉及的老旧设备更新、综合自动化装置改造、直流系统改造的管理工作，对主变压器烧损负有主要责任。主要暴露的问题如下。

a．现场改造组织不力。检修计划调整手续不规范，330kV×××变电站直流系统改造准备工作不充分，施工过渡方案不细，作业步骤不明确，审查把关不严格，无图纸许可施工，违反《国家电网公司生产技术改造工作管理规定》中“各类检修、改扩建施工作业方案、组织措施、技术措施、安全措施应经地市公司（省检修公司）审查通过后方可实施”之规定。同时现场职责不落实，风险分析不到位，安全措施不完善，新投设备验收把关不严，人员技术能力不足，导致蓄电池脱离直流母线运行。

b．直流专业管理薄弱。330kV×××变电站自1982年建站以来，历经多次改造、扩建，×××分部和二次检修一班人员对×××变电站直流系统原理和接线掌握不清，对蓄电池至直流母线的连接隔离开关的作用和接线不了解，技术判断均出现严重错误。直流屏改造更换后，未认真进行回路核查，未进行试验检验，违反《国家电网公司防止变电站全停十六项措施（试行）》中“对新建或改造的变电站直流系统应在投运前由施工单位做直流断路器（熔断器）上下级级差配合试验，合格后方可投运”之规定，没有及时发现蓄电池脱离直流母线的重大隐患。未结合新设备更换对运维人员开展有针对性的技术培训，修订的现场运行规程可操作性不强。国网×××检修公司直流专业管理人员没有针对此项作业进行检查、指导。

c．精益化运维管理不细致。×××变电站运维人员对直流系统原理和接线不清楚，对直流系统改造工作认识模糊，技术判断不正确，错误的拉开直流2号母线隔离开关；对固有缺陷掌握不清，在精益化运维查评工作中没有发现0号站用变压器外接电源35kV韦杜线路运行方式存在问题，也没有及时向×××

地调的方式安排提出异议，违反《国家电网公司十八项电网重大反事故措施》中“330kV 及以上变电站和地下 220kV 变电站的备用站用变压器电源不能由该站作为单一电源的区域供电”之规定。没有发现“站用 380V 低压断路器无欠压延时功能”的缺陷，违反《国家电网公司防止变电站全停十六项措施（试行）》中“运行中站用电系统采用具有低电压自动脱扣功能的断路器时，应对该类断路器脱扣设置一定延时，防止因站用电系统一次侧电压瞬时跌落造成脱扣”。

2）×××送变电工程公司作为施工单位，负责 330kV×××变电站老旧设备更新、综合自动化装置改造、直流系统改造施工作业，对主变压器烧损负有次要责任。其针对变电站运行设备的工程项目管理不规范，施工组织不力，在开工手续不全、无施工图纸、施工方案不完善、作业步骤不明确的情况下，盲目开始施工；现场安全职责不落实，调离工作负责人未按规定履行手续，安排工作票以外人员作业；作业人员对×××变电站直流系统设备原理和接线掌握不清，新直流系统投运前未按规定进行试验检验。

（2）有关单位和部门。

1）国网×××供电公司作为 330kV×××变电站 0 号站用变压器调管单位，方式安排违反《国家电网公司十八项电网重大反事故措施》中“330kV 及以上变电站和地下 220kV 变电站的备用站用变压器电源不能由该站作为单一电源的区域供电”之规定。×××地调安排 0 号站用变压器运行于×××变电站，使×××变电站失去站用外接电源，对主变压器烧损负有一定责任。

2）×××监理有限责任公司作为监理单位，负责×××变电站综合自动化装置、直流系统改造施工的监理工作，未按合同规定履行监理义务，对主变压器烧损负有一定责任。

3）国网×××电力运维检修部作为生产管理的职能部门，对×××变电站综合自动化装置、直流系统改造工作的安全风险认识不足，安排部署不周，计划管控不严肃，技改项目管理监督、检查和考核不到位。变电运维精益化评价和《国家电网公司防止变电站全停十六项措施（试行）》的执行监督检查不到位，负管理责任。

4）×××省电力调控中心作为电网调控管理部门，对地区电网运行方式专业管理指导不够，对站用变压器调度管理监督不够，负管理责任。

5）国网×××电力安全监察质量部作为安全监督管理的职能部门，安全监督管理不到位，负监督责任。

4．防止对策

（1）深刻吸取事故教训，逐级认真开展事故反思。落实执行国家电网公司统一部署，加大力度开展“四查三强化”安全专项活动，针对各项制度、规定、措施进行全面排查、梳理、改进和完善，针对存在的问题和薄弱环节，逐一制定防范措施和整改计划，坚决堵塞安全漏洞，切实加强安全生产管理。

（2）立即开展直流系统专项隐患排查，特别针对各电压等级变电站直流系统改造工程，全面排查整治组织管理、施工方案、现场作业中的安全隐患和薄弱环节，加强风险分析和措施落实，坚决防止直流等二次系统设备问题导致事故扩大。针对本次事故可能对接地网、二次电缆、电缆屏蔽层等造成的隐性损伤，全面进行检测，消除事故隐患。

（3）加强变电站改造施工安全管理，严格落实施工改造项目各方安全责任制，严格施工方案的编制、审查、批准和执行，做好施工安全技术交底。严把投产验收关，防止设备验收缺项漏项，杜绝改造工程遗留安全隐患。加强新设备技术培训，及时修订完善现场运行规程，确保符合实际，满足现场运行要求。

（4）深入开展电缆沟道专项排查，对发现的电缆沟道产权和运维管理责任不明等问题，逐项分析，明细产权，落实运维责任。督促客户加强进线电缆运行维护工作。沟通督促客户切实承担所属电缆资产运行维护责任，充实专业运维人员或委托有资质的运维机构，参照 DL/T 1253—2013《电力电缆线路运行规程》，做好进线电缆的运行维护工作。促请电力监管部门和政府电力主管部门针对《用电检查管理办法》废止后供电企业失去对电力用户安全用电监督检查职责和依据的问题提出指导意见。

（5）全面加强应急实战能力建设。一是吸取事件应急处置的教训，完善发布公司大面积停电预案。深刻吸取本次停电事件应急处置中暴露出的问题，细化应急响应工作流程，完善发布公司大面积停电预案。预案发布后将组织在主要媒体上对社会公众开展宣传工作，提高社会公众大面积停电的危机意识。二是落实责任提升信息报送的及时性。公司细化各部门在突发事件应急响应中的职责，确定主要部门的联系人，将责任落实到人。细化突发事件信息需要上报的单位，将突发事件应急响应流程图表化。三是加强与政府、重要用户的应急联动机制建设。建立健全与政府部门、重要用户等相关单位突发事件应急救援内、外部联动和资源共享机制，提高应急处置效率，做好重要用户的供电服务。

#### 7.1.2.2 案例二：站外树木倒伏导致变电站母线故障跳闸

1．运行方式

（1）×××变电站运行方式。×××变电站220kV系统运行方式：220kV Ⅰ、Ⅱ母线并列运行，1号主变压器4701断路器、×××线2C99断路器、×××线2C51断路器运行在Ⅰ母线，2号主变压器4702断路器、×××线4756断路器、×××线2C52断路器、×××线2C54断路器运行在Ⅱ母线，×××线2C98断路器（原×××2C53开断线路断路器）未投运。

×××变电站110kV系统运行方式：110kVⅠ、Ⅱ母线分列运行，×××线653断路器（光伏上网线路）、×××线659断路器、×××线662断路器、×××线656断路器、红姚线660断路器（110kV姚李牵引站备用线路断路器）、1号主变压器101断路器运行于Ⅰ母线；×××线658断路器、×××线661断路器、×××线655断路器、×××线654断路器、2号主变压器102断路器运行于Ⅱ母线。

×××变电站35kV系统运行方式：35kVⅠ、Ⅱ段母分列运行，1号主变压器带35kVⅠ段母线负荷运行，2号主变压器带35kVⅡ段母线运行。

（2）2座铁路牵引站受电方式。220kV×××站由×××变电站经220kV×××2C51/2C52双线供电，2C52线为主供电源，2C51线充电运行。

220kV×××站分别由×××变电站经220kV×××2C54线、×××变电站经220kV古墩2C53线供电，2C53线为主供电源，2C54线充电运行。

2．事故经过

7时43分，×××变电站220kV第一套、第二套母差Ⅰ、Ⅱ母线保护先后动作，跳开220kV1号主变压器4701断路器、2号主变压器4702断路器、母联4700断路器、×××线2C99断路器、×××线4756断路器、×××线2C51断路器、×××线2C52断路器、×××线2C54断路器。220kV双母失压；110kVⅠ母线失压，所带负荷备投至220kV挥手变压器，110kVⅡ母线仍然带电；35kVⅠ母线失压，35kVⅡ母线带电运行。

3．暴露问题

（1）恶劣天气影响日趋严重。随着全球环境的不断变化，近年来，安徽省特别是大别山区很容易出现强对流天气，在微地形、微气候的共同作用下，自然灾害给电网设备的运行安全也带来较为严重的危害。

（2）变电运行人员对变电站围墙外部超高树木发生倾倒、折断的可能性认识不足，对树木倾倒给变电站内部设备造成的危害认识不到位。

4．防止对策

（1）及时开展变电站围墙周围超高树木排查清理工作。结合“三查三强化”安全专项活动，立即组织对35kV及以上变电站围墙周边高大树木进行一轮专项隐患排查，发现树木超高并可能危及变电站安全运行的，立即组织人员对超高树木进行集中清理、修剪或砍伐，7月30日处理完毕。

（2）落实设备主人制，明确变电站运行管理范围。变电站围墙周边高大树木纳入变电运维人员例行巡视工作范围，定期对可能危及设备安全运行的超高树木枝叶进行清理、修剪或砍伐。

（3）加强恶劣天气来临前电网设备及周边环境特巡工作，根据地理特点充分分析影响山区变电站运行的不安全因素，提前做好应对防范措施，防止电网设备事件发生。

（4）加强对变电运行人员安全技能培训，提高对变电站围墙外安全隐患的辨识判断能力，提高设备及周边环境巡视质量。

（5）优化电网网架结构，对牵引站等重要用户尽量避免电源点来自同一变电站，将存在类似供电隐患的用户列入规划项目，逐步完善供电方式，提高可靠性。

（6）举一反三，开展变电站外部环境安全隐患排查专项整治工作。排查各电压等级变电站周边外部隐患，集中治理变电站周边各类施工作业、塑料大棚、易飘浮物、鱼塘、扬尘等易造成变电设施外破停运的各类隐患因素，进一步提升变电站外部运行环境。

#### 7.1.2.3　案例三：500kV 变电站高压并联电抗器故障

1．运行方式

500kVⅠ母线运行有×××2 号线及其电抗器、×××1 号线及其电抗器；1 号主变压器一次、×××线（线路在一级塔处断引，5011 断路器在合位）。500kVⅡ母线运行有徐张 1 号线、2 号主变压器一次、徐张 2 号线、×××1 号线、×××2 号线。500kVⅠ、Ⅱ母线经一串联络 5012 断路器、二串联络 5022 断路器、三串联络 5032 断路器、四串联络 5042 断路器、五串联络 5052 断路器合环。2 号主变压器中性点正常经小电抗器接地。

2．事故经过

14 时 31 分 11 秒，500kV×××1 号线电抗器重瓦斯、第一套保护、第二套保护及本体压力释放阀动作，5031 断路器、5032 断路器跳闸，同时主控运维人员听见一声巨响，发现现场 500kV×××1 号线电抗器冒烟着火。

14 时 31 分 14 秒，500kV×××2 号线 5041 断路器、5042 断路器跳闸。

14 时 31 分 15 秒，500kVⅠ母差动保护动作，跳开 5011、5021、5052 断路器。

14 时 36 分 09 秒，500kVⅡ母失灵保护动作，跳开 5013、5023、5033、5043、5053 断路器。

16 时 04 分，拉开徐张 1 线，1 号主变压器一、二、三次断路器，16 时 17 分，拉开 2 号主变压器一、二、三次断路器。17 时 41 分，将 500kVⅠ母线隔离。17 时 52 分，将 500kV 系统断路器及其隔离开关改为冷备用状态。

3．暴露问题

（1）现场运检人员风险辨识能力和责任心不强，对突发设备异常反应、处置不及时，造成油色谱送样、化验时间过长，没有及时为决策提供依据。

（2）各级专业管理人员对设备突发异常重视程度不够，汇报流程信息不畅，管理人员专业敏感性不高，没能及时决策提前将异常设备停运。

（3）变电站主电缆沟在设计布置上距离大型充油设备过近，高压并联电抗器喷油着火后造成主电缆沟电缆受损导致故障扩大。

4．预防对策

（1）确定电抗器故障原因，查找内部故障点，排查公司内部存在的同类型设备，开展隐患排查，加大检测力度，争取存在问题的设备及早发现、及早解决。

（2）对发生内部闪络的断路器进行解体检查，查找出故障原因。分析确认是否家族性缺陷，进行针对性治理。

（3）对于轻瓦斯报警出现后如何进行现场处置进行深入研究，优化处理方式。加大在线监测装置的投入力度，对日常运行数据进行细致分析，提升内部缺陷的探查能力。

#### 7.1.2.4　案例四：500kV 开关站污闪致故障

1．运行方式

故障前×××开关站 500kV 系统运行方式：5011、5012、5013、5031、5032、5033、5041、5042、5043 断路器在运行。阳东Ⅰ线、阳东Ⅱ线、阳东Ⅲ线、东三Ⅰ线、东三Ⅱ线、东三Ⅲ线线路及高压电抗器运行。Ⅰ号、Ⅱ号母线运行。

2．事故经过

2 月 27 日 6 时 08 分，阳东Ⅱ线纵联距离、分相电流差动保护动作，C 相故障跳闸，重合闸动作成功。6 时 21 分，站内 9 台断路器全部跳开。故障造成电厂机组全部跳闸，机组出力合计 160 万。故障发生时，当地为严重雾霾天气，环境湿度达 100%，站内能见度不足 10m。运行人员现场检查发现：5043 2A 相、5043 6A 相、5041 1B 相、5033 1A 相、5032 1C 相、5011 2C 相，5013DKA 相隔离开关支持绝缘子法兰处有放电痕迹。主设备无损坏，不影响送电。10 时 53

分，东三Ⅰ线恢复运行；11 时 01 分，Ⅰ、Ⅱ母恢复运行；11 时 00 分，阳东Ⅱ线恢复运行；11 时 04 分，东三Ⅲ线、阳东Ⅰ线恢复运行；13 时 03 分，阳东Ⅲ线恢复运行；14 时 38 分，东三Ⅱ线恢复运行。结合现场检查情况，由于随着周围环境的变化，×××变电站污秽程度日益加重，站内设备潮湿天气下电晕声明显增强，严重雾霾天气导致部分隔离开关支柱绝缘子闪络，是×××开关站故障的直接原因；500kV×××开关站设备外绝缘配置不足，是本次故障的间接原因。

3．暴露问题

（1）×××开关站现场运维巡视工作不到位。随着×××开关站周边污染源逐步增多，环境污染日益严重，站内设备在潮湿等天气下电晕声明显增强，在雾霾天气下甚至出现绝缘子表面爬电现象。设备运维人员在巡视中未能引起警觉，熟视无睹，汇报不力；设备运维管理人员对设备存在的隐患重视不够，未能积极采取措施加以整改。

（2）运维单位对×××开关站防污闪工作重视不够，隐患整治不及时。×××开关站投运后，运维单位先后于 2007 年、2008 年、2009 年结合相关工作分别对全站一次设备和部分设备进行了清扫。2009 年以后，周边陆续有多家石化企业投产，污染排放现象严重。公司相关部门及检修分公司、徐州分部对此未引起足够重视，未能充分认识及时整治设备隐患的重要性。2010 年编制了全站设备喷涂 RTV 方案，2011 年获得批准，纳入 2012 年全站综合自动化装置改造项目一起实施，但在综合自动化装置改造项目延期等情况下，汇报请示不充分，现场情况反映不准确，致使喷涂 RTV 方案始终未能实施。

（3）1 月 31 日污闪故障后存在侥幸心理，反事故措施落实不力。1 月 31 日凌晨，500kV 阳东Ⅰ、Ⅱ线，东三Ⅰ、Ⅱ线及×××站 500kVⅡ母曾因雾霾发生跳闸。故障后，×××省电力公司相关部门及省检修分公司、徐州分部组织开展了饱和盐密实测，并提出带电水清洗或停电清扫喷涂 RTV 的整改方案，但在推进实施过程中，讨论和选择方案不果断、不坚决，心存侥幸心理，片面认为气温逐步回升，出现雾霾天气的可能性不大，打算等到 2013 年下半年与综合自动化装置改造一起实施以减少停电，因此放松了工作部署，致使防污闪措施落实再次延误。

（4）设备状态评价及隐患排查治理工作不扎实。按照设备状态检修要求，设备运维单位每年对×××开关站设备开展动态评价，但在2011年、2012年的评价结果中未能准确反映出设备积污、外绝缘配置与污区等级不匹配等情况，设备评价得出“正常状态”结论。同时，在历年开展的事故隐患排查及安全大检查等活动中，设备运维单位也未将设备外绝缘下降及配置问题列入风险隐患库，设备状态评价及隐患排查治理等工作存在走过场现象。

4．防止对策

（1）立即全面开展普查整改。3月上旬完成对全省变电站、输电线路等设备外绝缘配置情况的排查。根据电网污区分布图、污染源变化及近期绝缘子饱和盐密测量情况，对不满足要求的设备，安排落实喷涂RTV、增爬裙、清扫等措施，并及时对电网污区分布图进行局部修订。

（2）进一步加大污秽监测力度。年内逐步对污秽较重的变电站和线路加装污秽在线监测装置，实时监控污秽程度，在积污达到警戒值时提前安排停电清扫，防止污闪发生。

（3）加强设备运维管理。严格落实设备第一责任人和巡回检查制度，强化责任意识，开展业务培训，提高设备巡视质量，准确反映现场环境和设备运行状况。对设备状态评价和隐患排查工作开展回头看，认真查找薄弱环节，剖析原因，落实措施，坚决杜绝走过场行为。进一步完善考核制度，加大考核力度。

（4）商请加强×××开关站周边环境治理。商请××电力集团公司与当地政府部门建立密切联系，促请加强对×××开关站周边环境治理，加强对化工企业私自排放污染气体的监管，同时与×××开关站当地气象服务机构建立联系，提前了解掌握天气变化，做好雾霾等天气下污闪应对准备工作。

### 7.1.3 管理违章

#### 7.1.3.1 案例一：风险管控不到位

×××供电公司在110kV×××变电站更换隔离开关过程中发生感应电触

电，造成 1 人死亡。

1．事故经过

18 日，×××供电公司运维检修部（检修公司）变电检修班工作负责人王×（死者），持变电站第一种工作票（工作票编号：D××××××××），带领工作班成员蔡×、黄×、万×、朱×、丰×共 6 人，到 110kV×××变电站更换 110kV×××线×××支线线路隔离开关 17523 和旁路母线隔离开关 17520。工作票安全措施如下。

（1）拉开 110kV×××线×××支线 1752 断路器、17521 隔离开关、17523 隔离开关、17520 隔离开关，110kV 红雅线 17420 隔离开关，110kV×××线×××支线 17320 隔离开关，110kV 红翠线 17530 隔离开关，110kV 母联 11500 隔离开关（注：拉开 110kV×××线×××支线 1752 断路器及两侧隔离开关 17523，拉开与 110kV 旁路母线相连接的所有隔离开关，110kV×××线×××支线和 110kV 旁路母线停电）。

（2）断开 110kV×××线×××支线 1752 断路器装置、控制、储能电源空气开关。装设的接地线：在 1752 断路器与 17523 隔离开关之间装设一组 2 号接地线，在 17523 隔离开关出线侧装设一组 1 号接地线，在 17520 隔离开关旁母侧装设一组 4 号接地线，并设置了相关遮拦和标示。15 时 30 分，办理工作许可手续，工作负责人王×现场核实安全措施无误，召集工作班成员进入工作地点，交代安全措施和带电部位后，开始工作。首先由蔡×、黄×、万×、朱×拆除 17523、17520 隔离开关上的引线，约 16 时 05 分，工作班成员蔡×通过吊车辅助拆除 110kV×××线×××支线至 17520 旁路母线隔离开关 C 相 T 接引流线，工作负责人王×身穿工作服、头戴安全帽、戴线手套、穿胶鞋、佩戴安全带（安全带系在隔离开关构架上）站在 17520 隔离开关构架上手抓 T 接引流线配合拆除工作，在蔡×将 T 接处线夹拆除后，王×手抓的引流线下落过程中将装设在 110kV×××线×××支线引流线（线路侧）1 号接地线的 C 相碰落，摆动的 110kV×××线×××支线引流线与王×手中的引流线接触，王×大叫一声后从隔离开关构架倒下，被安全带悬挂在隔离开关构架上，地面工作人员立即将王×从隔离开关构架上移至地面进行心肺复苏紧急救护并同时拨打“120”急救电话，16时19分，120救护车赶至现场将王×送至×××红星医院实施救护。17时55分，经抢救无效，医院宣告死亡。经法医鉴定死者右手掌、左脚踝内侧有3cm×1cm电击痕迹，系电击死亡。

21日，×××电力公司组织现场感应电测试，按照事故时的运行方式，在110kV×××线及×××支线运行时停运的110kV×××线×××支线感应电压约3kV、感应电流（接地）约241mA。进一步证实了本次人身事故系感应电触电。

2．暴露问题

（1）×××供电公司检修公司变电检修班严重违反电力安全工作规程，在带接地线拆除设备接头时，没有采取防止接地线脱落的措施，拆除引流线过程中接地线脱落，发生感应电触电，是本次事故主要原因。

（2）×××供电公司检修公司变电检修班安全风险管控不到位，对电气设备上工作感应触电认识不足，未充分考虑线路侧工作感应电问题，没有采取防止感应电触电的措施，是本次事故次要原因。

（3）×××供电公司检修公司违反作业现场到岗到位管理规定，安排工作任务时，没有同时落实到岗到位人员，未按规定实施现场安全监护，现场安全风险管控缺失，是本次事故次要原因。

（4）×××供电公司没有认真执行×××公司周安全风险管控规定，现场作业未经安全点检就许可工作，现场防触电、防高空坠落责任人没有落实防控措施。

（5）×××供电公司对同塔双回路架设的输电线路相关作业场所防感应电工作管控不到位，没有提前采取相应的防控措施。

（6）×××供电公司执行电力安全工作规程不认真，没有认真执行现场作业监护制度，工作负责人（监护人）在部分停电作业现场、作业安全风险仍较大的情况下参与班组工作，登高作业存在安全带“低挂高用”等违章行为。

（7）×××供电公司对员工安全教育培训不到位，员工安全意识淡薄，工作班成员集体违章，带接地线拆除设备接头时，均没有采取防止接地线脱落的措施。

3．防止对策

（1）认真执行安全风险管控规定，加强作业风险辨识、评估、管控，编排计划、布置工作任务的同时，必须落实到岗到位人员、安全点检人员和现场风险防控人员，未经安全点检确认严禁许可工作，到岗到位人员不到现场严禁进入现场作业，安全风险防控措施未落实严禁开始作业。

（2）加强到岗到位管理，各类检修作业严格按照《×××电力公司各级领导和管理人员作业现场到岗到位管理规定》要求，落实到岗到位人员，对未按要求到岗人员及履职不力者严格考核。

（3）加强现场作业风险管控，认真组织开展作业前现场勘察和作业安全风险分析，全面落实作业现场防触电、机械伤害、物体打击、坍塌、高处坠落、继电保护“三误”、误操作等措施，确保作业安全。

（4）加强预防感应电管理，对同杆塔架设的输电线路、邻近或交叉跨越带电体附近的相关作业场所组织开展感应电测试工作，严格执行电力安全工作规程规定的各项防感应电措施，在有可能产生感应电压时，应加装工作接地线或使用个人保安线，必须将防止接地线脱落具体措施在工作票上明确并认真研究落实。

（5）×××供电公司立即停工 3 天进行整顿，将 7 月 18 日定为公司安全警示日，开展全员安全教育学习。×××电力公司组织召开全公司安全生产分析会议，认真分析事故原因，从本次事故中深刻吸取教训，全面排查安全管理中存在的薄弱环节，采取切实有效的整改措施。

（6）加强安全教育培训，认真组织电力安全工作规程学习和考试，切实提高管理人员和一线员工安全技能，提高员工自我防护意识和技能，营造自觉执行电力安全工作规程的良好氛围。严格执行“两票三制”，加大对各类违章行为考核力度。

7.1.3.2　案例二：触碰带电部位

×××检修公司在进行 220kV×××变电站 35kV 开关柜大修准备工作时，

发生人身触电事故，造成1人死亡、2人受伤。

1．事故经过

×××检修公司变电检修中心变电检修六组组织厂家对220kV×××变电站35kV开关柜做大修前的尺寸测量等准备工作，当日任务为“2号主变压器35kV三段开关柜尺寸测绘、35kV备24柜设备与母线间隔试验、2号站用变压器回路清扫”。工作班成员共8人，其中×××检修公司3人，卢××担任工作负责人；设备厂家技术服务人员陈×、林×（死者）、刘×（伤者）等5人，陈×担任厂家项目负责人。9时25～9时40分，×××检修公司运行人员按照工作任务要求实施完成的安全措施为：合上35kVⅢ段母线接地手车、35kV备24线路接地隔离开关，在2号站用变压器35kV侧及380V侧挂接地线，在35kV二/三分段开关柜门及35kVⅢ段母线上所有出线柜加锁，挂“禁止合闸、有人工作！”标示牌，邻近有电部分装设围栏，挂“止步，高压危险！”标示牌，工作地点挂“在此工作！”标示牌，对工作负责人卢××进行工作许可，并强调了2号主变压器35kV三段开关柜内变压器侧带电。10时左右，工作负责人卢××持工作票召开站班会，进行安全交底和工作分工后，工作班开始工作。在进行2号主变压器35kV三段开关柜内部尺寸测量工作时，厂家项目负责人陈×向卢××提出需要打开开关柜内隔离挡板进行测量，卢××未予以制止，随后陈×将核相车（专用工具车）推入开关柜内打开了隔离挡板，要求厂家技术服务人员林×（死者）留在2号主变压器35kV三段开关柜内测量尺寸。10时18分，2号主变压器35kV三段开关柜内发生触电事故，林×在柜内进行尺寸测量时，触及2号主变压器35kV三段开关柜内变压器侧静触头，引发三相短路，2号主变压器低压侧、高压侧复压过流保护动作，2号主变压器35kV四段断路器分闸，并远跳220kV浏同4244线宝浏站断路器，35kV一/四分段断路器自投成功，负荷无损失。林×当场死亡，在柜外的卢××、刘×受电弧灼伤。2号主变压器35kV三段开关柜内设备损毁，相邻开关柜受电弧损伤。

2．暴露问题

（1）厂方人员林×在不知晓2号主变压器35kV三段开关柜内靠变压器侧

静触头带电的情况下进行内部尺寸测绘工作导致触电，是本起事故发生的直接原因。

（2）工作负责人卢××未履行工作负责人的安全责任，对当天工作的设备状态（2号主变压器35kV三段开关柜内靠变压器侧静触头带电状态）不清楚，现场安全措施未认真进行核对，在厂方人员提出有静电时，又未及时制止，是本起事故发生的主要原因之一。

（3）工作票签发人徐×，未履行工作票签发人的安全责任，在工作任务和内容不了解的情况下，提出了不符合工作内容要求的停役范围和安全措施，在签发的工作票上，工作内容不详实，安全措施不完备，涉及工作地点保留带电部分和注意事项方面的安全措施（2号主变压器35kV三段断路器靠变压器侧静触头有电）未填写，违反Q/GDW 1799.1—2013《国家电网公司电力安全工作规程　变电部分》第4.5.4条，是本起事故发生的主要原因之二。

（4）×××站工作许可人郁××，未履行工作许可人的安全责任，未认真核查工作票所列安全措施与现场的实际状态是否一致，违反Q/GDW 1799.1—2013《国家电网公司电力安全工作规程　变电部分》第4.5.4条，是本起事故发生的主要原因之三。

（5）×××站安全员陈×，作为当值操作的监督员，未履行到岗到位管理职责，违反Q/GDW 1799.1—2013《国家电网公司电力安全工作规程　变电部分》第4.5.4条，是本起事故发生的间接原因之一。

（6）变电检修技术专职王××，在×××站2号主变压器35kV三段断路器内部测量工作沟通中与厂方技术人员沟通不充分；了解不全面、不细致，盲目布置工作任务，导致实际停电范围不能满足本次工作内容和要求，是事故发生的间接原因之二。

（7）变电检修6组组长高×，作为班组的安全生产第一责任人，在工作内容和安全措施不清楚的情况下，盲目安排工作负责人、工作人员，现场站班会不认真监督，致使现场的安全责任和安全措施未落实，是本起事故发生的间接原因之三。

（8）×××站操作人朱××和监护人李××，违反 Q/GDW 1799.1—2013《国家电网公司电力安全工作规程　变电部分》第 4.5.4 条，盲目听从监督人员对 2 号主变压器 35kV 三段断路器内帘门不上锁的要求，未按规定落实现场安全措施，是本起事故发生的间接原因之四。

3．防止对策

（1）深刻吸取“10·19”事故教训，加强各级安全责任制落实，按照“谁主管，谁负责”“谁组织，谁负责”“谁实施，谁负责”的原则，把安全责任落实到每项工作的决策者、组织者和实施者。

（2）加强生产计划编制过程中人身、电网和设备的风险辨识、风险管控和班组承载力的分析工作，加强管理人员在生产计划编制和审核环节中的“到岗到位”。

（3）加强生产准备工作，相关的任务申请必须对工作项目中具体工作内容、范围和方法认真了解，审核所有现场技术服务工作厂方提供的书面详细的工作项目清单，生产任务执行全过程中，做到布置工作任务必须布置对应的安全措施。

（4）立即开展对非标设备，以及特殊设备排查，对以往开关柜事故应吸取的教训及反事故措施情况进行复查，并定时、定责、定措施进行整改。在变、配电站醒目位置及相应设备上张贴相应的危险点告知、特殊点描述并配结构图。

（5）加强对工作票签发人的技能、业务培训，针对特殊点无法在图示中表示清楚的，应用文字进行详细表述，对工作范围大、工作任务多的检修任务，增设现场工作监护人。严格录音管理制度，严格落实工作操作、许可、站班会等全过程录音要求。站班会安全交底时工作负责人应结合现场设备实际情况逐一核对交底，并对每一个工作班成员进行考问确认均已知晓。

（6）加强“五防”装置管理，严格“零解锁”制度，同时修订操作规程，将停、复役操作中有关安全措施布置的操作任务和步骤写进操作票中。

（7）积极开展施工现场风险辨识和预控工作，针对不同的施工现场采取有针对性的防范措施，同时开展“三种人”专题培训、考核，逐步提高员工对施工现场安全风险识别和防范的能力。

（8）高度重视开关柜修试作业。在工作许可和现场站班会时，必须按断路器仓、母线仓、线路仓、电压互感器仓、避雷器仓、引线仓等逐仓进行安全交底和安全措施的检查；在告知设备有电部位的同时，必须明确告知与其一一对应的禁止开启的柜门、帘门等（特别是后柜门），并检查确认遮栏、红白带、标示牌等措施装设到位。

（9）工作班组应严格按工作票所列工作任务、工作地点及安全措施范围作业，严格执行“二交一查”工作。合理安排人力资源，切实提高年轻员工的安全意识和业务技能。

（10）加强对外包施工队伍（包括设备厂方）进站安全教育培训和安全告知，并留有记录，审核外来人员安全资质，了解外来人员安全技能，严格要求外来人员正确使用劳动防护用品和执行现场安全措施（正确佩戴安全帽和规范着装等）。

（11）严格规范对厂方人员的安全教育培训工作，明确厂方人员安全教育培训的具体内容、安全防护基本要求，确保有电部位的危险点告知和现场安全措施的交底落到实处，对于厂方不符合现场作业安全防护要求的人员，应不得进入作业现场。

（12）加强现场作业安全管控。严格执行“两票三制”，严肃安全纪律，强化安全查岗和反违章工作，加大公司二级现场反违章查岗工作力度和频度。

（13）加大考核力度，严格责任追究。以“三铁”反“三违”，对安全事故严格遵照“四不放过”原则，严肃对待、一查到底、严格问责、绝不姑息。

（14）完善事故应急处置方案，加强应急人员相关培训和演练，提高各级人员应急响应速度，提高事故处理后勤保障能力。

（15）开展国网××供电公司全面安全风险管理体系建设，牢固树立“大安全”理念，全面排查梳理覆盖电网、设备、人身、交通、信息、食品、消防、维稳、廉政等可能存在的风险，做好风险点辨识工作；分专业条线编制风险质量管控手册，透彻分析每项工作流程和步骤中的风险，切实加强事前、事中的严格管控，严抓现场标准化作业的执行和落实，加强特殊部位、特殊现场的安全风险管控。

7.1.3.3　案例三：随意解锁程序

×××供电公司110kV×××变电站运行人员，对10kVⅠ段母线电压互感器由检修转运行操作过程中，带地线合隔离开关

1．运行方式

×××供电公司 110kV×××变电站进行综合自动化装置改造，1 号主变压器及三侧断路器处于检修状态，2 号主变压器运行，全站负荷 33MW（35kV负荷 24MW，10kV 负荷 9MW，无重要客户负荷）；10kV 母联 100 断路器、35kV母联 300 断路器运行，10kVⅠ段母线电压互感器处于检修状态。35kV 桃矿线（重要客户）377 断路器、市水线 374 断路器冷备用状态，其他 35kV 出线断路器均为运行状态；10kV 大塔线 158 断路器为冷备用状态，其他 10kV 出线断路器均为运行状态。此外，由于微机防误系统故障，全站微机五防系统退出运行。

2．事故经过

4 月 12 日 13 时 20 分，×××供电公司变电运行班正值夏××接到现场工作负责人变电检修班陆××电话，“110kV×××变电站 10kVⅠ段母线电压互感器及 1 号主变压器 10kV101 断路器保护二次接线工作”结束，可以办理工作票终结手续。14 时 00 分，夏××到达现场，与现场工作负责人陆××办理工作票终结手续，并汇报调度。14 时 28 分，调度员下令执行将×××变电站 10kVⅠ段母线电压互感器由检修转为运行，夏××接到调度命令后，监护变电副值胡××和方××执行操作。由于变电站微机防误操作系统故障（正在报修中），在操作过程中，经变电运行班班长方××口头许可，监控人夏××用万能钥匙解锁操作。运行人员未按顺序逐项唱票、复诵操作，在未拆除 1015 手车断路器后柜与Ⅰ段母线电压互感器之间一组接地线情况下，手合 1015 手车隔离开关，造成带地线合隔离开关，引起电压互感器柜弧光放电。2 号主变压器高压侧复合电压闭锁过流Ⅱ段后备保护动作，2 号主变压器三侧断路器跳闸，35kV 和 10kV 母线停电，10kVⅠ段母线电压互感器开关柜及相邻的 152 和 154 开关柜

受损。事故导致损失负荷 33MW，损失电量 41.58 万 kWh，直接经济损失 18 万元。事件发生后，为尽快恢复供电，事故抢修组将 35kV 新港 376 线路（3.97MW 负荷）于 17 时 58 分转由×××变电站供电；10kV 母线负荷采取断开故障设备，用龙门架线路并接方法将故障的 10kV Ⅰ段断路器出线并接到Ⅱ段。确认变电站其他主设备无异常后，于 13 日凌晨 3 时 05 分恢复 35kV 和 10kV 停电线路的供电。同时，××省电力公司成立省公司、××市公司两级联合调查组，迅速开展事故调查分析工作。

3．原因分析

（1）现场操作人员在操作中，不按照操作票规定的步骤逐项操作，且随意使用解锁程序，漏拆 1015 手车隔离开关后柜与Ⅰ段母线电压互感器之间一组接地线，是造成事故的直接原因。

（2）设备送电前，在拆除所有安全措施后未清点接地线组数，没有对现场进行全面检查，监护人员没有认真履责，把关不严，是事故发生的主要原因。

（3）该站未将防误闭锁装置出现问题作为紧急缺陷进行管理，致使操作人员能够随意使用解锁程序，使五防装置形同虚设，是事故发生的另一主要原因。

（4）主变压器低压侧继电保护的压板接触不良，使低压侧保护长期不在运行状态，造成 10kV 母线故障时主变压器高压侧后备保护动作跳三侧断路器，使事故停电范围扩大，并延迟了故障切除时间。

4．暴露问题

（1）变电运行人员安全意识淡薄，“两票”执行不严格，习惯性违章严重，违反倒闸操作规定，不按照操作票规定的步骤逐项操作，漏拆接地线。

（2）监护人员没有认真履责，把关不严，在拆除安全措施后未清点接地线组数，没有对现场进行全面检查，接地线管理混乱。

（3）防误专业管理不严格，解锁钥匙使用不规范。在防误系统故障退出运行的情况下，防误专责未按照要求到现场进行解锁监护，未认真履行防误解锁管理规定。

（4）继电保护的检修维护和设备巡视检查工作质量不高，未能及时发现设备隐患和缺陷。

（5）现场安全管理不到位，未认真落实公司到岗到位管理规定，现场各项组织措施得不到有效落实。

5．防止对策

（1）加强全员安全技能和安全知识的培训力度。迅速开展员工“三基”教育培训工作，强化“两票三制”、到岗到位等安全基本制度在实际工作中得到有效落实。

（2）加强倒闸操作管理。严格执行“两票三制”，严肃倒闸操作流程；认真规范地执行装、拆接地线的相关规定。

（3）严格执行防止电气误操作安全管理有关规定。规范解锁钥匙和解锁程序的使用与管理，杜绝随意解锁、擅自解锁等行为。

（4）全面开展110kV输变电设备运维安全隐患排查治理。重点对继电保护装置、保护定值、压板专项检查，理顺变电检修与运行专业之间工作层面的交接确认。

（5）深入开展防误闭锁隐患排查治理工作。全面、系统、细致地拉网式排查现场防误装置配置状况，制定综合治理措施和整改方案，消除防误设备装置缺陷和管理隐患。

（6）加强作业现场的全过程管理。严格执行现场标准化作业，做好作业前工作交底，落实风险预控措施，确保各项措施落实到位、执行到位。

#### 7.1.3.4 案例四：感应电触电人身伤亡

×××供电公司在500kV×××变电站进行接地隔离开关消缺工作中，1名工作人员触感应电死亡。

1．事故经过

事故前运行方式：500kV×××Ⅲ线线路检修，5041617接地开关合闸，50416隔离开关拉开。×××Ⅲ线或东三Ⅱ线5042断路器、×××Ⅲ线5041断路器冷备用。500kV系统：×××Ⅰ线、×××Ⅱ线、×三Ⅰ线、×三Ⅱ线、×三Ⅲ线，500kVⅠ母线、500kVⅡ母线运行。26日下午，变电检修工区安排开关检修二班刘××（死者、男、38 岁、高级技师）为工作负责人，与其他 2 名工作班成员到 500kV×××开关站执行 5041 断路器 C 相 A 柱法兰高压油管渗油消缺工作任务。工作负责人刘××在办理 5041 断路器消缺工作票过程中，借用 5041617 接地开关的钥匙，临时处理接地开关卡涩问题（因×××开关站曾反映×××Ⅲ线 5041617 接地开关有时合不到位）。到达现场后刘××打开机构箱对 5041617 接地开关进行一次拉合试验，在高空作业车斗内完成 B、C 相接地开关盘簧清洗注油工作。14 时 55 分，当刘××在高空作业车斗内对 A 相接地开关盘簧进行清洗注油工作时，地面监护人员发现刘××手中的液化气罐扳手突然掉落，人歪倒在车斗内，立即从地面操作将高空作业车斗降至地面，并对刘××进行人工呼吸和胸外按压，同时拨打“120”，随后由急救车送往×××县医院，经抢救无效死亡。经分析认为：5041617 接地隔离开关 A 相主接地开关在拉开后未合到位，动、静触头未完全接触，辅助接地开关 $SF_6$ 灭弧装置动、静触头未闭合，线路感应电传至辅助接地开关根部弹簧处导致刘××触电是直接原因。工作负责人刘××自行进行 5041617 接地开关拉合试验，并在拉合试验后未检查开关实际状态即进行接地开关消缺工作，严重违反 Q/GDW 1799.1—2013《国家电网公司电力安全工作规程　变电部分》第 4.4.11 条之规定是主要原因。

2．暴露问题

（1）作业人员安全意识淡薄，工作随意性大。检修人员现场工作临时增加除锈、加机油等工作内容，擅自改变现场操作接地安全措施，进行接地开关拉合试验；运行人员将钥匙借给检修人员，不履行许可、监护把关制度等，多处严重违反电力安全工作规程规定，暴露出执行规章制度不严格，习惯性违章严重。

（2）危险点分析不深入，无风险控制措施。本次工作中，危险点分析不到位，关键危险因素未能有效辨识，工作班成员对于变电工作感应电触电的危险认识不足，进行接地开关拉合试验前没有采取加装临时接地线不检查接地开关是否合到位，失去事故防范最后一道屏障。作业组织不规范，工作准备和计划性不强。工区领导和管理人员未严格履行《安全风险分级控制管理实施细则》

的要求，工作计划制订不全面，设备缺陷记录不完整，班组周、日安全风险分析不到位，本次消缺工作安排没有按规范流程进行，有关管理人员没有起到指导、监督、把关作用。

（3）安全教育力度不够，安全技能培训针对性不强。部分员工安全意识淡薄，电力安全工作规程等强制性规章制度执行不严格，说明对员工安全教育力度不够，严守“两票三制”不逾越的安全意识没有入脑入心；安全技能培训针对性不强，检修和运行人员对现场安全措施规定、运行管理规定理解不够深刻，对现场安全管理存在的漏洞缺乏危险辨识能力和自我保护能力。

（4）反违章工作开展不扎实，习惯性违章的行为依然存在。一项简单的工作，多处严重违章，班组、现场作业人员有章不循、有禁不止，尤其在简单工作、小型作业现场违章严重；工区对钥匙管理、隐患排查、生产消缺等规定执行不到位，管理层没有认真落实国家电网公司及×××省电力公司关于反违章工作的部署和要求，监督检查不细致、反违章力度不够。

（5）安全责任制落实不到位，安全管理存在薄弱环节和漏洞。领导干部和管理人员安全责任制不落实，《生产现场领导干部和管理人员到岗到位标准》履行不到位，抓安全工作不实，对生产管理、安全监督、运检单位和班组安全生产存在的诸多薄弱环节和管理漏洞，调查分析研究不够，存在马虎敷衍、工作浮躁现象。

3．防止对策

（1）开展“事故反思日”活动，开展“学规程、反违章、查隐患秋季生产现场大检查”活动。各级领导干部全部下到工区班组，参加学习反思活动，研究制定有针对性的防范事故措施，并结合实际情况写出事故反思材料，全体员工要深刻吸取事故教训，举一反三，全面梳理排查现场各类安全隐患，落实整改措施。

（2）完善规章制度，开展重点“六查”。重新修订下发《×××供电公司安全风险分级控制实施细则》《×××供电公司生产现场违章处罚管理办法》，全面开展安全教育及自查自纠的检查整改，规范作业安全风险预控管理，加大反违章力度。

（3）切实加强风险预控。明确要求各单位分管生产领导要牵头组织开好运行方式分析会、检修计划协调会和停电计划平衡会，保证工作安排合理有序。生技、基建、调度、营销、农电等职能部门要按照“谁组织、谁负责”原则，认真分析可能由于计划不合理、组织不完善、措施不到位等原因引发的安全风险，制定相应的防范措施和预案。

（4）加强零星小作业、交叉作业的管理。规范缺陷处理、故障处理、临时检修等单小零星工作、交叉作业和两三个人的小型工作流程，严禁擅自扩大工作范围和工作内容，严禁无票工作。

（5）加大对作业现场监督检查力度。确保人员到位、责任到位、措施到位、执行到位。各级管理人员和工区领导到现场要做好各类现场的安全检查工作，从严布控，严禁各类违章现象，对于检查发现的问题，强化闭环整改，坚决防止各类人员责任事故。

## 7.2　事故案例分析

### 7.2.1　案例一：330kV 变电站主变压器及 110kV 母线失压

1．事故经过

事故前电网运行工况（事故前运行实时工况、气象条件等）：330kV×××变电站 330kV 进线 2 回，240MVA 主变压器 2 台，330kV 接线方式为 3/2 接线（第一串为完整串，第三、四串为不完整串），110kV 接线方式为双母线。事故前×××变电站 330kV 设备全部运行，2 号主变压器并列运行，110kV 母线并列运行。站用直流系统辐射状供电，直流系统Ⅰ、Ⅱ母分裂运行。

8 月 17～19 日，×××市出现强降雨天气，总降雨量 79.9mm，其中 17 日降雨 14.8mm，18 日降雨 34.2mm，19 日降雨 32.7mm，与去年同期相比偏多 20%。

事故发生、扩大和处理情况：8 月 19 日 3 时 39 分，330kV×××变电站 3332、3330、3313310 断路器跳闸，2 号主变压器及 110kV 母线失压，导致 15 座 110kV 变电站失压。×××地区损失负荷 14.7 万 kW（×××地区负荷 45.7 万 kW），停电用户数 44008 户（×××地区总用户数 174087 户），其中重要用户有：2座铁路牵引变电站、×××干部管理学院、×××宾馆、×××大学、×××北火车站、永坪炼油厂、×××水厂、安塞县城。

4时31分，通过110kV延家1线恢复330kV×××变电站110kV母线带电，通过110kV家牵2线及家蟠线恢复铁路110kV子铁牵、蟠铁牵供电，通过110kV家永1线恢复110kV永坪变电站炼油厂负荷。

4时35分，通过110kV延兰1线恢复110kV×××变电站负荷（含×××宾馆、×××干部管理学院）。

4时47分，通过110kV延赵线恢复110kV赵刘变电站火车北站负荷。

5时57分，通过110kV家延1线经330kV×××变电站110kV旁母恢复110kV安塞变电站城区负荷。

6时09分，330kV×××变电站2号主变压器恢复运行。

6时58分，所有失压的110kV变电站全部恢复供电。

8时17分，330kV×××变电站1号主变压器恢复运行。

2．原因分析

8月17—19日×××变电站区域连续大雨，110kV家子Ⅰ间隔断路器机构箱因密封失效进水，水沿机构箱顶部$SF_6$密度继电器信号电缆外套进入机构箱，滴入箱内温控器，温控器中交、直流电源无可靠隔离措施，进水后交直流之间短路，造成交流220V串入直流Ⅰ段，引起接于直流Ⅰ段的2台变压器非电量出口中间继电器（主跳）接点抖动并相继出口，造成2号主变压器330kV侧4台断路器全部跳闸，致使×××变电站110kV母线失压。

3．暴露问题

（1）××高压电气有限责任公司生产的LW29-126/T3150-40型断路器密封设计不可靠；机构箱内温控器外壳为非密封结构，交、直流端子布置不合理且无隔离措施；330kV主变压器高压侧断路器操作箱屏中非电量保护出口中间继电器抗干扰能力不足。

（2）330kV×××变电站运维针对性不强，对机构箱、端子箱等的防潮、防雨措施巡视检查不细致，未及时发现机构箱内存在的进水痕迹，从而未能发现断路器密封设计存在的问题。

（3）隐患排查不彻底。按照国家电网公司和省公司要求，×××局多次开展设备隐患排查，均未能及时发现断路器机构箱密封失效隐患，暴露出隐患排查工作不细致，对上级的要求没有完全落实到位。

（4）×××地区电网结构薄弱，330kV 电网检修方式下，110kV 电网转供能力不足，自投装置无法投入，×××变电站 2 台主变压器同时跳闸后，所带 110kV 变电站全部失压。

（5）高危客户供电的电网侧隐患依然存在，如 2 座 110kV 牵引变电站（蟠铁牵、子铁牵）未达供电标准投入运行，电网侧隐患没有治理，也没有采取有效措施。

4．防范措施

（1）立即开展针对雨季机构箱、端子箱、电缆沟进水情况的专项排查，重点排查 LW29-126/T3150-40 型断路器及其他同类型断路器密封结构存在的问题，对传动箱与机构箱之间的电缆穿孔进行可靠封堵，采取针对性整改措施，消除安全隐患。

（2）对断路器机构箱温控器接入直流情况开展排查，分析温控器原理结构存在的安全隐患，加装中间继电器进行隔离。同时举一反三对有可能引起交、直流混串的其他设备和回路进行彻底排查，并采取有效隔离措施。

（3）扎实开展“学反事故措施、查隐患、抓整改”活动。对照反事故措施要求，对继电保护装置的跳闸出口中间继电器的抗干扰能力进行排查，发现问题立即与省调保护处进行联系，确定整改措施。

（4）进一步细化设备运维管理，对于存在安全隐患的断路器等设备，在日常例行检查、维护项目中应增加密封性检查等有针对性的检查项目，提升精益化管理水平。

（5）强化隐患排查过程中的责任意识和执行力，必须细致安排隐患排查项目和排查依据，创新隐患排查方法和手段，加大隐患排查现场落实情况的督查、考核力度，严禁敷衍塞责、草率复命，确保把安全隐患真正排查出来、治理到位。

（6）开展电铁、煤矿、化工等高危客户供电方式的风险调查分析，对于不满足供电要求的用户，要下发整改通知书，明晰供用电双方职责，研究制定风险防控措施，并报告当地政府部门和公司营销部，由营销部统一报省政府有关部门和×××电监局备案。

### 7.2.2 案例二：外协施工人员无人监护误登带电设备触电重伤事故分析

1．事故经过

26日9时25分左右，×××有限公司施工队进入×××供电局110kV×××变电站进行相关设备喷涂PRTV工作，工作人员为：施工队队长王××（施工队现场负责人），队员杜××（伤者）、江×，冯××（施工工作人员）。在喷涂工作开始前，变电工区生技股股长刘××向施工现场负责人王××交代35kV设备区需喷涂PRTV的停电设备。随后由×××运维站安排田××监督检查对110kV设备区，1号主变压器，31312、313断路器，311-1-3、312-1-3、313-1-3、301-1-3、301隔离开关及35kVⅠ母电压互感器等变电设备进行PRTV喷涂工作。17时10分左右，由田××监督检查31312、313断路器，311-1-3、312-1-3、313-1-3、301-1-3、301隔离开关及35kVⅠ母电压互感器喷涂PRTV工作结束，田××发现35kVⅠ母电压互感器B相膨胀器上PRTV严重污染及油位计有油污，即要求喷涂PRTV施工人员处理干净，并向工作负责人吴××交代让检修人员处理油污。17时20分左右，PRTV喷涂监督检查人员田××因送电工作安排离开35kV设备区，在控制室进行31312、313断路器“五防”电码编锁的安装工作。同时，施工队队长王××因工作需要，未向变电工区现场负责人申请，离开×××变电站PRTV喷涂工作现场，到×××330kV变电站协调PRTV喷涂工作。17时40分左右，施工人员转移至301-3隔离开关至1号主变压器35kV侧引流门形构架处，在PRTV喷涂监督检查人员田××和施工负责人王××离开的情况下，开始进行绝缘子PRTV喷涂工作。施工人员杜××、江×在301-3隔离开关至1号主变压器35kV侧引流门形构架上进行绝缘子PRTV喷涂工作，施工人员冯××进行地勤工作。18 时 10 分左右，工作结束后，杜××擅自闯入相邻带电的母联 300 间隔门形构架上，由于安全距离不足，C 相带电引流线对杜××左手放电，将其电击落至地面，造成高压触电人身伤害，构成重伤。

2．原因分析

（1）×××局×××运维站现场运行人员对外协施工人员现场控制不到位，致使外协施工人员在无监护的情况下进行工作。

（2）×××局×××运维站对×××变电站现场安全风险分析不到位，现场存在的危险点没能结合现场实际情况认真分析，致使存在的风险没有得到有效控制。

（3）×××局变电工区安全生产管理存在严重漏洞，现场到位领导安全意识淡薄，未能严格按照领导到岗到位要求开展工作，没有真正起到监督作用。

（4）×××局生技部在生产管理方面存在漏洞，现场到位人员没有认真履行到位职责，没有及时发现现场存在的风险，现场控制力差，致使现场存在不安全的因素。

（5）×××局安监部生产现场安全监督不到位，对现场的生产管理和安全监督不到位。

3．防范措施

（1）×××公司各单位结合秋季安全大检查工作，全面梳理本单位存在的问题，特别对外协施工单位存在的违章情况，认真进行分析，制订整改计划，限期整改。

（2）认真按照领导现场到岗到位要求，以前期准备、现场“三措”落实情况、两票执行、施工方案和标准化作业指导书的审批执行情况、作业风险辨识及防控措施落实情况、习惯性违章等作为检查重点，使安全监督落到实处。

（3）积极推进安全风险管理系统的应用，认真开展作业风险辨识和防控，严格执行标准化作业，严格执行班前班后会制度，严格检修工艺控制，保证检修质量和安排。加强检修措施计划安排，针对检修任务、方案制定、人员配备、工具使用、传动验收等关键环节，完善安全技术措施，落实防触电、防高处坠落等安全措施。

（4）现场作业必须做到“四清楚”，即施工作业人员任务清楚、危险点清楚、作业程序方法清楚、安全保障措施清楚；“四不开工”，即安全风险得不到控制不开工，完成时间得不到控制不开工，工作人员不掌握作业流程不开工，预控措施不完善不开工。重点防止发生触电、高处坠落、机械伤害、物体打击等人身伤害事故。

（5）组织进一步研究现场检修工作的安全措施标准化工作。

（6）结合“无违章”现场的创建工作，加强现场控制力和执行力，通过加大生产现场的监督检查力度及频度，规范现场的工作行为。

### 7.2.3 案例三：工作人员未经允许擅自移开遮栏工作触电死亡事故分析

1．事故经过

5 月 11～15 日，×××电业局电厂留守处（原×××电厂为×××省电力工业局直属单位，1982 年经省经委和省电力局决定划归×××电业局，1983 年关停后改为电厂留守处，承担×××电业局所属县电力局 110kV 变电站的检修工作）按计划对 110kV×××变电站设备进行年检、例行试验。5 月 15 日，进行 10kVⅡ段部分设备年检，办理了“开关班 0905004”第一种工作票，主要工作任务为：10kV 桃建线 314、桃南线 312、桃杰线 308、桃北线 306、桃天线 302 开关柜小修、例行试验和保护全检，桃南线 312、桃杰线 308、桃北线 306、桃天线 302 开关柜温控器更换，3×24 电压互感器本体小修和例行试验等工作。5 月 15 日 8 时 30 分，×××变电站运行人员操作完毕，312、308、306、3×24 小车断路器拉至试验位置，314、302 小车断路器拉至检修位置，合上 3143-1、3123-1、3083-1、3063-1、3023-1 接地开关，布置好各项安全措施，工作许可人罗××在现场与工作负责人谭××进行安全措施确认后，许可“开关班 0905004”第一种工作票开工。8 时 40 分左右，工作负责人谭××对易××、刚×（死者，男，27 岁，检修班变电检修正手，高中文化，从事本专业工作 4 年）、张××、蔡××等 9 名工作人员进行工作交底，随后开始 10kVⅡ段母线设备年检作业。按照作业指导书分工，易××、刚×、张××、蔡××4 人进行开关检修工作，其余人员进行高压试验和保护检验工作。工作开始后，工作负责人谭××安排易××进行 312 间隔检修，安排刚×进行 314 小车清扫。随后带蔡××、张××2 人到屏后，由蔡××用开关柜专用内六角扳手打开 302、306、308、312、314 等 5 个间隔的后柜门，由张××进行柜内清扫，谭××回到屏前与高试人员交代相关事项。蔡××逐一打开 5 个柜门后，把专用扳手随手放在 312 间隔的后柜门边的地上，随后到屏前协助易××进行 312 间隔检修。刚×完成 314 小车清扫工作后，自行走到屏后，移开拦住 3×24 后柜门的安全遮栏，用放在地上的专用扳手卸下 3×24 后柜门 2 颗螺丝，并打开后柜门准备进行清扫，9 时 06 分，发生开关柜内带电母排 B 相对刚×人体放电，刚×被击倒在开关柜旁。在场的检修人员立即对刚×进行触电急救，并拨打“120”急救电话。9 时 38 分，刚×经医院抢救无效死亡。

2．原因分析

（1）现场作业行为极不规范，员工安全意识极其淡薄。刚×在未经工作负责人安排或许可的情况下，自行走到屏后，违反“严禁工作人员擅自移动或拆除遮栏和标示牌”这一检修人员应具备的最为基本的要求，自行移开 3×24 电压互感器开关屏后所设安全遮栏，无视“止步，高压危险！”警示，错误地打开 3×24 后柜门，造成触电。事故当时有多达数 10 名工作人员在高压室内，没有一人注意和发现刚×的动向，及时纠正刚×的违章行为。

（2）现场作业组织混乱，缺乏有效监护。工作票签发人对于多小组、多地点的作业，没有明确分工作负责人或针对屏前和屏后均有工作的情况增设相应的监护人；工作票上也没有明确各小组负责人，各小组工作人员各自为战，缺乏有效的监督；工作负责人作为本次工作的监护人，没有对现场工作人员实施全程监护，没有对工作人员行为有效掌握，致使现场工作人员脱离监护自行工作。

（3）作业前培训和班前“三交”走过场。作业前培训中，既没有对全部检修工作的工艺质量进行培训，也没有对工作分工、重要带电部位、风险辨识与控制进行明确交代。班前“三交”时，工作负责人严重违反×××省公司安监〔2009〕4号文相关要求，漏交关键带电部位“3×24电压互感器后门内设备带10kV电压”；没有交代作业风险辨识和控制措施；没有交代人员分工；没有进行考问和互动，导致工作班成员不能准确清晰了解当天的工作任务、人员分工、安全措施、带电部位、存在风险等。

（4）标准化作业流于形式。现场作业指导卡有抄写范本的情况，没有按照当天的具体工作编写，针对性不强，多处出现计划时间涂改的现象；审核和批准流程不严格，没有发现存在的问题；质量工序卡的打勾、签名等环节执行混乱，实际工作流程没有完全按照作业指导书流程进行，没有执行×××省公司相关要求；所有的风险辨识均照抄范本，没有结合现场实际，对带电部位和“五防”功能不全等风险，缺少相应的辩识和控制措施。

（5）现场把关人员职责落实不到位。本次工作的现场把关人员没有对所有环节和地点进行全程监控，没有发现并指出工作票、工作许可、“三交”、人员分工等环节存在的一系列问题，没有对现场工作人员的行为进行有效监督，导致现场大量违章行为发生。

（6）安全教育培训不到位。刚×在电力安全工作规程和安全知识的2次考试中均不及格，后经补考方才及格，却在4月份被提升为检修正手；从今年3月份以来，刚×只参加了2次班组安全活动，电厂留守处检修班的多次安全活动均没有全员参加，屡次出现参加人员不足一半的情况，很多班员每月都不能保证参加4次安全活动；另外，班组安全活动形式内容单一，主要是学文件、学通报，很少结合实际在现场开展，三级单位的领导对班组安全活动指导不够，没有有效引导班组安全活动水平提高。

（7）110kV×××变电站现场3×24电压互感器开关柜后门不具备“五防”闭锁功能，也没有采取相应措施，不能起到防止误入带电间隔的作用。

（8）运行人员对现场专用操作工具使用管理制度不完善，检修人员可以随时取用专用扳手；检修人员使用扳手后随意放置，缺乏妥善保管意识，导致其他人员随手可得，随意打开后柜门。

3．防范措施

（1）在×××电业局全局范围内分级组织，全面开展 Q/GDW 1799.1—2013《国家电网公司电力安全工作规程　变电部分》等安全生产规章制度和重要文件的学习、培训与考试，增强员工对规程、制度的认识和理解，凡考试不合格者一律下岗培训。

（2）落实作业现场组织管理的整改。对于多小组作业，总工作负责人必须指定小组工作负责人，并以工作任务单的形式将作业任务进行详细分解，向其明确交代工作任务、分组作业安全措施和风险辨识及预控措施。对于作业前的组织准备工作，包括现场把关人员和专责监护人的确定、工作票的签发与作业指导卡的审批、作业过程中的过程控制与组织协调工作，予以详细的规定并发布。

（3）重新组织工作票签发人、工作负责人、工作许可人、运行操作人员学习相关制度，熟悉工作票和操作票填写和执行流程，熟悉标准化作业管理相关规定，并进行现场演练考评，做到双票和作业卡填写正确规范、安全措施齐全、任务清晰明确、安全措施执行到位，切实提高工作人员的安全意识和安全素质。

（4）落实作业前 1h 培训工作的整改。作业前，班组长、工作负责人要组织所有参加作业人员学习讨论工作票、标准化作业指导卡、施工检修方案，进行危险源辨识和采取预控措施，明确注意事项，明确现场组织，真正做到“四清楚”。现场风险辨识和预控，必须结合实际开展，严禁照抄范本。对于多班组、多工种参加、大型复杂的检修施工项目，单位领导和生技部门要组织学习讨论，布置安排，明确责任，落实措施。

（5）落实现场安全监护制度的整改。一是组织对专（兼）职安全员、现场安全监督员及专责监护人进行集中培训和考试，经考试合格后核发安全监护证，并实行现场安全监护人持证上岗制度，切实提高现场安全员和监护人的安全素质和工作责任心。二是严格落实电力安全工作规程关于安全监护的要求，加强对现场监护重要性的认识，尤其是对存在触电、高处坠落等危险作业，必须增设专责监护人。

（6）重新对复转军人、外聘技工、大班组转岗员工等技术素质不高的工作人员，结合专业和工种，分层次、分专业进行技能培训，切实提高这些高危员工的安全意识、自我防护能力、专业技能水平和实际动手能力。

（7）开展各类装置性违章排查及整改工作回头看，对装置违章问题逐一挂牌按月进行整改督办落实。特别是对全局开关柜尤其是电压互感器柜、主变压器进线柜、隔离开关柜防误闭锁情况进行普查，对不满足“五防”要求的开关柜加挂明锁或纳入微机防误装置进行专项整改。对所有已列入基建改造计划但暂缓实施的各变电站，必须将所有挂锁安装到位，并在工作票上补充安全措施栏内写明“××柜内带电，柜门已上锁”。

（8）制定开关柜专用工器具使用管理制度。对操作专用工器具的管理，严格实行保管、借用和登记制度，禁止随意取用、放置。

### 7.2.4 案例四：检修不一致造成的线路保护拒动分析

1．事故经过

（1）某日，某330kV智能变电站330kV甲线发生异物短路A相接地故障，由于3320断路器合并单元装置检修压板投入，线路双套保护闭锁，未及时切除故障，引起故障范围扩大，导致站内2台主变压器高压侧后备保护动作跳开三侧断路器，330kV乙线路由对侧线路保护零序Ⅱ段动作切除，最终造成该智能站全停。

（2）故障前运行方式。故障前，330kV甲智能变电站接线方式如图7-3所示。330kVⅠ、Ⅱ母，第3、4串合环运行。330kV甲线、乙线及1号、3号主变压器运行。3320、3322断路器及2号主变压器检修。

2．原因分析

（1）保护动作行为。330kV甲智能变电站进行2号主变压器及三侧设备智能化改造，改造过程中，330kV甲线11号塔发生异物引起的A相接地短路故障，330kV甲智能变电站保护动作情况如下：

1）330kV甲线路两套线路保护未动作，330kV乙线路两套线路保护也未动作。

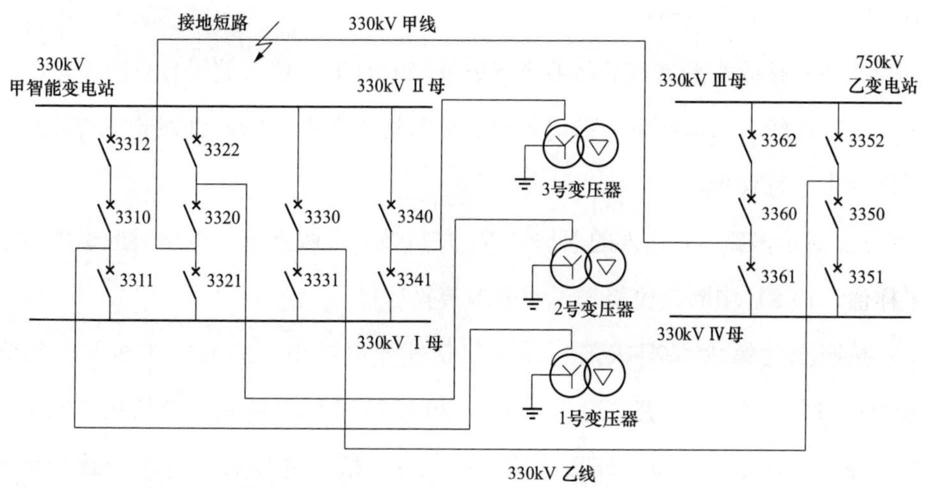


图 7-3　故障前一次接线示意图

2）1 号主变压器、3 号主变压器高压侧后备保护动作，跳开三侧断路器。

750kV 乙变电站保护动作情况如下：

1）330kV 甲线两套保护距离Ⅰ段保护动作，跳开 3360 断路器 A 相，3361 断路器保护经 694ms 后，重合闸动作，合于故障，84ms 后重合后加速动作，跳开 3360 断路器三相。

2）330kV 乙线路零序Ⅱ段重合闸加速保护动作，跳开 3352、3350 断路器三相。最终造成 330kV 甲智能变电站全停。

（2）具体原因分析。2 号主变压器及三侧设备智能化改造过程中，现场运维人员根据工作票所列安全措施内容，在未退出 330kV 甲线两套线路保护中的 3320 断路器 SV 接收软压板的情况下，投入 3320 断路器汇控柜合并单元 A、B 套装置检修压板，发现 330kV 甲线 A 套保护装置告警灯亮，面板显示“3320A 套合并单元 SV 检修投入报警”；330kV 甲线 B 套保护装置告警灯亮，面板显示“中电流互感器检修不一致”，但运维人员未处理两套线路保护的告警信号。Q/GDW 1396—2012《IEC 61850 工程继电保护应用模型》中 SV 报文检修处理机制要求如下：

1）当合并单元装置检修压板投入时，发送采样值报文中采样值数据的品质 $q$ 的 Test 位应置 True。

2）SV 接收端装置应将接收的 SV 报文中的 Test 位与装置自身的检修压板状态进行比较，只有两者一致时才将该信号用于保护逻辑，否则应按相关通道采样异常进行处理。

3）对于多路 SV 输入的保护装置，一个 SV 接收软压板退出时应退出该路采样值，该 SV 中断或检修均不影响本装置运行。

按照上述第 2 条要求，330kV 甲智能变电站中，330kV 甲线两套线路保护自身的检修压板状态退出，而 3320 断路器合并单元的检修压板投入，SV 报文中 Test 位置位，导致线路保护与 SV 报文的检修状态不一致，而此时并未退出线路保护中 3320 断路器的 SV 接收软压板，不满足上述第 3 条要求，因此保护装置将 3320 断路器的 SV 按照采样异常处理，闭锁保护功能，而对侧线路保护差动功能由于本侧保护的闭锁而退出，其他保护功能不受影响。

因此，330kV 甲线发生异物引起的 A 相接地短路时，330kV 甲线区内故障，两侧差动保护退出而不动作，甲变电站侧线路保护功能全部退出，不动作；乙变电站侧线路保护距离 I 段保护动作，跳开 A 相，切除故障电流，3361 断路器和 3360 断路器进入重合闸等待，3361 断路器保护先重合，由于故障未消失，3361 断路器重合于故障，线路保护重合闸后加速保护动作，跳开 3361 和 3360 断路器三相。

对于 330kV 乙线，属于区外故障，在甲变电站侧保护的反方向、在乙变电站侧保护的正方向，因此甲变电站侧乙线线路保护未动作，乙变电站侧乙线线路保护零序 II 段重合闸加速保护动作，跳开 3352、3350 断路器三相。

故障前，330kV 甲智能变电站中，1 号主变压器和 3 号主变压器运行，故障点在主变压器差动保护区外，在高压侧后备保护区内，因此 1 号和 3 号主变压器的差动保护未动作，高压侧后备保护动作，跳开三侧断路器。

（3）结论。在智能变电站一次设备停役检修时，应退出相关运行保护中该间隔的“SV软压板”或者“间隔投入软压板”，使多间隔保护中检修间隔采样数据不参与计算。在本案例中，3/2接线中断路器3320检修，边断路器3321带甲线运行时，由于未退出运行线路保护中中断路器间隔的“SV软压板”，中断路器合并单元的检修压板投入导致330kV甲站甲线保护闭锁。

3．防范措施

（1）加强变电站二次系统技术管理。随着智能变电站建设全面推进，运检单位应加强对智能变电站设备特别是二次系统技术、运行管理重视程度，制定针对性的调试大纲和符合现场实际的典型安全措施，编制完善现场运行规程，改造工程施工方案应开展深入的危险点分析，对保护装置可能存在的误动、拒动情况制定针对性措施。

（2）规范智能变电站二次设备各种告警信号的含义。案例中2个厂家的告警信息不统一，分别为“SV检修投入报警”“电流互感器检修不一致”，容易造成现场故障分析判断和处置失误。装置指示灯、开入变位、告警信号等应符合现场运检人员习惯，直观表示告警信号的严重程度，如上述保护装置判断出SV报文检修不一致后，应明确“保护闭锁”。建议进一步提升二次设备的统一性，在继电保护“六统一”基础上，进一步统一继电保护的信号含义和面板操作等，使运检人员对装置信号具有统一的理解，降低智能变电站现场检修、运维的复杂度。

（3）对智能站二次设备装置、原理、故障处置开展有效的技术培训，规范运检人员操作检修压板行为，即在操作完相应检修压板后，查看装置指示灯、人机界面变位等情况，核对相关运行装置是否出现异常信息，确认无误后执行后续操作，提升现场检修、运维人员对保护装置异常告警信息、保护逻辑等智能变电站相关技术掌握程度。

（4）其他注意事项：SV接收装置应将接收的SV报文中品质值的Test位与装置自身的检修压板状态比较，只有两者一致时才将采样值作为有效处理。以保护装置与合并单元之间的检修机制为例说明，具体处理判断原则见表7-1和表7-2。

表 7-1　　电流采样 SV 检修处理原则

| 保护装置“检修态”硬压板 | 合并单元“检修态”硬压板 | 结　果 |
|---|---|---|
| 投入 | 投入 | 合并单元发送的采样值参与保护装置逻辑计算，但保护动作报文置检修标识 |
| 投入 | 退出 | 合并单元发送的采样值不参与保护装置逻辑计算并闭锁相关保护功能 |
| 退出 | 投入 | 合并单元发送的采样值不参与保护装置逻辑计算并闭锁相关保护功能 |
| 退出 | 退出 | 合并单元发送的采样值参与保护装置逻辑计算 |

表 7-2　　电压采样 SV 检修处理原则

| 保护装置“检修态”硬压板 | 合并单元“检修态”硬压板 | 结　果 |
|---|---|---|
| 投入 | 投入 | 合并单元发送的采样值正常参与保护逻辑计算 |
| 投入 | 退出 | 保护处理同 TV 断线，即闭锁与电压相关的保护，退出方向元件 |
| 退出 | 投入 | 保护处理同 TV 断线，即闭锁与电压相关的保护，退出方向元件 |
| 退出 | 退出 | 合并单元发送的采样值正常参与保护逻辑计算 |

跨间隔保护与合并单元检修压板的配合关系如下。

（1）当母线保护检修压板与间隔合并单元（除母联间隔合并单元外）检修压板不一致时，闭锁母线保护。

（2）当母线保护检修压板与母联间隔合并单元检修压板不一致时，母线区内故障，先跳开母联断路器，延时 100ms 后选择故障母线。

（3）当变压器保护检修压板与各侧合并单元检修压板不一致时，退出与该间隔相关的差动保护及该侧后备保护。

### 7.2.5　案例五：软压板投退不当造成的母线保护误动分析

1．事故经过

（1）××日，××220kV 智能变电站进行 220kV 分段断路器合并单元更换，在 220kV 母线保护恢复安全措施过程中，由于操作顺序执行错误，导致Ⅰ、Ⅱ母母线保护动作出口，跳开母联、2 条线路和 1 台主变压器。

（2）故障前运行方式。故障前，该220kV智能变电站接线方式如图7-4所示。

1）220kV系统采用双母线双分段接线，运行出线8回，主变压器2台。

2）1号线、3号线运行于Ⅰ母；2号线、4号线、2号主变压器运行于Ⅱ母；7号线、9号线、3号主变压器运行于Ⅲ母；8号线、10号线运行于Ⅳ母。

3）母联212断路器、母联214断路器、分段213断路器运行。

4）220kVⅡ、Ⅳ母分段224断路器为检修状态，220kVⅠ、Ⅱ段母线及Ⅲ、Ⅳ段母线A套差动保护均退出运行（220kVⅠ、Ⅱ段母线及Ⅲ、Ⅳ段母线B套均正常运行），现场开展224分段间隔合并单元及智能终端更换后与220kVⅠ、Ⅱ段母线及Ⅲ、Ⅳ段母线A套保护进行联调工作。

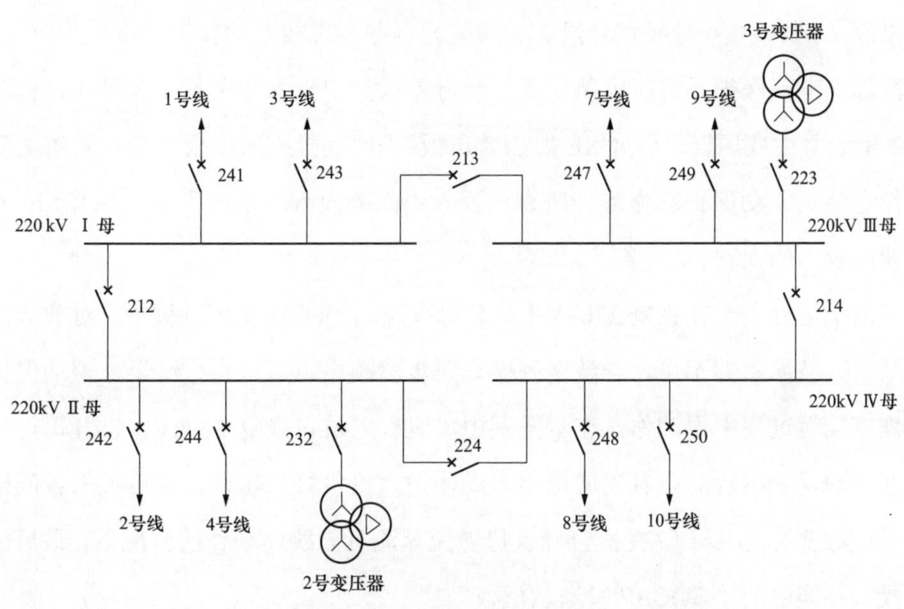


图7-4 变电站一次接线示意图

2．原因分析

（1）保护动作行为。220kVⅡ、Ⅳ母分段224间隔合并单元及智能终端与220kVⅠ、Ⅱ段母线及Ⅲ、Ⅳ段母线A套保护联调工作结束后，在恢复220kVⅠ、Ⅱ段母线A套保护过程中，运行人员首先退出Ⅰ、Ⅱ段母线A套差动保护“投检修”压板，然后分别投入各间隔的“GOOSE发送软压板”和“间隔投入软压板”。在投入母联212断路器、2号主变压器232断路器、1号线241断路器及2号线242断路器间隔的“GOOSE发送软压板”和“间隔投入软压板”后，Ⅰ、Ⅱ母A套母线差动保护动作，跳开Ⅰ、Ⅱ母母联212断路器、2号主变压器232断路器、1号线241断路器及2号线242断路器。3号线243断路器和4号线244断路器由于“间隔投入软压板”还未投入，未跳开。

（2）原因分析。运行人员将母线保护“投检修”压板退出，然后分别投入各间隔的“GOOSE发送软压板”和“间隔投入软压板”。“GOOSE发送软压板”的投入使母线保护具备了跳闸出口条件，在投入“间隔投入软压板”过程中，已投入“间隔投入软压板”的支路电流（1号线、2号线、2号主变压器和母联间隔）参与母线差动保护计算，而未投入“间隔投入软压板”但实际运行的支路电流（3号线、4号线和分段213间隔）不参与母线差动保护计算，导致Ⅰ、Ⅱ段母线差动保护计算时出现差流。当母差保护中投入1号线、2号线、母联212和2号主变压器“GOOSE发送软压板”“间隔投入软压板”后，差流达到动作定值，差动保护动作跳开所有已投入“间隔投入软压板”及“GOOSE发送软压板”的支路。

由于运行人员在恢复220kVⅠ、Ⅱ母母线A套差动保护过程中，对智能变电站相关技术掌握不足，导致倒闸操作票步骤顺序填写、执行错误，差动保护在恢复投运过程中误动作。在本案例中，运行人员在恢复220kVⅠ、Ⅱ母母线A套差动保护运行时，首先应退出差动保护“投检修”压板，然后投入各间隔的“间隔投入软压板”，在检查确认母差无差流且无跳闸动作的情况下，最后一步投入各间隔的“GOOSE发送软压板”。

3．防范措施

（1）现场安全措施。

1）注意智能变电站二次设备安全措施的顺序，第一步应退出“GOOSE发送软压板”或出口硬压板，然后进行其他安全措施操作（比如：退出“SV软压板”“间隔投入软压板”），最后投入“投检修”压板；在恢复安全措施过程中，首先退出“投检修”压板，然后再进行其他安全措施操作（比如：投入“SV

软压板”“间隔投入软压板”），并在检查装置无异常且无跳闸动作的情况下，最后一步投入“GOOSE 发送软压板”或出口硬压板。

2）现场工作应时刻监视设备的运行状态，现场进行设备操作过程中，应关注设备的运行状态和告警信号，当设备有异常告警时应立刻停止操作，在该变电站进行母线保护“间隔投入软压板”投入操作时，应及时检查差动保护的差流大小及变化趋势，在投入第一个“间隔投入软压板”时，差流比较小，还未达到差动动作值，若及时发现应可避免差动保护动作。

3）现场加强监督管理，运行人员应在智能变电站投运之前根据实际工程情况编制详细的操作规程，变电站运维过程中各项工作应严格执行操作规程和两票制度；智能变电站运维操作过程应加强监护，确保变电站的安全可靠运行。

4）加强智能变电站技术培训，开展智能站设备原理、性能及异常处置等专题性培训，使现场运维人员对智能变电站工作机理能够深入理解，熟练掌握设备的日常操作，提升智能变电站运维管理水平。

（2）智能变电站安全措施实施原则。智能变电站保护装置、安全自动装置、合并单元、智能终端、交换机等智能设备校验、消缺等现场检修作业时，应隔离与运行设备相关的采样、跳闸（包括远跳）、合闸、启动失灵、闭锁重合闸等回路，并保证安全措施不影响运行设备的正常运行。在一次设备不停电状态下，合并单元或相关电压、电流回路故障检修工作开展前，应将所有采集该合并单元采样值（电压、电流）的保护装置转信号状态；智能终端检修工作开展前，应将所有采集该智能终端开入量（断路器、隔离开关位置）的保护装置转信号状态；保护装置检修工作开展前，应将该保护装置转信号状态，与之相关的运行设备的对应开入压板（失灵启动压板等）退出。在一次设备停电状态下，相关电压、电流回路或合并单元检修时，必须退出运行中的线路、主变压器、母线保护对应的 SV 压板、开入压板（失灵启动压板、断路器检修压板等）。

1）单套配置的装置进行校验、消缺等现场检修作业时，需停役相关一次设备；双重化配置的二次设备仅单套设备校验、消缺时，可不停役一次设备，但应防止一次设备失去保护。

2）断开装置间光纤的安全措施可能造成装置光纤接口使用寿命缩减、试验功能不完整等问题，对于可通过退出发送侧和接收侧两侧软压板以隔离虚回路连接关系的光纤回路，检修作业不宜采用断开光纤的安全措施，对于确实无法通过退软压板来实现安全隔离的光纤回路，可采取断开光纤的安全措施方案，但不得影响其他装置的正常运行。

3）智能变电站虚回路安全隔离应至少采取双重安全措施，如退出相关运行装置中对应的接收软压板，退出检修装置对应的发送软压板，投入检修装置的检修压板等。

4）对重要的保护装置，特别是复杂保护装置、有联跳回路及存在跨间隔SV、GOOSE 联系的虚回路的保护装置，如母线保护、失灵保护、主变压器保护、安全自动装置等装置的检修作业，应编制继电保护安全措施票并经技术负责人审批。

（3）典型安全措施执行顺序。一次设备停役时，如需退出继电保护系统，宜按以下顺序进行操作。

1）退出该间隔智能终端出口硬压板。

2）退出该间隔保护装置中跳闸、合闸、启动失灵等 GOOSE 发送软压板。

3）退出相关运行保护装置中该间隔 GOOSE 接收软压板（如启动失灵等）。

4）退出相关运行保护装置中该间隔 SV 软压板或间隔投入软压板。

5）投入该间隔保护装置、智能终端、合并单元检修压板。

一次设备复役时，继电保护系统投入运行，宜按以下顺序进行操作。

1）退出该间隔合并单元、保护装置、智能终端检修压板。

2）投入相关运行保护装置中该间隔 SV 软压板。

3）投入相关运行保护装置中该间隔 GOOSE 接收软压板（如启动失灵、间隔投入等）。

4）投入该间隔保护装置跳闸、重合闸、启动失灵等 GOOSE 发送软压板。

5）投入该间隔智能终端出口硬压板。

# 附录A　变电检修作业风险分级

变电检修作业风险分级见表A1～表A6。

**表A1**　　　　　　　　**作业风险分级表**

| 序号 | 电压等级 | 作业范围 | 作业内容 | 分级 |
|---|---|---|---|---|
| 1 | 500（330）kV | 整串停电 | 串内设备A/B类检修 | Ⅱ |
| 2 | 500（330）kV | 单母线与出线（变压器）停电 | 开关间隔A类检修；组合电器A类检修 | Ⅱ |
| 3 | 500（330）kV | 单出线（变压器）间隔停电 | 组合电器A类检修；变压器（电抗器）A/B类（核心部件）检修 | Ⅱ |
| 4 | 220kV | 单变压器间隔停电 | 变压器A类检修及吊罩检查 | Ⅱ |
| 5 | 1000（750）kV | 单出线（变压器）间隔停电 | 电压互感器、避雷器A类检修；变压器B类（除核心部件外）检修；C类检修 | Ⅲ |
| 6 | 1000（750）kV | 单母线（GIL）停电 | C类检修 | Ⅲ |
| 7 | 1000（750）kV | 单开关停电 | B/C类检修 | Ⅲ |
| 8 | 500（330）kV | 整电压等级全停 | 集中检修 | Ⅲ |
| 9 | 500（330）kV | 单母线停电 | 间隔设备A/B/C类检修 | Ⅲ |
| 10 | 500（330）kV | 单出线间隔停电 | 敞开式间隔设备A/B/C类检修；组合电器B/C类检修 | Ⅲ |
| 11 | 500（330）kV | 单变压器间隔停电 | 变压器各侧敞开式设备A/B/C类检修；变压器（电抗器）B类（除核心部件外）检修；组合电器B/C类检修 | Ⅲ |
| 12 | 500（330）kV | 单开关停电 | 间隔设备A/B类检修 | Ⅲ |
| 13 | 220kV | 整电压等级全（半）停 | 集中检修 | Ⅲ |
| 14 | 220kV | 单母线停电与出线（变压器）间隔 | 母线隔离开关A/B/C类检修 | Ⅲ |
| 15 | 220kV | 单出线间隔停电 | 间隔设备A/B类检修；电抗器A/B类检修 | Ⅲ |
| 16 | 220kV | 单变压器间隔停电 | 变压器B/C类检修；变压器各侧设备A/B/C类检修 | Ⅲ |
| 17 | 220kV | 线变组间隔停电 | 间隔设备（不含变压器）A/B类检修 | Ⅲ |

续表

| 序号 | 电压等级 | 作业范围 | 作业内容 | 分级 |
|---|---|---|---|---|
| 18 | 220kV | 单开关停电 | 间隔设备 A/B 类检修 | Ⅲ |
| 19 | 220kV | 单母线停电 | 母线设备 A/B/C 类检修 | Ⅲ |
| 20 | 110kV | 整电压等级全（半）停 | 集中检修 | Ⅲ |
| 21 | 110kV | 双母线接线方式中单母线停电与出线（变压器）间隔 | 母线隔离开关 A/B 类检修 | Ⅲ |
| 22 | 110kV | 单出线间隔停电 | 出线设备 A/B 类检修 | Ⅲ |
| 23 | 110kV | 单变压器间隔停电 | 变压器 A/B 类检修；变压器各侧设备 A/B 类检修 | Ⅲ |
| 24 | 110kV | 线变组间隔停电 | 线变组间隔设备（不含变压器）A/B 类检修 | Ⅲ |
| 25 | 110kV | 单开关停电 | 间隔设备 A/B 类检修 | Ⅲ |
| 26 | 500（330）kV | 单开关停电 | C 类检修 | Ⅳ |
| 27 | 220kV | 单出线间隔停电 | C 类检修 | Ⅳ |
| 28 | 220kV | 线变组间隔停电 | C 类检修 | Ⅳ |
| 29 | 220kV | 单开关停电 | C 类检修 | Ⅳ |
| 30 | 110kV | 双母线接线方式中单母线停电与出线（变压器）间隔 | C 类检修 | Ⅳ |
| 31 | 110kV | 单出线（变压器）间隔停电 | C 类检修 | Ⅳ |
| 32 | 110kV | 线变组间隔停电 | C 类检修 | Ⅳ |
| 33 | 110kV | 单开关停电 | C 类检修 | Ⅳ |
| 34 | 66kV 及以下 | 单出线间隔停电 | 出线敞开式设备 A/B 类检修 | Ⅳ |
| 35 | 66kV 及以下 | 单变压器间隔停电 | 变压器 A/B 类检修 | Ⅳ |
| 36 | 66kV 及以下 | 整段母线全停 | 开关柜 A/B 类检修 | Ⅳ |
| 37 | 66kV 及以下 | 母线带电，单间隔停电 | 开关柜 B 类检修 | Ⅳ |
| 38 | 66kV 及以下 | 母线带电，单间隔停电 | 开关柜手车 C 类检修 | Ⅴ |
| 39 | 66kV 及以下 | 整段母线全停 | 开关柜 C 类检修 | Ⅴ |
| 40 | 66kV 及以下 | 单出线（变压器）间隔停电 | C 类检修 | Ⅴ |
| 41 | 66kV 及以下 | 线变组间隔停电 | C 类检修 | Ⅴ |

**注** 按照设备电压等级、作业范围、作业内容对检修作业进行分类，基于人身风险、设备重要程度、运维操作风险、作业管控难度、工艺技术难度等 5 类因素等级评价，综合各因素的权重占比，突出人身风险，确定作业风险等级（由高到低分为Ⅰ～Ⅴ级）。本表中如有未涵盖的检修项目，各单位参照同电压等级下相近的作业范围和作业内容来确定分级。

表 A2　　　　人身风险分级表

| 序号 | 作业类型 | 风险因素 | | | | | | | 人身风险等级 |
|---|---|---|---|---|---|---|---|---|---|
| | | 高空坠落 | 机械伤害 | 触电 | 物体打击 | 中毒窒息 | 交叉作业 | 火灾 | |
| 1 | 110kV 及以上变压器（高压并联电抗器）A/B 类检修 | √ | √ | √ | √ | √ | √ | √ | Ⅰ |
| 2 | 组合电器 A 类检修 | √ | √ | √ | √ | √ | √ | — | Ⅱ |
| 3 | 110kV 及以上除变压器（高压并联电抗器）、组合电器之外的设备 A/B 类检修 | √ | √ | √ | √ | — | √ | — | Ⅲ |
| 4 | 110kV 及以上的设备 C 类检修 | √ | √ | √ | — | — | √ | — | Ⅳ |
| 5 | 66kV 及以下主变压器的 A/B 类检修 | √ | √ | √ | √ | — | — | √ | Ⅲ |
| 6 | 66kV 及以下除主变压器之外的设备 A/B 类检修 | √ | √ | √ | √ | — | — | — | Ⅳ |
| 7 | 66kV 及以下的设备 C 类检修 | √ | √ | √ | — | — | — | — | Ⅴ |

注　聚焦防人身伤害，依据作业中存在的高空坠落、机械伤害、触电、物体打击、中毒窒息、交叉作业、火灾等人身伤害因素数量，进行人身风险评价（由高到低分为Ⅰ～Ⅴ级）。涉及 7 项风险的作业定级为Ⅰ级、6 项定级为Ⅱ级、5 项定级为Ⅲ级、4 项定级为Ⅳ级、3 项及以下定级为Ⅴ级。单母线停电与线路（变压器）间隔轮停检修、开关柜内带电时的仓内检修，其人身风险等级提级。整电压等级全（半）停的集中检修，其人身风险等级降级。

表 A3　　　　设备重要程度分级表

| 序号 | 电压等级 | 设备类型 | |
|---|---|---|---|
| | | 变压器、组合电器、断路器 | 除变压器、组合电器、断路器之外设备 |
| 1 | 1000（750）kV | Ⅰ | Ⅱ |
| 2 | 500（330）kV | Ⅱ | Ⅲ |
| 3 | 220kV | Ⅲ | Ⅳ |
| 4 | 110kV | Ⅳ | Ⅴ |
| 5 | 66kV 及以下 | Ⅴ | Ⅴ |

注　聚焦超、特高压设备及核心主设备，依据设备电压等级、设备类型，进行设备重要程度评价（由高到低分为Ⅰ～Ⅴ级）。1000（750）、500（330）、220、110、66kV 及以下的变压器、组合电器、断路器设备分别为Ⅰ～Ⅴ级。除变压器、组合电器、断路器外的设备，其设备重要程度等级降级（66kV 及以下的设备统一为Ⅴ级）。

表 A4　　　　运维操作风险分级表

| 序号 | 电压等级 | 停电范围 | | | | | | | | | |
|---|---|---|---|---|---|---|---|---|---|---|---|
| | | 整电压等级全（半）停 | 主变压器间隔停电 | 单线路间隔停电 | 母线及线路间隔轮停 | 单母线及主变压器停电 | 单母线与一条及以上线路停电 | 单母线停电 | 整串停电 | 单开关停电 | 开关柜手车操作 |
| 1 | 1000（750）kV | Ⅱ | Ⅱ | Ⅲ | — | Ⅰ | Ⅱ | Ⅲ | Ⅱ | Ⅴ | — |
| 2 | 500（330）kV | Ⅱ | Ⅱ | Ⅲ | — | Ⅰ | Ⅱ | Ⅲ | Ⅱ | Ⅴ | — |
| 3 | 220kV | Ⅱ | Ⅲ | Ⅳ | Ⅱ | — | — | — | — | — | — |
| 4 | 110kV | Ⅲ | Ⅳ | Ⅴ | Ⅲ | — | — | — | — | — | — |
| 5 | 66kV 及以下 | — | Ⅴ | Ⅴ | — | — | — | — | — | — | Ⅳ |

注　1．聚焦防止误操作，依据电压等级、操作复杂程度等因素，进行运维操作风险评价（由高到低分为Ⅰ～Ⅴ级）。

2．1000（750）kV 和 500（330）、220、110、66kV 及以下的“主变压器间隔停电”，依次定级为Ⅱ、Ⅲ、Ⅳ、Ⅴ级。

3．1000（750）kV 和 500（330）kV 的“整电压等级全（半）停”“整串停电”“单母线与一条及以上线路停电”操作频次、难易程度与同一电压等级“主变压器间隔停电”接近，其运维操作风险等级同级定级。

4．1000（750）kV 和 500（330）kV 的“单母线及主变压器停电”，220kV 和 110kV 的“整电压等级全（半）停”“母线及线路间隔轮停”的操作频次、难易程度高于同一电压等级“主变压器间隔停电”，其运维操作风险等级提级。

5．1000（750）kV 和 500（330）kV 的“单母线停电”，110kV 及以上电压等级的“单线路间隔停电”操作频次、难易程度低于同一电压等级“主变压器间隔停电”，其运维操作风险等级降级。“单开关停电”操作较为简单，统一定级为Ⅴ级。

6．开关柜手车采用就地操作，安全风险较高，其运维操作风险等级提级。

表 A5　　　　作业管控难度分级表

| 序号 | 分级条件 | 作业管控难度分级 |
|---|---|---|
| 1 | 单日作业人员达到 100 人及以上 | Ⅰ |
| 2 | 同一作业面涉及 5 个专业、或 3 个单位、或 5 个班组、或作业人员达到 50～100 人（不含）的检修作业 | Ⅱ |
| 3 | 涉及不超过 4 个专业、或 2 个单位、或 4 个班组、或作业人员超过达到 30～50 人（不含）的检修作业 | Ⅲ |
| 4 | 现场使用大型特种车辆（吊车、斗臂车等），作业人员不超过 30 人的检修作业 | Ⅳ |
| 5 | 单一班组、单一专业、或作业人员不超过 30 人的检修作业 | Ⅴ |

注　聚焦多专业作业、特种车辆作业等高风险环节，依据作业规模（参检单位或人员数量、现场作业面数量等）及特种车辆使用情况，对作业管控难度进行分级（由高到低分为Ⅰ～Ⅴ级）。参照《国家电网公司变电检修管理规定（试行）》《国家电网有限公司作业安全风险管控工作规定》中的要求并结合现场实际进行作业管控难度分级，并对Ⅳ级、Ⅴ级定级进行优化，以涵盖现场所有作业情况。

表 A6　　　　　　　　　　工艺技术难度分级表

| 序号 | 检修类型 | 设备类型 | | | | | |
|---|---|---|---|---|---|---|---|
| | | 油浸式变压/电抗器 | 组合电器 | 断路器 | 隔离开关 | 开关柜 | 其他设备 |
| 1 | A 类检修 | Ⅰ | Ⅰ | Ⅱ | Ⅱ | Ⅱ | Ⅲ |
| 2 | B 类检修 | 核心部件：Ⅰ<br>非核心部件：Ⅱ | Ⅲ | Ⅲ | Ⅲ | Ⅲ | Ⅲ |
| 3 | C 类检修 | Ⅳ | Ⅳ | Ⅳ | Ⅳ | Ⅳ | Ⅳ |

注 1. 聚焦设备检修质量，依据设备种类、工艺要求、工序复杂程度对工艺技术难度进行分级（由高到低分为Ⅰ～Ⅴ级）。

2. 油浸式变压器/电抗器 A 类检修和核心部件（如套管、升高座、储油柜、调压开关、散热器等）的 B 类检修，施工要求较高，定为Ⅰ级；非核心部件的 B 类检修定级为Ⅱ级；C 类检修定为Ⅳ级。

3. 组合电器 A 类检修涉及气室内部工艺，施工要求较高，定为Ⅰ级；B 类检修为气室外部部件更换，定为Ⅲ级；C 类检修定为Ⅳ级。

4. 断路器 A 类检修工艺较复杂，定为Ⅱ级；B 类检修主要为机构更换或大修，定为Ⅲ级；C 类检修定为Ⅳ级。

5. 隔离开关 A 类检修工艺较复杂，定为Ⅱ级；B 类检修主要为导电部分、机构的更换或大修，定为Ⅲ级；C 类检修为定为Ⅳ级。

6. 开关柜 A 类检修工艺较复杂，定为Ⅱ级；B 类检修主要为柜内元器件更换或大修，定为Ⅲ级；C 类检修定为Ⅳ级。

7. 其他设备（电流互感器、电压互感器、避雷器、无功补偿设备等）A/B 类检修主要为设备的拆装、检修，要求相对较低，定为Ⅲ级；C 类检修定为Ⅳ级。

8. 66kV 及以下除开关柜外的设备，其工艺技术难度等级降级。

# 附录B 工作票格式

## B1 变电站第一种工作票格式

### 变电站第一种工作票

单位____________ 变电站____________ 编号____________

1．工作负责人（监护人）____________ 班组____________

2．工作班人员（不包括工作负责人）

________________________________________

________________________________________

________________________________________

____________________________________共____人

3．工作的变、配电站名称及设备双重名称

________________________________________

4．工作任务

| 工作地点及设备双重名称 | 工作内容 |
| --- | --- |
| | |
| | |
| | |
| | |
| | |
| | |
| | |

5．计划工作时间

自______年____月____日____时____分至______年____月____日____时____分

6．安全措施（必要时可附页绘图说明，红色表示有电）

| 应拉断路器、隔离开关 | 已执行* |
| --- | --- |
| | |
| | |
| | |
| 应装接地线、应合接地刀闸（注明确切地点、名称及接地线编号*） | 已执行* |
| | |
| | |
| | |
| 应设遮栏、应挂标示牌及防止二次回路误碰等措施 | 已执行* |
| | |
| | |
| | |

*已执行栏目及接地线编号由工作许可人填写。

| 工作地点保留带电部分或注意事项（由工作票签发人填写） | 补充工作地点保留带电部分和安全措施（由工作许可人填写） |
| --- | --- |
| | |
| | |
| | |
| | |
| | |

工作票签发人签名：____ 签发时间：________年____月____日____时____分

工作票会签人签名：____ 会签时间：________年____月____日____时____分

7．收到工作票时间：________年____月____日____时____分

运维值班人员签名：____________ 工作负责人签名：____________

8．确认本工作票1～7项

工作负责人签名：____________ 工作许可人签名：____________

许可开始工作时间：________年____月____日____时____分

9．现场交底，工作班成员确认工作负责人布置的工作任务、人员分工、安全措施和注意事项并签名

______________________________________________

____________________________________________

____________________________________________

____________________________________________

10．工作负责人变动情况

原工作负责人__________离去，变更__________为工作负责人

工作票签发人_______签发时间：_______年___月___日___时___分

11．工作人员变动情况（变动人员姓名、变动日期及时间）

____________________________________________

____________________________________________

____________________________________________

工作负责人签名：__________

12．工作票延期

有效期延长到：_______年___月___日___时___分

工作负责人签名：___ 签名时间：_______年___月___日___时___分

工作许可人签名：___ 签名时间：_______年___月___日___时___分

13．每日开工和收工时间（使用一天的工作票不必填写）

| 收工时间 | | | | 工作负责人 | 工作许可人 | 开工时间 | | | | 工作许可人 | 工作负责人 |
|---|---|---|---|---|---|---|---|---|---|---|---|
| 月 | 日 | 时 | 分 | | | 月 | 日 | 时 | 分 | | |
| | | | | | | | | | | | |
| | | | | | | | | | | | |
| | | | | | | | | | | | |
| | | | | | | | | | | | |
| | | | | | | | | | | | |

14．工作终结

全部工作于_______年___月___日___时___分结束，设备及安全措施已恢复至开工前状态，工作人员已全部撤离，材料工具已清理完毕，工作已终结。

工作负责人签名：__________ 工作许可人签名：__________

15．工作票终结

临时遮栏、标示牌已拆除，常设遮栏已恢复。

已拆除的接地线编号________________________________共____组。

已拉开接地刀闸（小车）编号______________________共____副（台）。

未拆除的接地线编号________________________________共____组。

未拉开接地刀闸（小车）编号____________________________共____副（台）。

已汇报值班调控值班员。

工作许可人签名：____ 签名时间：________年____月____日____时____分

16．备注

（1）指定专责监护人___________________负责监护_________________

______________________________________________________________

______________________________________________________________

（地点及具体工作）

（2）其他事项目_______________________________________________

______________________________________________________________

______________________________________________________________

______________________________________________________________

## B2 变电站第二种工作票格式

### 变电站第二种工作票

单位_______________ 变电站_____________ 编号_______________

1．工作负责人（监护人）__________________ 班组_______________

2．工作班人员（不包括工作负责人）

______________________________________________________________

______________________________________________________________

______________________________________________________________________

______________________________________________________________ 共____人

3．工作的变、配电站名称及设备双重名称

______________________________________________________________________

4．工作任务

| 工作地点及设备双重名称 | 工作内容 |
|---|---|
| | |
| | |
| | |
| | |

5．计划工作时间

自________年____月____日____时____分至________年____月____日____时____分

6．工作条件（停电或不停电，或邻近及保留带电设备名称）

______________________________________________________________________

______________________________________________________________________

______________________________________________________________________

7．注意事项（安全措施）

______________________________________________________________________

______________________________________________________________________

______________________________________________________________________

工作票签发人签名:____ 签发时间:________年____月____日____时____分

工作票会签人签名:____ 会签时间:________年____月____日____时____分

8．补充安全措施（工作许可人填写）

______________________________________________________________________

______________________________________________________________________

9．确认本工作票1～8项

许可工作时间：________年____月____日____时____分

工作负责人签名：____________ 工作许可人签名：____________

10．现场交底，工作班成员确认工作负责人布置的工作任务、人员分工、安全措施和注意事项并签名

________________________________________________________________

________________________________________________________________

________________________________________________________________

11．工作票延期

有效期延长到：________年____月____日____时____分

工作负责人签名：____ 签名时间：________年____月____日____时____分

工作许可人签名：____ 签名时间：________年____月____日____时____分

12．工作负责人变动情况

原工作负责人____________离去，变更____________为工作负责人

工作票签发人：____ 签发时间：________年____月____日____时____分

13．工作人员变动情况（变动人员姓名、变动日期及时间）

________________________________________________________________

________________________________________________________________

________________________________________________________________

工作负责人签名：____________

14．每日开工和收工时间（使用一天的工作票不必填写）

| 收工时间 | | | | 工作负责人 | 工作许可人 | 开工时间 | | | | 工作许可人 | 工作负责人 |
|---|---|---|---|---|---|---|---|---|---|---|---|
| 月 | 日 | 时 | 分 | | | 月 | 日 | 时 | 分 | | |
| | | | | | | | | | | | |
| | | | | | | | | | | | |
| | | | | | | | | | | | |
| | | | | | | | | | | | |
| | | | | | | | | | | | |

15．工作票终结

全部工作于______年____月____日____时____分结束，工作人员已全部撤离，材料工具已清理完毕。

工作负责人签名：____________ 工作许可人签名：____________

16．备注

______________________________________________________________________

______________________________________________________________________

______________________________________________________________________

## B3 变电站事故紧急抢修单格式

**变电站事故紧急抢修单**

单位________________ 变电站__________________ 编号____________

1．抢修工作负责人（监护人）__________________ 班组____________

2．抢修班人员（不包括抢修工作负责人）

______________________________________________________________________

______________________________________________________________________共____人

3．抢修任务（抢修地点和抢修内容）

______________________________________________________________________

______________________________________________________________________

4．安全措施

______________________________________________________________________

______________________________________________________________________

______________________________________________________________________

5．抢修地点保留带电部分或注意事项

______________________________________________________________________

______________________________________________________________________

6．上述 1～5 项由抢修工作负责人________________根据抢修任务布置人____________的布置填写。

7．经现场勘察需补充下列安全措施

________________________________________

________________________________________

经许可人（调控/运维人员）________________同意（____月____日____时____分）后，已执行。

8．许可抢修时间

________年____月____日____时____分

许可人（调控/运维人员）____________

9．抢修结束汇报

本抢修工作于________年____月____日____时____分结束。

现场设备状况及保留安全措施________________________________________

________________________________________

________________________________________

抢修班人员已全部撤离，材料工具已清理完毕，事故紧急抢修单已终结。

抢修工作负责人____________ 许可人（调度/运行人员）____________

填写时间：________年____月____日____时____分

## B4 变电站现场勘察记录格式

### 变电站现场勘察记录

1．勘察单位 __________________ 编　　号 ____________

2．勘察负责人__________________ 勘察人员____________

3．勘察变电站名称和设备双重名称

________________________________________

________________________________________

4．工作任务（工作地点以及工作内容）______________________________

________________________________________

5．现场勘察内容

| （1）需要停电的范围： |
|---|
| （2）保留的带电部位： |
| （3）作业现场的条件、环境及其他危险点： |
| （4）应采取的安全措施： |
| （5）附图与说明： |

记录人：　　　　　　　　　　　　　　　　　勘察日期：　　年　　月　　日

## B5　二次工作安全措施票格式

### 二次工作安全措施票

单位__________　变电站__________　工作票号__________

| 被试设备名称 | | | | | |
|---|---|---|---|---|---|
| 工作负责人 | | 工作时间 | 年　　月　　日 | 签发人 | |
| 工作内容： | | | | | |
| 安全措施：包括应打开及恢复压板、直流线、交流线、信号线、联锁线和联锁开关等，按工作顺序填用安全措施 | | | | | |

| 序号 | 执行 | 安全措施内容 | 恢复 |
|---|---|---|---|
| | | | |
| | | | |
| | | | |
| | | | |
| | | | |
| | | | |
| | | | |
| | | | |

执行人：______　监护人：______　恢复人：______　监护人：______

# 参 考 文 献

[1] 国家电网公司．国家电网有限公司十八项电网重大大反事故措施（2018 年修订版）及编制说明［M］．北京：中国电力出版社，2018.

[2] 国家电力调度通信中心．国家电网公司继电保护培训教材［M］．北京：中国电力出版社，2009.

[3] 国家电网公司．电网调度自动化厂站端调试检修［M］．北京：中国电力出版社，2010.

[4] 贺家李，李永丽，董新洲，等．电力系统继电保护原理（第五版）［M］．北京：中国电力出版社，2018.

[5] 王葵，孙莹．电力系统自动化（第三版）［M］．北京：中国电力出版社，2020.

[6] 范斗，张玉珠．电力调度数据网及二次安全防护［M］．北京：中国电力出版社，2021.

[7] 范斗，张玉珠．调度自动化系统（设备）典型案例分析［M］．北京：中国电力出版社，2021.

[8] 国网浙江省电力有限公司．电网企业员工安全技术等级培训系列教材　电气试验［M］．北京：中国电力出版社，2020.

[9] 国网浙江省电力有限公司．变电二次设备运检安全防范技术［M］．北京：中国电力出版社，2021.

[10] 国家电网公司人力资源部．国家电网公司生产技能人员职业能力培训教材　变电检修［M］．北京：中国电力出版社，2010.